本书系国家社会科学基金项目"生命共同体视域下中国特色动物伦理理论构建和实践应用研究"成果

动物伦理理论与实践研究

——基于生命共同体理念

黄雯怡　著

东南大学出版社
SOUTHEAST UNIVERSITY PRESS
·南京·

内 容 简 介

生态文明建设的核心是处理好人与自然的关系,而人与动物关系是人与自然关系的重要方面。从生命共同体视角看,当前西方动物伦理思想面临诸多理论和实践困境。本书在阐述生命共同体哲学内涵和价值意蕴的基础上,梳理提炼西方动物伦理发展历程及其代表性思想流派,并基于生命共同体理念剖析了现有西方动物伦理思想面临的理论和实践困境,提出了生命共同体视域下中国特色动物伦理理论和生态友好型动物保护模式的构建设想,结合相关案例探索应用这一理论和模式,对改善我国动物保护现状、推进生态文明建设提出措施建议。

本书可供大中专院校相关专业的师生、动物保护爱好者等阅读。

图书在版编目(CIP)数据

动物伦理理论与实践研究:基于生命共同体理念 / 黄雯怡著. —南京:东南大学出版社,2023.12
 ISBN 978-7-5766-0998-1

Ⅰ.①动… Ⅱ.①黄… Ⅲ.①动物-伦理学-研究
Ⅳ.①B82-069

中国国家版本馆 CIP 数据核字(2023)第 224320 号

责任编辑:张新建　责任校对:子雪莲　封面设计:毕 真　责任印制:周荣虎

动物伦理理论与实践研究——基于生命共同体理念
Dongwu Lunli Lilun yu Shijian Yanjiu——Jiyu Shengming Gongtongti Linian

著　者:	黄雯怡
出版发行:	东南大学出版社
出 版 人:	白云飞
社　址:	南京市四牌楼 2 号　(邮编:210096　电话:025-83793330)
网　址:	http://www.seupress.com
经　销:	全国各地新华书店
印　刷:	广东虎彩云印刷有限公司
开　本:	700mm×1000mm　1/16
印　张:	17.75
字　数:	260 千字
版　次:	2023 年 12 月第 1 版
印　次:	2023 年 12 月第 1 次印刷
书　号:	ISBN 978-7-5766-0998-1
定　价:	68.00 元

本社图书若有印装质量问题,请直接与营销部调换。电话:025-83791830

序

王国聘

人类应该如何对待包括动物、植物、微生物在内的地球上的各种生物的生命？这是当代伦理不能回避的一个重大理论问题，也是极具争议的一个环境道德实践问题。

早在20世纪50年代，环境伦理学的创始人阿尔贝特·施韦泽（Albert Schweitzer）就曾提出"为爱一切动物的伦理学制定细则，这是当代的艰巨任务"①。把道德关怀从人类扩展到非人类存在物，它要改变的不仅仅是人类与动物打交道时的习惯做法，而是要突破千百年来我们对待动物的道德认知，必然会遭遇各种各样的质疑、不屑、反对，确实任重而道远。

在西方伦理史上，保护生物是没有什么善恶可言的，同情动物的行为仅仅被看成是与理性伦理无关的一种多愁善感。笛卡尔认为，动物就是机器，它不需要同情。康德也持类似的观点，他强调伦理本来只和人与人的义务有关。

在东方伦理思想史上，曾有不少有关人对动物的义务和责任的伦理表述。中国的孟子就以感人的语言谈到了对动物的同情，杨朱曾反对动物只是为了人及其需要而存在的偏见，主张它们的生存具有对立的意义和价值。在道教的教规中至今仍要求道士把善待动物作为他们的义务。在佛教的伦理思想中，一切生命——人、动物和植物被认为属于一个整体，不杀和不伤害的道德戒律规定着人对动物的态度。

当然，这并不是说，东方伦理已解决了人对动物的道德关系问题了。虽然这些思想表达了对动物的同情和不杀生、不伤生的道德要求，但是它还并不是从人与自然的整体关系的范围探讨人和动物的道德关系问题，它也不

---

① 施韦泽.敬畏生命：五十年来的基本论述[M].陈泽环，译.上海：上海人民出版社，2017：65.

能够真正有说服力地劝导人们对动物、对生物行善。

现代西方环境伦理试图解决这一道德难题。以生物中心论为代表的环境伦理学认为所有生物只要是生命就应该是平等的,彼此在生态系统中具有内在价值和存在的权利,而人类是生物中唯一具有作为道德代理者资格的主体,因此人类应当尊重其他生物的存在。这种抛开人类生存利益去寻找生物保护的出发点是好的,但在论证人对生物的伦理原则时,就不得不求助于对自然的崇拜和信仰。因为生物的内在价值和存在权利究竟是什么?是纯粹存在的东西还是人类社会赋予的?如果生物的内在价值或存在权利是自在的或天赋的,那么人类为什么就得尊重这种价值和权利呢?难道仅仅是因为人类是具有"道德代理者"资格的主体吗?如果生物的内在价值和存在权利是人类赋予的,那么人类社会为什么要赋予其他生物以存在的价值和权利呢?由于上述问题本身都是需要一系列证明的主观价值判断,能否成立还存在问题,因而由此推出的结论(应该)是没有说服力的。

以共同体为基本单元考察人与自然的基本关系,意味着人与动物是生命共同体。这是对"人与动物的关系"是什么这一古老哲学命题做出的时代回答和新定位,具有中国特色、蕴含中国智慧。

中国传统自然哲学的核心观点是万物一体。"天地万物,一人之身也。"相似和相近的表述有天人合一、物我合一、天地人一体等,大体意思一样,讲的都是人和自然是一个整体。

马克思没有讲过人与自然是生命共同体,但讲过自然是人的无机身体的思想。马克思曾说:"自然界,就它自身不是人的身体而言,是人的无机的身体。人靠自然界生活。这就是说,自然界是人为了不致死亡而必须与之处于持续不断的交互作用过程的、人的身体。"马克思认为:"历史可以从两个方面来考察,可以把它划分为自然史和人类史。但这两个方面是密切联系的;只要有人存在,自然史和人类史就彼此相互制约。"恩格斯也提出过人自身和自然界具有一体性的思想。

人与自然生命共同体思想是中国传统自然哲学思想与马克思主义自然观的逻辑延伸和现代发展。其中蕴含的精神并没有改变,但与"万物一体"

"自然界是人的无机的身体"相比,人与自然是生命共同体不再缺乏逻辑上的明晰性和确定性,而是以理性的和历史的态度,确认人与自然关系是什么,实现了传统生态智慧与现代生态思想的交融汇通、历史传承和当代创新。

把生物及其生存环境看成是一个不可分割的有机整体,是生态学最根本的观点。生态科学是以生命体与其自然环境之间的关系作为研究对象的。生态科学在研究中发现,生命体之间以及生命体与无机世界之间存在着一种极其复杂的系统关联。生态系统中各要素的相互依赖性,系统整体的动态平衡性、有机性和整体性都提示了一幅和传统的机械论自然观迥然不同的图景。从生物学视域看,地球是一个生物圈,是由包括人类、动物、植物、微生物等生命体以及生命体赖以生存发展的生态环境组成的生命共同体。

人与动物"生命共同体"是由人和动物两个方面组成的,它包括人类、动物以及生命体赖以生存发展的生态环境。人与动物的关系不是你是你、我是我,不是我中有你、你中有我,而是你就是我、我就是你,是一个人类生命过程与动物生命过程之间的互相依存、休戚相关、生死与共的有机整体。人与动物的生命共同体有以下三个特征:

一是拥有共同的生命网络。地球是个生物圈。动物生物圈中的万事万物,都处在大大小小的、非线性的、相互作用的复杂的生命关系网络之中,各种网络的相互联系和相互作用,使整个动物生物圈成为一个不可机械分割的有机整体。这个生命关系网络的整体,构成了关系单位的环境。关系网络中的任何单位,都不能脱离环境而存在。人类生命系统与动物生命系统中的各个构成单位相互联系、相互渗透、相互作用,其中任何一个单位的变化,都会对其他单位和环境产生影响。

二是遵循共同的生态规律。动物生命系统大大小小,形态各异。不论是多么庞大、多么复杂的生命系统,都是一种由非生命环境、生产者、消费者、分解者四个结构单元构成的生态系统,都是通过生态系统中能量流、物质流、信息流的密切结合而维持生存的。由于这三股"流"的共同作用,生命系统进行着有序转换和无限循环,也使生命系统内的各个组成部分联系成为一个统一的有机整体。一旦食物链（网）发生故障，能量、物质、信息的流动出现异常，生命的存在也将受到严重威胁。人与动物之间是通过物质变换构成复杂的生态系统，因此，人类必须尊重、顺应自然规律。

三是享有共同的兴衰命运。动物的发展和人类的发展命脉相连，彼此依存。其中一方受到影响和破坏，另一方必然涉及其中。自然生态系统看似外在于人类文明系统而独立存在，但实际上，随着人类社会对自然的不断改造和利用，我们所面对的自然在很大程度上已经成为人化自然，成为文明的一部分。文明改变和依托着生态，生态也在影响和制约着文明。没有文明的关照，自然就同文明无关，体现不出其巨大的外在价值；另一方面，没有生态的支撑，文明就失去了根基，我们也建立不起现代文明的大厦。人与动物的关系深刻影响着人与人的关系，又是人与人关系的动态反映，二者的辩证统一关系推动着社会向前发展。

人与动物生命共同体观点为协调人与动物的关系奠定了坚实的哲学基础。这意味着人绝对不能像殖民时期征服者统治异族一样统治动物，人类必须与动物一起生存、一起发展。人类有责任尊重动物、保护动物，保持动物进化的持续性，实现人与动物的和谐共生。

近几年暴发的新冠疫情再次触发了人们对人与动物关系的深刻反思。从表面上看，新冠疫情是人与新型病毒的一次抗争，但本质上，反映了当下人与自然关系的失衡，深层次原因是人与自然关系遭到过多的人为干扰。我们不断破坏脆弱的生态系统，造成人类与野生生物的接触越来越多，野生生物携带的病毒扩散到牲畜和人类身上的机会就越多，大大增加了疾病发生和蔓延的风险。

疫情暴发过后，照亮我们前行道路的，是我们的警醒、反思和足够的理性。有一句谚语讲得好："太阳底下无新事。"新冠疫情是地球迄今为止发出的最强烈的警告。它警示我们，必须改变我们的价值观念、生活方式和生产方式。如何对待动物、对待生物多样性、对待生态系统、对待地球生物圈，这些都反映出我们环境道德水平的高低。透过疫情，我们从中看到了太多的动物伦理问题。比如，我们该怎样与动物接触才叫有爱？要不要让所有动物都回归大自然？特定时期杀死流浪猫狗正当吗？要不要给动物福利？让动物表演、饲养宠物是爱吗？野生动物受伤人去救助是爱吗？我们需要的是"肉"还是道德？我们对于动物的哪些使用（比如实验、协助、陪伴、提供食物、提供皮毛）是必不可少的，哪些又是可以避免的？哪些虐待动物的行为应该受到法律的制裁？我们原有的行为规范和秩序体系，与保护动物是不是相匹配？

  作者清晰地把握生态文明时代特征，直面不断出现的环境道德冲突和道德难题，基于生命共同体理念，在总结当代西方环境伦理学理论成果的基础上，立足中国"天人合一"为核心的生态文化传统，站在当代环境保护的角度，面向我国生态文明建设的动物保护实践，运用马克思主义关于人与自然关系的理论，提出生态友好型动物保护模式的构建设想。

  从理论上，面对这些多元理论，作者没有陷于太多的争论，而是把精力放在超越自然中心主义与人类中心主义两极对立的思维逻辑上，通过生命共同体这一人与动物内在统一的伦理根据，构建一个实现人与动物和谐共生的动物伦理体系。

  从实践上，研究不仅仅是介绍保护动物的道德标准和规范，而是结合相关案例对改善我国动物保护现状、推进生态文明建设提出措施建议，为服务新时代中国动物保护提供伦理支持，指导人们采取符合环境伦理准则的行动，使动物保护伦理价值观真正进入动物保护的现实境遇，内化为人们亲近自然，与自然共生、共存、共荣的道德德性，外化为保护野生动物、善待驯养动物、维护实验动物福利的具体行为，养成友善地对待动物的良好生活习惯。

  在一个人们的价值观念日趋复杂与多元化、人类的行为后果越来越不确定的时代，动物伦理研究的任务与其说是追求环境道德真理，不如说是寻找环境道德共识，也就是说，通过理性的论证为解决困扰当今社会的诸多动物保护问题提供新观念和新方法，赢得大多数人道德上能够接受的有关动物伦理冲突的解答方案，推动一种以保护地球和人类的持续生存和发展为标志的人类新文明的建立。动物伦理的探索是一个艰难而又复杂的过程，尽管还不能说本书已经构建了一个较为完善的动物伦理学体系，但无论如何，动物伦理作为一个独特的环境伦理研究领域已经确立，本书的出版一定会对新时代的中国动物保护事业发挥重要的建设性作用。

目 录

绪 论 ·· 001
  一、研究背景和意义 ··· 001
  二、研究现状和述评 ··· 003
  三、研究内容和方法 ··· 014

第一章 生命共同体理念的理论渊源和哲学内涵 ··············· 017
第一节 生命共同体理念的理论渊源 ····························· 018
  一、中国传统文化中的生态哲学智慧 ·························· 018
  二、马克思主义共同体思想 ····································· 019
  三、西方生态整体主义伦理观 ·································· 020
第二节 生命共同体理念的哲学内涵 ····························· 021
  一、本体论层面：相互依存、协同进化、动态平衡的生态系统
  ·· 022
  二、认识论层面：立足实践追求人与自然、人与人的双重和解
  ·· 024
  三、方法论层面：运用整体性和系统性思维处理人与自然关系
  ·· 026
  四、价值论层面：实现人的价值和自然价值的统一 ········· 027

第二章 生命共同体视域下的动物价值与动物伦理 ············ 030
第一节 生命共同体视域下的动物生态价值 ···················· 031
  一、动物是人与自然生命共同体中的重要成员 ·············· 031
  二、动物在人与自然生命共同体中具有显著的生态价值 ··· 033
第二节 生命共同体视域下的动物伦理特征 ···················· 037
  一、重视动物在保护生物多样性中的作用 ···················· 037

二、强调人和动物是相互依存的生命共同体 ………………… 038
　　三、主张人类负有保护动物的伦理责任 …………………… 039

第三章　西方动物伦理思想的历史演进及生态背景 …………… 041
第一节　西方动物伦理思想的演进历程 ………………………… 042
　　一、西方动物伦理的孕育 …………………………………… 042
　　二、西方动物伦理的启蒙 …………………………………… 044
　　三、西方动物伦理的确立 …………………………………… 047
第二节　西方动物伦理思想演进的生态理论背景 ……………… 051
　　一、自然观的演变 …………………………………………… 051
　　二、生态学的发展 …………………………………………… 053
　　三、环境伦理学的兴起 ……………………………………… 059
第三节　西方动物伦理思想演进的生态实践背景 ……………… 061
　　一、人与动物生态关系的演变 ……………………………… 062
　　二、人与动物生存环境的变迁 ……………………………… 065

第四章　人类中心主义动物伦理思想主要流派和生态解析 …… 069
第一节　动物工具论 ……………………………………………… 070
　　一、代表性观点 ……………………………………………… 070
　　二、动物工具论思想评析 …………………………………… 072
第二节　动物同情论 ……………………………………………… 074
　　一、人同情动物的行为动机 ………………………………… 074
　　二、动物同情论的伦理基础 ………………………………… 075
　　三、动物同情论思想评析 …………………………………… 077
第三节　动物福利论 ……………………………………………… 078
　　一、动物福利的概念综述 …………………………………… 078
　　二、不同种类动物的福利内容 ……………………………… 079
　　三、动物福利论的伦理基础 ………………………………… 081
　　四、动物福利论思想评析 …………………………………… 083
第四节　人类中心主义动物伦理思想的生态解析 ……………… 084
　　一、人类中心主义动物伦理思想的生态合理性和局限性 …… 085

二、人类中心主义动物伦理思想对生态环境造成的影响分析 ………………………………………………………………… 087

第五章 非人类中心主义动物伦理思想主要流派和生态解析 …… 089
第一节 动物解放论 ………………………………………… 090
一、理论基础——边沁的功利主义 …………………… 090
二、动物解放论的基本观点 …………………………… 092
三、动物解放论的实践诉求 …………………………… 096
四、动物解放论思想评析 ……………………………… 100
第二节 强势动物权利论 …………………………………… 101
一、强势动物权利论形成的理论基础 ………………… 101
二、强势动物权利论的基本观点 ……………………… 104
三、强势动物权利论的实践诉求 ……………………… 106
四、强势动物权利论思想评析 ………………………… 112
第三节 弱势动物权利论 …………………………………… 113
一、道德地位和道德权利 ……………………………… 113
二、弱势动物权利论的基本观点 ……………………… 114
三、弱势动物权利论的实践诉求 ……………………… 116
四、弱势动物权利论思想评析 ………………………… 117
第四节 非人类中心主义动物伦理思想的生态解析 ……… 118
一、非人类中心主义动物伦理思想认为动物与人具有平等的生态地位 ……………………………………… 118
二、非人类中心主义动物伦理思想对改善生态环境的推动作用 …………………………………………… 120

第六章 西方动物伦理思想面临的理论和实践困境 …………… 122
第一节 西方动物伦理思想面临的理论困境 ……………… 123
一、获得道德地位的伦理标准和依据具有片面性 …… 123
二、拥有利益或道德权利的逻辑论证存在缺陷性 …… 124
三、否认物种的利益或权利导致道德关怀缺乏整体性 … 125
第二节 西方动物伦理思想面临的实践困境 ……………… 126
一、动物作为利益或权利的主体地位难以成立 ……… 126

二、拥有利益或权利的主体界限难以划分 …………… 127
　　三、物种之间的利益或权利冲突难以化解 …………… 128
第三节　西方动物伦理思想面临困境的原因剖析和发展趋势 …… 130
　　一、原因剖析 …………………………………………… 130
　　二、发展趋势 …………………………………………… 132

第七章　构建以生命共同体理念为基石的动物伦理理论 ……… 136
第一节　基于生命共同体理念拓展动物伦理研究视角 ………… 137
　　一、动物伦理研究由个体拓展到物种和生态系统 …… 137
　　二、动物伦理研究由突出人与动物对立到强调人与动物统一
　　　　………………………………………………………… 138
　　三、动物伦理研究由脱离生态环境到关注生态环境 … 139
第二节　以生命共同体系统观确立动物伦理基础 ……………… 140
　　一、动物个体：工具价值和内在价值 ………………… 140
　　二、动物物种及其生态系统：生态价值 ……………… 141
第三节　针对生命共同体差异性构建多元化动物伦理体系 …… 142
　　一、人与野生动物和驯养动物的伦理关系 …………… 142
　　二、人对不同珍稀程度动物的保护义务 ……………… 143

第八章　生命共同体视域下动物伦理的理论特质和基本内涵 … 144
第一节　生命共同体视域下动物伦理的理论源泉 ……………… 145
　　一、马克思主义自然观 ………………………………… 145
　　二、我国优秀传统文化中的动物伦理思想智慧 ……… 147
　　三、西方动物伦理理论的发展成果 …………………… 150
第二节　生命共同体视域下动物伦理的构建原则 ……………… 152
　　一、以习近平生态文明思想为指导 …………………… 152
　　二、以尊重生命、和谐共生为价值导向 ……………… 159
　　三、以维护人与自然生命共同体生态安全为底线 …… 160
第三节　生命共同体视域下动物伦理的基本内涵 ……………… 161
　　一、遵循生态系统规律 ………………………………… 161
　　二、尊重动物生命和天性 ……………………………… 163

三、科学合理利用动物 ………………………………………… 164
　　四、实现人与动物共生共荣 …………………………………… 165

第九章　西方动物保护的实践做法和经验启示 ………………… 168
　第一节　西方动物保护的立法实践 ………………………………… 169
　　一、典型国家和组织的动物保护立法实践 …………………… 169
　　二、西方动物保护立法实践的生态维度评析 ………………… 175
　第二节　西方动物保护的文化传播 ………………………………… 177
　　一、西方动物文学发展述评 …………………………………… 177
　　二、西方动物题材电影评析 …………………………………… 181
　　三、西方动物伦理教育发展概览 ……………………………… 184
　第三节　西方国家动物保护实践的经验启示 ……………………… 185
　　一、思想与行动相互促进 ……………………………………… 185
　　二、立法和教育并重 …………………………………………… 186
　　三、动物保护组织发挥了关键作用 …………………………… 187

第十章　生态友好型动物保护模式的构建设想和实践案例 …… 191
　第一节　基于西方动物伦理的几种动物保护模式 ………………… 192
　　一、反虐待动物保护模式 ……………………………………… 192
　　二、动物福利保护模式 ………………………………………… 193
　　三、动物权利保护模式 ………………………………………… 193
　第二节　基于生命共同体理念的生态友好型动物保护模式 ……… 194
　　一、确立生态友好型动物保护模式的必要性 ………………… 194
　　二、生态友好型动物保护模式的特征、原则和内涵 ………… 196
　第三节　生态友好型动物保护模式的实践案例 …………………… 201
　　一、朱鹮物种保护 ……………………………………………… 201
　　二、江苏盐城湿地珍禽国家级自然保护区 …………………… 206
　　三、江苏大丰麋鹿国家级自然保护区 ………………………… 211
　　四、云南亚洲象迁移 …………………………………………… 215
　　五、长江十年禁渔 ……………………………………………… 220
　　六、中医入药动物保护问题 …………………………………… 228

第十一章　我国动物保护现状的剖析反思和改进建议 ……………… 237
第一节　我国的动物保护现状 ……………………………………… 238
一、野生动物保护状况堪忧 ……………………………………… 238
二、虐待动物现象比较普遍 ……………………………………… 239
三、公众动物保护意识不强 ……………………………………… 240
四、动物福利壁垒问题日益突出 ………………………………… 240
第二节　我国动物保护现状滞后的原因剖析 ……………………… 241
一、动物保护立法不完善 ………………………………………… 241
二、动物保护组织不能发挥应有作用 …………………………… 242
三、动物伦理教育和文化传播跟不上实践发展的需要 ………… 243
第三节　当前人与野生动物关系紧张的伦理反思 ………………… 243
一、对野生动物生态价值功能的忽视 …………………………… 244
二、不合理的野生动物消费欲望 ………………………………… 246
三、以开发利用为导向的野生动物保护制度 …………………… 248
第四节　改善我国动物保护现状的措施建议 ……………………… 249
一、加快动物保护立法进程 ……………………………………… 249
二、加大动物自然保护区建设力度 ……………………………… 251
三、切实提高公众的动物伦理和保护意识 ……………………… 251
四、大力支持动物保护组织发展 ………………………………… 252
五、积极开展国际交流与合作 …………………………………… 252

参考文献 ……………………………………………………………… 254

后　记 ………………………………………………………………… 269

绪　论

人与自然的关系是生态文明建设的核心问题,事关人类生存与可持续发展。人与动物的关系是人与自然关系的重要方面。人类要想处理好人与自然的关系、实现人与自然和谐共生,就必须要处理好人与动物的关系。动物伦理作为环境伦理学(或称生态伦理学)的重要分支,主要研究人与动物之间的伦理关系以及人类应如何对待动物的道德义务和责任问题。本书基于生命共同体理念对西方动物伦理思想发展历程及其代表性思想流派作一系统梳理和审视解析,深入剖析西方动物伦理思想面临的理论和实践困境,在此基础上,提出中国特色动物伦理理论体系和生态友好型动物保护模式的构建设想,结合相关案例对改善我国动物保护现状、推进生态文明建设提出措施建议。

一、研究背景和意义

(一) 研究背景和目的

在西方,关于人与动物关系的思想源远流长,特别是近现代以来得到了极大的丰富和发展,产生了若干有代表性的人物和理论,有力推动了动物保护运动的发展和社会文明程度的提高。但是现有的西方动物伦理理论存在两大突出问题:一是迄今为止尚未形成一种公认的、成熟的动物伦理理论,各种思想学说大致可分为人类中心主义和非人类中心主义两类动物伦理思想,观点众多、派别纷呈,未来的发展走向也尚不清晰;二是在当前环境伦理学深入发展和生态文明建设深入推进的大背景下,现有的西方动物伦理思想面临着诸多理论和实践困境,反过来制约着西方动物保护实践的发展。

究其原因,大致也有两个方面:一方面,从理论基础来看,学者们对动物在自然界中的地位和作用、动物是否具有自身的内在价值、动物是否具有主体意义上的道德权利、人类对动物负有何种道德义务或责任等基础性的问题,一直充满着争议,目前尚无定论;另一方面,从研究视角来看,现有的西方动物伦理理论基本上是从动物个体出发研究动物的福利和权益问题,而较少涉及动物物种及其生存环境的研究,同时不论是人类中心主义还是非人类中心主义的动物伦理思想,都将人与动物割裂开来、对立起来,而没有从生命共同体角度作为一个整体加以考虑。对这些理论和实践问题,需要从新的视角加以梳理研究,提出对策建议。

而在我国,虽然古代传统文化中就蕴含着许多先进的动物伦理思想和理念,但近现代以来由于复杂的历史原因未能得到系统化、理论化的发展,相应地,在动物保护实践发展上也相对滞后。改革开放以来,随着人民生活水平和社会文明程度的不断提高,人们的动物伦理和保护意识不断增强。但近些年来发生的归真堂活熊取胆等一系列公共伦理事件以及"硫酸泼熊""虐猫事件"等大学生虐待动物案例,一定程度上说明了我国的动物保护现状不容乐观。另一方面,党的十八大以来,国家把生态文明建设摆到了前所未有的高度,作出了一系列决策部署,随着生态文明建设的深入推进,需要更加深入地反思人在自然中的位置、人与自然(包括人与动物)之间的关系以及动物在保护生物多样性、维护生态系统平衡中的作用。这些,迫切需要我们借鉴西方国家的动物保护实践做法,挖掘我国传统文化中的智慧结晶,结合我国实际,提出改善我国动物保护现状的措施建议。

因此,从面临的问题出发,本书的研究目的主要有两个:一是针对西方现有的动物伦理思想面临的理论和实践困境,尝试从生命共同体这一新的视角对西方动物伦理思想发展历程及其代表性流派作一系统梳理和审视解析,展望其未来发展走向,在此基础上,构建具有中国特色的动物伦理理论;二是在当前重视生态文明建设的背景下,基于生命共同体理念,针对我国动物保护实践相对滞后的现状,借鉴西方国家在动物保护实践方面的做法和经验,提出生态友好型动物保护模式,并对改善我国动物保护现状提出措施建议。

(二) 研究意义

1. 理论意义

动物伦理研究的理论意义主要表现在三个方面：一是拓展了国内动物伦理研究视角。目前国内学者对动物伦理的研究基本上是在西方现有理论范式和框架下展开的，从生命共同体视角专题研究的很少，本书在这方面作一系统的尝试探索。二是丰富了国内关于西方动物伦理思想的研究。目前国内学者关于西方动物伦理思想的研究总体上看不够系统、深入，本书梳理阐述了西方动物伦理思想的演进历程及其代表性流派的理论基础、主要内涵和实践诉求，并从生命共同体视角进行了剖析。三是提出了生命共同体视域下中国特色动物伦理理论构建设想。本书研究提出了以习近平生态文明思想为指导，以生命共同体理念为基石，以尊重生命、和谐相处、共生共荣为价值导向，以维护物种和生态安全为实践底线的中国特色动物伦理理论框架，为国内学者深化研究起到抛砖引玉的作用。

2. 实践意义

目前，国内公众的动物保护意识还不强，缺乏相应的动物保护立法和伦理规范指导，动物伦理教育宣传和动物保护组织发展相对滞后，这些因素造成了我国的动物保护现状不容乐观。针对这一实际，本书在系统梳理西方动物伦理思想发展脉络和代表性理论的基础上，对西方国家动物保护立法、动物伦理教育和文化传播、动物保护组织发展等实践进行了梳理归纳，从中得出一些共性、有益性的启示，并基于生命共同体理念提出生态友好型动物保护模式，对改善我国动物保护现状、推进生态文明建设提出对策建议。

二、研究现状和述评

(一) 国外研究现状和述评

1. 西方学者关于动物伦理研究的综述

西方学者对人与动物关系和伦理问题的关注和研究由来已久，几乎没有间断过，形成了众多观点。梳理这些观点可以大致描绘出西方动物伦理思想演进的三个阶段，即古代的孕育阶段、近代的启蒙阶段和现代的确立阶段。

古代西方学者关于人与动物关系的论述和研究主要表现在两个领域：一是哲学领域，一是宗教领域。在哲学领域，关于人与动物关系的探讨最早可以追溯到古希腊、古罗马时期。在古希腊、古罗马一些哲学家的眼里，"社会"这一概念不仅存在于人与人之间，也存在于人与动物之间，他们的哲学思想里不乏关于人与动物关系的观点。恩培多克勒（Empedocles）认为屠杀动物作为献祭品或食物，是最令人恐惧的事情①。毕达哥拉斯（Pythagoras）认为，动物和人一样都有灵魂，人类没有权利引起动物不必要的痛苦。他相信动物和人的灵魂是可以相互转换的，人死后灵魂会变成动物。因此他坚持食素，倡导永远不吃肉，被称为西方的素食主义之父，他的名字后来在西方文字中就代表素食主义的意思。② 毕达哥拉斯还反对血腥屠杀动物的行为，甚至提出杀死动物同样属于犯谋杀罪③。柏拉图（Plato）认为，动物的灵魂是原始的、低级的、非理性的，可以理解简单的、主人发出的指令，人的灵魂是不朽的、理智的，是可以同神联系的，但并非所有人都具有灵魂，例如小孩、奴隶就没有。尽管如此，柏拉图仍深受毕达哥拉斯的影响，认为哲学家必须是素食者，因为动物可以与人类分享灵魂的一部分④。普鲁塔克（Plutarchus）、波菲利（Porphyrius）也倡导素食主义，认为人对动物应怀有怜悯之心，善待动物。在这一时期，占据主导地位的还是古希腊哲学家亚里士多德（Aristotle）的观点，在他看来，动物和人都具有基本的灵魂，但动物只具有知觉和感官的灵魂，缺乏理性，而人除了有感觉，还有理性，因此，在自然的等级排序中动物低于人类，动物是为了人而存在的，动物是供人类利用的资源，为人提供食物、衣服和工具等。这种思想在西方绵延两千多年，对西方后来的动物伦理思想发展产生了深远影响。

在宗教领域，西方的基督教对动物伦理思想的发展产生了重要影响。基督教宣扬上帝是造物主，以自己的形象创造了人类，赋予人类主宰、支配

---

① Dombrowski D A. The philosophy of vegetarianism[M]. Amherst: University of Massachusetts Press,1984:19-22.
② 曹菡艾.动物非物：动物法在西方[M].北京：法律出版社,2007:111.
③ Brooman S, Legge D. Law relating to animals[M]. London: Cavendish Pub., 1997:31.
④ Wise S M. Drawing the line: science and the case for animal rights[M]. Cambridge: MA, Perseus,2002(a):12.

动物的权利。《圣经》中,上帝赐福给诺亚和他的儿子们的时候说,凡是有生命的动物,都可以当作你们的食物,我将这一切赐给你们,如以前赐给你们蔬菜一样①。中世纪的基督教继承并强化了亚里士多德自然目的论观点,这一时期的代表性人物是经院哲学家奥古斯丁(Augustine)和阿奎那(Aquinas),他们认为动物缺乏理性,只有人才具有理性,因此动物服从人类的统治是合理的、合法的,人可以随意地对待动物,上帝为了人类才给其他存在物提供神恩。因此,林恩·怀特(Lynn White)指出,在所有的宗教中,基督教,尤其是西方形态的基督教,是最以人类为中心的宗教②。

进入近代,由于科学技术的产生和发展以及由此带来的产业革命,加上受到文艺复兴、启蒙运动的影响,人类改造自然的能力极大增强,征服自然的欲望更加强烈,这一时期在西方占据主流的动物伦理思想带有强烈的人类中心主义色彩,认为人和动物有着本质的区别,在人和动物之间存在着一道不可逾越的鸿沟,动物既不会说话,也没有意识和灵魂,它们所拥有的仅是"构思奇巧并富有艺术味的机器工具而已"③。这种思想在笛卡尔(Descartes)身上体现得最为明显,在他看来,动物的器官虽然是由肉体组成的,但没有灵魂、没有理性,主张用机械原理来看待动物,动物是自行转动的机器,感觉不到疼痛或痛苦。这一时期另一位颇有影响的学者是德国哲学家康德(Kant),他坚持理性优越论,认为人属于理性生物,是道德主体,应得到其他道德主体的尊重,而动物没有自我意识,属于非理性生物,不是道德主体,是人达到某一目的的手段。尽管如此,与笛卡尔不同的是,康德不赞成残酷对待动物,认为人虽然对动物不负有直接的义务,但有间接的义务,也就是说人对动物的责任是人对人的间接责任。

在近代西方,虽然以笛卡尔和康德为代表的动物伦理思想占据主流,但是也有一些学者的观点与主流的思想不同,其中最具有代表性的是英国的思想家边沁(Bentham)和社会改革家塞尔特(Salt)。边沁是近代西方第一个自觉把道德关怀运用到动物身上的伦理学家,他的功利主义平等观对辛格

---

① 冯象.创世记:传说与译注[M].南京:江苏人民出版社,2004:238.
② 怀特.我们生态危机的历史根源[J].刘清江,译.比较政治学研究,2016(10):115-126.
③ 江山,胡爱国.西方文化史中的人与动物关系研究[J].南京林业大学学报(人文社会科学版),2016,16(2):22-31.

产生了很大的启发,在他看来,趋乐避苦的功利原则是判断人的行为正确与否的标准,因为动物具有感受快乐和痛苦的能力,所以应平等地考虑动物的利益。塞尔特首先提出动物权利这一概念,是西方倡导动物权利的先驱。他在1892年撰写的《动物权利:与社会进步的关系》一书中,主张动物享有道德权利,应将动物纳入人类的道德共同体,得到人类的道德关怀。此外,还有其他一些学者的观点也值得一提,比如:法国思想家卢梭(Rousseau)认为,动物也是有知觉的,应享有自然赋予的权利,人类有义务维护这一权利;美国语言学家伊文斯(Evans)指出,人和其他动物一样只是大自然的一部分,是大自然的产物,并预言我们的子孙总有一天会认识到,动物有着和人一样的不可剥夺的权利。边沁、塞尔特等人的观点为现代动物伦理的确立和发展开启了思想的大门,奠定了理论基础。

工业革命在给人类带来巨大物质财富的同时,也带来了全球性的环境问题和生态危机,引起人们对人与自然关系(包括人与动物关系)的深刻反思。20世纪70年代以来,随着环境伦理学的兴起,西方学者对人与动物关系的研究有了新的突破,形成的动物伦理思想研究更多地凸显非人类中心主义色彩。其中,最具代表性的是辛格(Singer)的动物解放论和雷根(Regan)的动物权利论。澳大利亚哲学家辛格1975年出版的《动物解放》一书,将动物伦理思想的研究推向了一个崭新的层面,被称为"动物解放运动的圣经"。其核心观点是:感受苦乐是获得道德关怀的充分必要条件,动物具有感受苦乐的能力,因此人类应给予动物道德关怀,平等地考虑动物的利益。美国哲学家雷根被认为是动物权利论的开山鼻祖,其在1983年出版的《为动物权利辩护》一书从哲学理论上对动物权利作了系统、全面的论证,被纳什称作"目前从哲学角度最彻底地反思动物权利问题的著作"[①]。雷根主张作为生活主体的动物与人一样具有"天赋价值",因而拥有与人完全相同的"强势权利论"。

在当今,继辛格、雷根之后,不少学者从深度和广度上对动物权利思想进行了拓展,比如,美国哲学家詹姆斯·雷切尔斯(James Rachels)认为动物与人之间的差别并没有那么重要,动物除了具有不受折磨、财产等权利外,

---

[①] 纳什.大自然的权利[M].杨通进,译.青岛:青岛出版社,2005:166.

最重要的是自由权,关押、商业驯养动物,用动物进行实验等行为都是错误的。美国学者玛丽·沃伦(Mary Anne Warren)把动物拥有利益作为动物拥有权利的基础,而其前提是动物具有感受快乐和痛苦的能力,主张动物虽然拥有某些基本权利,但与人类拥有的权利相比,范围上小一些,强度上弱一些,因此被称为"弱势权利论";后来(1997年),她还提出了混合标准理论,认为动物的道德地位不仅与自身的感受能力、生命特征、理性或意识等内在属性有关,而且与它的社会关系、生态关系等也有关。G. L. 弗兰西恩(Gary L. Francione)认为动物与人之间仅仅是物种上的差别,人类不能因此将动物排除在道德共同体之外,不应将动物当作财产来看待,强调"只要人类仍把动物看作物并将其作为人类的财产而继续加以利用,则动物权利就无从谈起"①。戴维·德格拉齐亚(David DeGrazia)在2005年出版的《动物权利》一书中提出了道德地位、平等考虑、超越功利三种意义上的动物权利,从道德地位意义上看,动物只是因为自身的缘故而存在,因而至少具有一些道德地位;从平等考虑意义上看,对动物具有的与人类相似的利益,应给予平等的道德考虑;从超越功利意义上看,人类不得损害动物的根本利益,比如在自由权利上动物与人类是相同的,人类没有权利限制动物的自由权。② 阿拉斯代尔·科克伦(Alasdair Cochrane)则以基于利益的权利理论为基础,提出了一种介于动物权利论与动物福利论之间的动物权利理论,即无需解放的动物权利论,认为动物拥有权利并不要求将所有动物从人类的使用中解放出来,只是意味着拥有者具有某些重要的基本利益,而这些利益对人类施加了义务。这种动物权利理论体现了一种更为合理和实际的权利观,并不要求拥有者具有与道德行为能力和理性能动性有关的复杂的精神能力,也不要求拥有者能自由地过自己选择的生活③。休·唐纳森(Sue Donaldson)和威尔·金里卡(Will Kymlicka)通过引入"公民身份"概念赋予动物身份与权利,构建一种拓展性的动物权利论,基于具有差异性和关系性的权利模型,

---

① 弗兰西恩.动物权利导论:孩子与狗之间[M].张守东,刘耳,译.北京:中国政法大学出版社,2005:260-261.
② 德格拉齐亚.动物权利[M].杨通进,译.北京:外语教学与研究出版社,2015.
③ 科克伦.无需解放的动物权利:应用伦理学和人类义务[M].黄雯怡,肖飞,译.南京:江苏人民出版社,2022:2.

将动物拥有的普遍的消极权利与积极的关系性权利结合起来,探索人类与动物之间多样性的关系所衍生出来的人类不同类型的义务,并具体分析家养动物、野生动物、边缘动物所拥有的动物权利,有力推动了动物权利理论的发展①。与此同时,也有一些学者对动物权利论提出疑问和批评,最有代表性的是美国学者雷根和科亨(Carl Cohen),他们认为动物对人类虽然非常重要,也值得人类去尊重和关怀,但这并不能证明动物就拥有权利,只有人才具有权利,"因为权利的概念在本质上属于人;它植根于人的道德世界,且仅在人的世界里才发挥效力和有适用性"②,动物权利论者把只适用于人的道德权利这一概念运用到动物身上,那是错误的。

2. 西方学者关于动物伦理研究存在的不足

西方动物伦理研究的不足主要表现在几个方面:一是未能形成相对统一的基本理论范式。西方学者对动物与人之间的本质区别、动物是否具有内在价值、动物获得道德关怀和拥有道德权利的标准及依据等基础性问题,看法不一,争议不断,没有形成相对统一的基本理论范式,导致产生的动物伦理思想观点和派别众多,未能形成一种公认的、相对成熟的动物伦理理论,且未来的发展趋向也不清晰。二是未能运用生态学等新的理论拓展研究视角。动物和人都是地球生物圈中的重要成员,随着人类文明的发展进步,动物和人之间的生态关系也在发生变化,研究人与动物之间的伦理问题,不能脱离这个大的背景,应充分考虑动物及其物种在生态系统中的生态价值,从而进一步拓展研究视角,丰富研究内容。三是未能从人和动物统一的角度来研究动物伦理。西方学者关于人与动物伦理关系的观点和论述很多,大致可分为人类中心主义和非人类中心主义的两类动物伦理思想,但不论是以人类为中心还是以非人类为中心,都是将人与动物割裂开来、对立起来,而没有作为一个统一的整体来考虑和研究,这也是导致西方动物伦理思想目前存在诸多理论和实践困境的重要原因,需要从新的视角拓展研究、寻求共识、走出困境。而生命共同体理念的提出为之提供了一种可能的途径。

---

① 唐纳森,金里卡.动物社群:政治性的动物权利论[M].王珀,译.桂林:广西师范大学出版社,2022:8-21.
② 雷根,科亨.动物权利论争[M].杨通进,江娅,译.北京:中国政法大学出版社,2005:213.

本书拟从生命共同体的视角,侧重从生态系统的整体性、系统性角度,对西方动物伦理思想形成的生态背景和未来发展趋向作一些深入探索。

(二) 国内研究现状和述评

1. 国内学者关于动物伦理研究的现状

国内对动物伦理思想的研究始于20世纪80年代后期90年代初期。近年来,随着西方动物伦理理论的引进以及我国生态危机的不断加深、人们动物保护意识的日益增强和大量伤害动物案例引起的争论,国内从事这方面研究的学者日渐增多,研究的角度也比较多元化。综合相关文献,国内较早开展西方动物伦理思想研究的学者主要有杨通进、王延伟、林红梅、何怀宏、余谋昌、杨冠政等。其中,杨通进是研究较多、较久的一位学者,发表了数篇动物伦理方面的文章,比较有代表性的有:《中西动物保护伦理比较论纲》(2000)从理论和实践层面对中西动物保护伦理进行了比较和分析;《非典、动物保护与环境伦理》(2003)分析了审慎理论、仁慈理论、动物权利论、现代动物解放论四种由弱渐强的动物保护伦理依据;《动物拥有权利吗?》(2004)对强势和弱势动物权利论及其他一些学者关于权利的观点进行了分析和评论;《人对动物难道没有道德义务吗?——以归真堂活熊取胆事件为中心的讨论》(2012)对反对动物拥有道德地位的几种理论进行了批驳,提出不伤害动物是人对动物的初始义务,在对人的义务和对动物的义务发生冲突时,应遵循自卫、基本利益优先和伤害最小化原则;此外,他还在《环境伦理:全球话语 中国视野》(2007)一书中专章论述了动物的道德地位问题。王延伟在《动物权利思想历史考察》(2005)一文中阐述了古代、近代和现代几种形态的动物权利思想;在《动物伦理学研究》(2006)一文中考察并概括了西方动物伦理研究的本质和关键问题,对构建动物伦理学科进行了探讨。林红梅在《试论西方动物保护伦理的发展轨迹》(2005)一文中梳理了西方关于动物保护的代表性观点,并在《动物解放论与以往动物保护主义之比较》(2006)中将它们与动物解放论作了比较分析;在《关于辛格动物解放主义的分析与批判》(2008)一文中指出辛格的理论有由"动物解放"主义滑向"优生主义"的危险,存在着一些难以克服的理论困境,而且在实践层面上也不是无懈可击的;此外,她还在《生态伦理学概论》一书中对动物中心论、动物权利论作了详细论述。何怀宏在《生态伦理：精神资源与哲学基础》（2002）、余谋昌等在《环境伦理学》（2004）、杨冠政在《环境伦理学概论》（2013）等著作中也设专章对动物伦理作了较多阐述。

国内学者对动物伦理思想方面的研究还集中在以下几个方面：

（1）挖掘中国古代传统文化中的动物伦理思想。莽萍（2009）梳理了中国古代主要思想流派中蕴含的生态和动物伦理思想，并阐述其在当前形势下的重要意义；张慧、李德才（2016）从中国传统生态伦理观的角度对中国古代关于人与动物的思想进行了深入挖掘和梳理，并分析了其对解决当代动物危机的价值和意义；吴迪（2010）对中国传统文化和哲学思想中的动物保护伦理进行了阐释和说明；王云岭（2011）从"天人合一"的儒家哲学思想出发，对先秦儒家和宋明儒家中的人与动物关系思想及对当代的启示进行了剖析；李春艳（2011）分别对先秦儒家和周代的动物保护伦理思想进行了探析；陈立胜（2005）对宋明儒学中的动物伦理思想和原则进行了详细阐述；邓永芳等（2011,2012）对孟子、庄子的动物伦理思想进行了探析和比较；洪修平（2013）论述了佛教中蕴含的生态思想，对佛教生命观与当代的西方动物伦理思想作了比较分析；王冬（2013）对藏传佛教的重要人物宗喀巴的佛教生态伦理思想包括动物伦理思想进行了挖掘和梳理；赵杏根（2013、2014）对清代的动物伦理思想和动物保护实践进行了分析研究。

（2）对西方动物伦理思想的评析及与我国传统动物伦理思想的比较。罗顺元（2011）和武培培、包庆德（2012）等从不同角度对辛格动物解放论的理论缺陷进行了剖析；刘宁（2012）和王瑾、李传印（2012）等分析了雷根动物权利论面临的理论和实践困境；曹文斌（2010）和李彦平、雷丽（2009）等对西方动物伦理思想的哲学渊源进行了浅析。在东西方动物伦理思想比较方面，姜南（2016）认为西方动物伦理主要的理论前提一是动物的"天赋权利"，二是动物感知苦乐的能力，西方动物伦理一旦出现就高度法律化、制度化、组织化，从而实践化、普及化，而中国古代儒家动物伦理的前提是"天地生生之德"，至今绵延两千余年，但长期在实践与普及方面缺乏重要进展，强调在动物伦理的建设和发展上中国人既要有高度的文化自信，又要虚心向西方学习,人类同情心是中西方在动物伦理建设、发展方面合作的基础;孙江、王利军(2012)认为在理念层面,中国传统的动物保护思想基本上是非人类中心主义的,但宗教意味浓厚、直观想象多、科学思辨少,而西方的动物保护思想更多一些哲学思辨和理性思考,其理论和相关立法随着科学技术的发展而发展;李山梅、刘淘宁(2012)认为在西方动物伦理已不是纯理论基础研究,而是具有广泛的应用性,中华文化中儒道释三家对动物伦理的研究详尽深入,但我国的动物伦理实践仍处于起步阶段,东西方动物伦理的理论与实践应用各有特点、殊途同归。

(3) 动物法律地位和动物保护立法方面的研究。关于动物是否具有法律地位,主要观点有三类:一类是主体论,即把动物作为法律关系的主体,如高利红、徐昕、李萱、江山等;另一类是客体论,即把动物作为法律关系的客体,如王应富、程凌香、李爱年、马志清等;第三类是特殊的客体论,即把动物作为法律上特殊地位的客体,如崔栓林、于明磊、王炜等。张式军、胡维潇(2016)分析了我国动物福利立法困境的根源在于动物福利的理念还没有深入人心,公众担心推行动物福利与人的福利、社会福利冲突,认为短期内就动物福利专门立法可行性不大,应在动物保护相关的法律法规制定或修订中逐步体现动物福利的观念或内容;孙江、何力、梁知博等(2009)认为应将和谐、宽容作为动物福利立法的价值取向,坚持利用与消费正义、保护与管理相结合的立法原则,以有利于人与动物协调发展为立法目的,分类制定动物的福利制度;张桂英(2014)梳理了欧美国家动物保护立法实践的特点,分析了赋予动物权利的可能性;刘宁(2010)分析了20世纪的西方动物保护立法趋势和我国动物保护立法现状,认为我国应将动物福利贯穿到现行法律中,坚持残酷非法化、基本福利为补充这两个立法原则。

(4) 动物福利理论和实践方面的研究。孙江(2010)对动物福利论和动物权利论进行了比较分析,探讨了两种理论模式的可行性,认为动物福利论更适合我国国情;莽萍(2005)认为改善畜禽动物福利不只是为了提高效益和改善肉品质量,也是人类对动物的道德责任,并列举了一系列虐待动物的事例,指出在我国推行动物福利的意义;顾为望、于娟(2008)比较了国内外关于家畜、野生动物和实验动物的福利状况,并从伦理学范畴阐述了给予动物福利不仅是现实社会利益的驱动,更是文明的体现、道德的完善和伦理的诉求;傅强(2015)从政治经济学的角度,从动物保护组织、农场主、公众、食品零售企业和政府等多方面运用利益集团理论,解释动物福利为什么在西方乃至全球兴起;赵英杰、贾竞波(2009)分析了中国动物福利保护缺失的原因,结合国情提出完善动物福利保护的对策;张术霞、王冰(2010)从动物福利和动物权利的概念入手,对两者的区别和联系进行了分析;李想(2008)论述了我国建立动物福利的生态伦理基础,并提出了几类动物福利的伦理规范。

(5) 挖掘西方文学和电影作品中的动物伦理思想。关春玲(2001)对近代美国荒野文学中动物伦理取向进行了详细剖析,阐述了其特色、主题、理念;关春玲(2006)对印第安文化中蕴含的动物伦理思想进行了挖掘;刘捷(2005)分析了浪漫主义之前、19世纪至二战、二战后3个阶段加拿大动物文学的代表性人物和作品;赵谦(2012)剖析了加拿大代表性人物、动物文学中蕴含的生态哲学思想及其演变;廖新丽(2011)、石静(2014)对加拿大作家西顿动物小说中蕴含的生态思想进行了阐述;吕亚琼(2011),金天杰、尹立华(2010)和王超、徐子昂(2011)等分别对迈克尔·布莱克小说《与狼共舞》、杰克·伦敦"北方小说"和《野性的呼唤》中蕴含的动物伦理思想进行了研究;察斯(2011)对动物题材电影本身及动物题材电影所具有的动物伦理思想内涵进行了研究。

(6) 实验动物伦理方面的研究。张燕(2015)在分析人类中心主义和非人类中心主义关于动物利用理论共识的基础上,从马克思主义整体生态观出发,提出了动物医疗利用的人类生存、人类基本利益优先、人类有限发展三个基本伦理原则。金玫蕾(2012)对我国实验动物科学带来的伦理和福利问题进行了分析,提出了对策建议;邢华、张汤杰(2012)对动物伦理与动物实验关系进行了讨论,指出开展动物实验应遵循3R原则;杨青(2011)对国内外实验动物的福利现状进行了比较,指出真正贯彻动物福利和动物伦理思想,最根本的是观念上的提升和人文素质的养成;王春水(2007)认为伦理审查和制订法律是确保动物实验符合伦理学标准的必要措施;吴瑶瑶、李晓衡、吴端生(2011)提出了善待实验动物的伦理学原则。

(7) 动物伦理教育方面的研究。王延伟(2011)总结了中国环境管理干部学院的动物伦理教育实践和做法;邹红菲、董海艳(2004)通过对动物保护现状组织问卷调查,分析得出动物伦理教育应以培养公众的价值观、权利观和道德观为核心;刘宇、刘恩山(2013)在综述国内外高校动物福利教育发展历程的基础上,对其未来的发展前景进行了展望;谢小军(2014)认为在当前我国推进生态文明建设的重要时期,需要培养公民的动物伦理意识,协调人与动物的伦理关系。

其他的,还有一些动物保护案例方面的研究。比如,对2012年归真堂"活熊取胆事件",王国聘主持的南京林业大学江苏环境与发展研究中心发表了一系列笔谈文章,从不同角度进行了探讨;杨通进从这一公共伦理事件出发,通过批驳几种常见的理论依据,得出不伤害动物是人对动物负有的一种初始义务的结论;童钰洛认为该事件引起的争论说到底是伦理与市场的博弈,制定完善法律法规,加强对动物的关注和动物福利保护至关重要。

2. 国内学者关于动物伦理研究存在的不足

国内学者关于动物伦理研究的不足,主要表现在以下几个方面:一是对西方动物伦理思想的研究比较零散,不够系统、全面、深入。通过知网搜索,国内学者关于西方动物伦理思想的研究大多数是介绍、分析、评论西方学者的某种理论和一些代表性人物的观点,除了翻译国外的相关书籍外,国内系统研究动物伦理思想的专著为数甚少。二是对生命共同体视域下的动物伦理理论研究较少。在我国古代一些学者的言论和著作中蕴含着不少先进的动物伦理思想和理念,但近现代以来由于复杂的历史原因未能得到系统化、理论化的发展。目前国内学者对我国是否需要动物伦理理论、如何基于生命共同体理念构建中国特色动物伦理理论等讨论较少、着墨不多。三是对西方国家在动物保护立法、动物伦理教育和文化传播、动物保护组织发展等方面的实践做法未作系统的梳理归纳,从而得出有说服力的经验启示。本书拟从生命共同体的视角,在剖析西方动物伦理思想目前存在的理论和实践困境及其未来发展趋向的基础上,结合我国国情,从生态文明建设要求出发,提出构建生命共同体视域下中国特色动物伦理理论的设想。同时,对西方国家在动物保护立法等方面的实践做法作一系统梳理,并将之与我国现状和做法进行比较分析,从中得出一些共性、有益性的启示,提出生态友好型动物保护模式的设想,进而为改善我国动物保护现状,推进生态文明建设提出借鉴和参考。

三、研究内容和方法

（一）研究内容

本书在阐述生命共同体哲学内涵和价值意蕴的基础上，回顾提炼西方动物伦理发展历程及其代表性思想流派，并基于生命共同体理念剖析了现有西方动物伦理思想面临的理论和实践困境，提出了中国特色动物伦理理论体系和生态友好型动物保护模式的构建设想，结合相关案例探索应用这一理论和模式，对改善我国动物保护现状，推进生态文明建设提出措施建议。研究的主要内容包括四个部分。

第一部分：生命共同体理念的哲学内涵和价值意蕴。包括第一章和第二章，这部分主要阐述生命共同体理念形成发展的理论渊源及其哲学内涵，以及生命共同体视域下的动物生态价值和动物伦理特征，为后面部分的分析研究做理论铺垫。从理论渊源看，生命共同体理念既是对中国传统文化中"天人合一"等生态哲学智慧的汲取和传承，也是对马克思主义共同体思想的继承和发展，同时也是对西方生态整体主义伦理观的超越。从哲学内涵看，生命共同体理念在本体论、认识论、方法论、价值论等方面具有丰富的内涵，体现了系统性、整体性的生态意识和生态思维，强调了人与自然在实践基础上的辩证统一关系。从价值维度看，动物等非人类生命物种在人与自然生命共同体中具有重要的生态价值，在处理人与自然关系时，非人类生命物种应得到尊重和关心，人类在实现自身生存发展权益时，不仅要处理好人类生存利益与非人类生命物种生存利益的关系，还要处理好人类生存利益与生命共同体整体利益的关系。

第二部分：西方动物伦理思想的演进历程及生态批判。包括第三章至第五章，这部分梳理了西方动物伦理思想的演进历程及其产生发展的生态理论和实践背景，阐述了西方动物伦理思想代表性流派的主要观点、伦理基础和实践诉求，并从生命共同体视角对其进行解析和批判。首先，考察了西方动物伦理思想由孕育到启蒙再到确立的演进历程，分析了其产生、发展的生态理论背景和生态实践背景。理论背景主要包括人类自然观的演变、生态学的发展和环境伦理学的兴起，实践背景主要包括采集狩猎文明、农业文明、工业文明等文明形态下人与动物生态关系及人与动物生存环境的变迁过程。其次，详细阐述了人类中心主义和非人类中心主义动物伦理思想代表性流派的主要观点、伦理基础和实践诉求，并从生命共同体角度对其进行解析。人类中心主义动物伦理思想主要包括动物工具论、动物同情论和动物福利论，从生命共同体视角看，其共同特征是把人作为地球生态系统的主体，把动物作为人类可以利用的资源，其产生和发展既有其合理性又存在明显缺陷，这种伦理思想对生态环境的影响最集中地表现在对野生动物的捕杀及对其栖息地的破坏上，导致野生动物大量减少甚至灭绝，从而降低了生物多样性，威胁到生态系统的平衡和稳定。非人类中心主义动物伦理思想主要包括动物解放论、强势动物权利论和弱势动物权利论，从生命共同体视角看，其共同特征是把包括动物在内的自然作为地球生态系统的主体，主张人类应平等地看待动物，与动物建立相互尊重的伙伴关系。虽然其强调动物个体利益或权利的做法与现代生态学的观点不尽相符，但在实践上对改善生态环境，尤其是野生动物的生存环境起到了有力的推动作用。

第三部分：中国特色动物伦理理论的系统构建。包括第六章至第八章，这部分基于生命共同体理念在对现有西方动物伦理思想面临的理论和实践困境进行剖析的基础上，从我国推进生态文明建设的目标和要求出发，提出中国特色动物伦理理论体系的构建设想。首先，从生命共同体视角剖析了现有西方动物伦理思想面临的理论困境和实践困境。理论困境主要是：动物获得道德地位的伦理依据具有片面性、拥有道德权利的逻辑论证存在缺陷性、缺乏整体主义的道德关怀。实践困境主要是：动物作为利益或权利的主体地位难以成立、拥有利益或权利的主体界限难以划分、物种之间的利益或权利冲突难以化解。分析其面临困境的原因，主要包括：否认动物物种拥有利益或道德权利、忽视动物个体和物种的生态价值、缺乏对人和动物生存环境的系统考虑等。其次，基于生命共同体理念提出中国特色动物伦理理论体系的构建设想，系统阐述其理论源泉、构建原则、本质特征和基本内涵。理论源泉包括马克思主义生态自然观、中国传统动物伦理思想智慧、西方动物伦理理论发展成果；构建原则包括以习近平生态文明思想为指导，以尊重生命、和谐共生为价值导向，以动物个体的工具价值、内在价值和动物物种的生态价值为伦理基础；本质特征主要体现在重视动物在保护生物多样性中的作用、强调人和动物是生态系统中的生命共同体、主张人类负有保护动物的伦理责任等方面；基本内涵包括遵循生态系统规律、尊重动物生命和天性、科学适度利用动物、实现人与动物共生共荣等。

第四部分：生态友好型动物保护模式的实践探索。包括第九章至第十一章，这部分在梳理借鉴西方动物保护实践做法和经验的基础上，基于生命共同体理念，运用中国特色动物伦理理论，尝试建立生态友好型动物保护模式，并结合我国当前动物保护实践案例进行探索应用。首先，梳理阐述西方主要发达国家在动物保护立法、动物伦理文化传播、动物伦理教育、动物保护组织发展等方面的实践做法和经验启示。其次，基于生命共同体理念，在比较分析西方动物保护模式的基础上，提出生态友好型动物保护模式，阐述其基本特征、实践原则和主要内涵。再次，以珍稀动物物种保护、云南亚洲象迁移、长江十年禁渔、中医入药动物保护等为案例，分析应用生态友好型动物保护模式，并对改善我国动物保护现状、推进生态文明建设提出措施建议。

(二) 研究方法

1. 文献研究法

在全面搜集国内外有关动物伦理研究和实践发展文献资料的基础上，经过梳理、归纳、鉴别，从生命共同体视角对西方动物伦理思想的发展历程及其代表性流派进行全面、系统的阐述和解析。

2. 案例分析法

在研究分析中选取和插入一些国内外有关动物保护立法、动物伦理文化传播、珍稀动物物种保护等方面的实践案例和做法，以增强感性认识，提高研究的客观性、科学性。

3. 比较分析法

通过对西方动物伦理理论和我国古代动物伦理思想、西方动物保护实践做法和我国动物保护现状等进行比较分析，得出若干启示，从生命共同体理念出发对构建中国特色动物伦理理论和生态友好型动物保护模式提出设想和建议。

第一章

生命共同体理念的
理论渊源和哲学内涵

　　生命共同体是习近平生态文明思想的核心理念，反映了习近平总书记的生态世界观，决定了习近平生态文明思想的本体论、认识论、方法论和价值论，深刻揭示了人与自然之间和谐共生的辩证统一关系，具有丰富的哲学内涵和新颖的伦理意蕴。

第一节 生命共同体理念的理论渊源

生命共同体理念既是对中国传统文化中生态哲学智慧的汲取和传承，也是对马克思主义共同体思想的继承和发展，同时也是对西方生态整体主义伦理观的超越，开辟了人与自然关系理论的新境界。

一、中国传统文化中的生态哲学智慧

中国传统文化中蕴含着丰富的生态哲学智慧，"天人合一"思想是其中的突出体现，"中华文明历来强调天人合一、尊重自然"①。早在西汉时期，董仲舒就提出"天人之际，合而为一"的思想，北宋时期的张载则明确提出了"天人合一"这一概念。尽管目前对"天人合一"概念的阐释还存在着分歧，但主流的观点认为"天"指的是大自然，"人"指的是人类，天人关系描述的就是自然与人的关系。"天人合一"主张人与自然万物是同根同源、相互依存的有机整体，以此为基础，中国传统文化强调万物平等、民胞物与的生态哲学观，核心宗旨是实现人与自然关系的和谐一致。"东方人对大自然的态度是同自然交朋友，了解自然，认识自然；在这个基础上再向自然有所索取。'天人合一'就是这种态度在哲学上的凝练的表达。"②《中华思想大辞典》概括指出，"主张'天人合一'，强调天与人的和谐、一致是中国古代哲学的主要基调"③。

---

① 习近平谈治国理政：第二卷[M].北京：外文出版社,2017:530.
② 季羡林.禅和文化与文学[M].北京：商务印书馆国际有限公司,1998:153.
③ 张岱年.中华思想大辞典[M].长春：吉林人民出版社,1991:801.

人与自然生命共同体理念是对中国传统文化中"天人合一"生态哲学观念的延续传承和现代转换，并根据时代特点和要求赋予其新的内涵，比如"人与自然是共生关系""绿水青山就是金山银山"等等，这些是对"天人合一"观念的继承和发展。

二、马克思主义共同体思想

通过考察马克思、恩格斯关于共同体的论述，可以看出，他们主要是从人与人或者人与社会关系的维度，把共同体看作是人的群体结合方式或集体存在方式。尽管如此，他们在考察共同体时并没有脱离人与自然关系这个基本的维度，"第一个需要确认的事实就是这些个人的肉体组织以及由此产生的个人对其他自然的关系"①。马克思深刻指出："在实践上，人的普遍性正是表现为这样的普遍性，它把整个自然界——首先作为人的直接的生活资料，其次作为人的生命活动的对象（材料）和工具——变成人的无机的身体。自然界，就它自身不是人的身体而言，是人的无机的身体。人靠自然界生活。"②离开人与自然关系这个基本的维度，共同体就不会存在，或者说，人与自然共同体是马克思主义共同体的有机组成部分。

从人类社会发展历史的角度看，马克思主义论述的共同体有三种形态，即原始共同体、虚幻共同体和真正共同体，与之相适应，人与自然之间的关系也呈现出三种基本形式。原始共同体是共同体的最初形态，也是自然形成的共同体，带有明显的自然性特征，"个人或者自然地或历史地扩大为家庭和氏族（以后是共同体）的个人，直接地从自然界再生产自己"③。在原始共同体形态下，由于生产力水平极为低下，人与自然的关系处于一种混沌未分的原始状态，人直接就是自然界的一部分，人对自然界的依赖性和自然界对人的依赖性同时并存。虚幻共同体也称阶级共同体，主要是指资本主义社会的共同体形态。在这种共同体形态下，人与自然的关系是一种统治与被统治、需要与被需要的关系，正因为此，人与自然共同体是一种异化的共

---

① 马克思恩格斯文集：第1卷[M].北京：人民出版社，2009：519.
② 马克思恩格斯文集：第1卷[M].北京：人民出版社，2009：161.
③ 马克思恩格斯文集：第8卷[M].北京：人民出版社，2009：51.

同体。当然,造成这种异化的不是自然界,而是人类,"一切生产都是个人在一定社会形式中并借这种社会形式而进行的对自然的占有"①。这种异化关系带来的必然结果是环境破坏、生态失衡,甚至产生生态危机,从而造成人与自然的对立和冲突日趋严重。真正共同体即是自由人联合体,马克思认为,只有在真正共同体形态下,才能消除人与自然之间的异化关系,从而实现真正的统一。"联合起来的生产者,将合理地调节他们和自然之间的物质变换,把它置于他们的共同控制之下""靠消耗最小的力量,在最无愧于和最适合于他们的人类本性的条件下进行这种物质变换"②,从而使得人和自然界之间、人和人之间的矛盾真正得到解决。

由此可见,马克思主义共同体产生与更替的根本原因是社会生产力的发展,其基本特质是对人的本质的关注以及对人的自由而全面发展的追求,最终目的是建立一个实现人的自由和全面发展的真正共同体。人与自然生命共同体理念作为人类命运共同体思想的有机组成部分,是基于马克思主义共同体思想对人与自然关系的新探索,人类必须在尊重自然、顺应自然、保护自然的前提下追求人的全面发展,同时要实现人与自然的和谐共生。

三、西方生态整体主义伦理观

生态整体主义伦理观即西方环境哲学或环境伦理学中的生态中心主义论,这种观点认为除了自然界中的事物具有工具价值以外,自然界整体还具有不以人的意志为转移的内在价值,因此不仅要考虑自然界生命体的道德身份,还要考虑非人类存在物的道德身份,主张把道德关怀的范围从人类扩展到包括大地在内的整个生态系统。生态整体主义伦理观的代表性人物有美国的环境伦理学家奥尔多·利奥波德(Aldo Leopold)和美国的环境哲学家霍尔姆斯·罗尔斯顿(Holmes Rolston)等。利奥波德是大地伦理学的创始人,他在其代表作《沙郡年记》(亦译为《沙乡年鉴》)中提出了"土地共同体"概念,这个共同体的成员之间既相互竞争,也相互合作,共同构成了一个有机整体。因此,利奥波德主张要从整体论的角度来认识大自然,人类应该

---

① 马克思恩格斯文集:第8卷[M].北京:人民出版社,2009:11.
② 马克思恩格斯文集:第7卷[M].北京:人民出版社,2009:928-929.

尊重自然、善待自然，判断人类行为对错的伦理标准应该看它是否有利于维护土地共同体的完整、稳定和美丽，"自然环境保护的含义是人与土地的和谐共存"①。罗尔斯顿的理论在自然价值论中最具有系统性和代表性，他认为自然存在物不仅具有对人有用的工具价值，还具有不依赖人的意识和经验而存在的自身所固有的内在价值；同时他还认为生态系统本身同自然存在物一样也是具有价值的（这种价值可以称为系统价值）。罗尔斯顿在利奥波德土地共同体思想的基础上，创造性地提出了生命共同体概念，指出"作为生态系统的自然并非不好的意义上的'荒野'，也不是堕落的，更不是没有价值的。相反，她是一个呈现着美丽、完整与稳定的生命共同体"②。

相比于生态个体主义伦理观，西方的生态整体主义伦理观从生态系统整体出发对道德共同体的范围进行扩展，将非人类自然存在物及整个生态系统都纳入了道德关怀的范围，赋予了伦理学新的内涵。但西方的生态整体主义伦理观坚持以生态为中心，认为人类只是生态系统整体中的普通一员，否认了人的主体性和优先地位，将整个共同体的善置于个体的自由和权利之上，被一些学者称为"环境法西斯主义"。人与自然生命共同体理念在强调人与自然之间是不可分割、相互联系的整体的同时，并没有否认人的主体性和优先地位，而是坚持以人为中心，通过变革人类的生产生活方式重塑人与自然之间的关系，其价值宗旨是"解决好工业文明带来的矛盾，以人与自然和谐相处为目标，实现世界的可持续发展和人的全面发展"③，实现了对西方生态整体主义伦理观的超越。

第二节　生命共同体理念的哲学内涵

人与自然生命共同体理念体现了人类文明发展历史逻辑与马克思主义

---

① 利奥波德.沙郡年记[M].王铁铭,译.桂林:广西师范大学出版社,2014:200.
② 罗尔斯顿.哲学走向荒野[M].刘耳,叶平,译.长春:吉林人民出版社,2000:10.
③ 习近平谈治国理政：第二卷[M].北京:外文出版社,2017:525.

自然观理论逻辑的统一,既继承了人既是能动的又是受制约的、自然具有先在性基础性、人与自然通过人类实践活动相联结等马克思主义自然观思想,又从生态维度极大地拓展和丰富了马克思主义自然观的哲学内涵。

一、本体论层面:相互依存、协同进化、动态平衡的生态系统

习近平总书记2013年在党的十八届三中全会上作关于《中共中央关于全面深化改革若干重大问题的决定》的说明时提出"山水林田湖是一个生命共同体"①,2017年7月在中央全面深化改革领导小组第37次会议上又提出"山水林田湖草是一个生命共同体"②;2017年10月在党的十九大报告中提出"人与自然是生命共同体"③;后来在广西、西藏考察时还分别提出"坚持山水林田湖草沙系统治理"④"坚持山水林田湖草沙冰一体化保护和系统治理"⑤。由此,可以看出,习近平总书记提出的生命共同体理念范畴不断扩大,内涵不断丰富,深刻体现了总书记的大生态观。从本质上讲,人与自然生命共同体是我们人类安身立命的地球生物圈,是由人类、动植物等非人类生命体、其他自然存在物组成的生态系统。其主要特征体现在以下三个方面。

(一)人依赖自然而生存

自然是生命之母,是人类生存发展的物质前提和精神来源,人必须依靠自然界生活。一方面,自然是人类的衣食父母,为人类提供直接的生活资料,"人在肉体上只有靠这些自然产品才能生活,不管这些产品是以食物、燃料、衣着的形式还是以住房等等的形式表现出来"⑥;另一方面,动植物、石头、空气等,不论是作为自然科学的对象,还是作为艺术的对象,都属于人的意识范畴,"是人的精神的无机界,是人必须事先进行加工以便享用和消化的精神食粮"⑦。

---

① 习近平.论坚持人与自然和谐共生[M].北京:中央文献出版社,2022:42.
② 敢于担当善谋实干锐意进取　深入扎实推动地方改革工作[N].人民日报,2017-07-20.
③ 习近平.决胜全面建成小康社会,夺取新时代中国特色社会主义伟大胜利:在中国共产党第十九次全国代表大会上的报告[M].北京:人民出版社,2017:50.
④ 让绿水青山造福人民泽被子孙:习近平总书记关于生态文明建设重要论述综述[N].人民日报,2021-06-30.
⑤ 全面贯彻新时代党的治藏方略　谱写雪域高原长治久安和高质量发展新篇章[N].人民日报海外版,2021-07-24.
⑥ 马克思恩格斯文集:第1卷[M].北京:人民出版社,2009:161.
⑦ 马克思恩格斯文集:第1卷[M].北京:人民出版社,2009:161.

马克思指出,"人的肉体生活和精神生活同自然界相联系,不外是说自然界同自身相联系,因为人是自然界的一部分"①。恩格斯更为直接明确地说:"我们连同我们的肉、血和头脑都是属于自然界和存在于自然界之中的。"②

(二) 人与自然相互生成

一方面,自然先于人而客观存在,孕育了人类和其他生命体,人因自然而生,在同自然的互动中生活、生产和发展。马克思指出:"自然界是人为了不致死亡而必须与之处于持续不断的交互作用过程的、人的身体。"③恩格斯指出:"人本身是自然界的产物,是在自己所处的环境中并且和这个环境一起发展起来的。"④另一方面,人通过发挥主观能动性让自然符合自身的需求,在自然界打下人类活动的烙印,丰富了自然的形态和内容,日益生成"人的现实的自然界"⑤,并显示出其对人类的存在意义。正如马克思所说:"被抽象地理解的、自为的、被确定为与人分隔开来的自然界,对人来说也是无。"⑥

(三) 人类活动要受自然规律制约

在人与自然生命共同体中,人类通过物质交换与自然相互联系、相互作用,共同构成有机的生态系统。维护这个生态系统的动态平衡,是保持地球生物圈正常运行的重要条件。人类作为地球生物圈中的高级生命体,对于维护整个生态系统的动态平衡至关重要。人类改造自然、利用自然,必须以尊重自然规律为前提,人类的活动一旦超过大自然的承载能力,就会破坏生态系统平衡,造成对自然的伤害,最终也会伤及人类自身。因此,马克思指出,人是能动的自然存在物,也同动植物一样,是受动的、受制约的和受限制的存在物⑦。这意味着"并非独有人类可超然于自然法的约束之外,而其他事物则注定要受到自然法制约。恰恰相反,受约束的行为方式正合乎人类的本性"⑧。

---

① 马克思恩格斯文集:第 1 卷[M].北京:人民出版社,2009:161.
② 马克思恩格斯文集:第 9 卷[M].北京:人民出版社,2009:560.
③ 马克思恩格斯文集:第 1 卷[M].北京:人民出版社,2009:161.
④ 马克思恩格斯文集:第 9 卷[M].北京:人民出版社,2009:38-39.
⑤ 马克思恩格斯文集:第 1 卷[M].北京:人民出版社,2009:193.
⑥ 马克思恩格斯文集:第 1 卷[M].北京:人民出版社,2009:220.
⑦ 马克思恩格斯文集:第 1 卷[M].北京:人民出版社,2009:209.
⑧ 洛克.自然法论文集[M].李季璇,译.北京:商务印书馆,2014:9.

二、认识论层面：立足实践追求人与自然、人与人的双重和解

古往今来,哲学思想家们对人、自然和社会三者关系从未停止过思索。马克思、恩格斯运用辩证唯物主义和历史唯物主义方法,以实践为基础,对人与自然、人与人以及人与社会的关系进行了系统研究,形成了自然—人—社会有机一体的生态思想①。生命共同体理念继承马克思主义的生态思想,立足于人类实践活动,将自然维度和社会维度、国内视角和国际视角结合起来,构建人与自然、人与人的和谐共生关系,追求人与自然、人与人的双重和解。正如习近平总书记所说:"自然与社会的和谐,个体与群体的和谐,我们民族的理想正在于此。"②

(一) 人与自然之间应建立和谐共生的新型关系

从人的认识发展过程看,人与自然关系从人类诞生以后就一直存在,是人类社会生活中最基本的关系。我国古代传统文化中就有"天人合一""道法自然"等哲理思想,主张把天地人统一起来,遵循自然规律。西方对人与自然关系比较有代表性的两种观点是:人类中心主义和自然中心主义。人类中心主义"见人不见物",认为人在二者中处于绝对主体地位,自然是被人类所利用、为人类服务的;自然中心主义"见物不见人",认为人与其他非人类存在物是平等的成员,自然本身具有不依赖于人、固有的内在价值,消解了人的主体性。从本质上讲,人类中心主义和自然中心主义都是受主客二元论思维模式的影响,人为地把人与自然对立起来,因而不能正确地看待和处理人与自然关系。生命共同体理念以马克思主义自然观为基础,超越人类中心主义和自然中心主义的局限,突破主客二元论的思维模式,从自然的先在性和人的能动性相结合的角度,提出人与自然是主客一体的对象性关系,从生命维度展现人与自然和谐相处、共生共荣的本原性诉求。③ 换言之,

---

① 江丽.马克思恩格斯生态文明思想及其中国化演进研究[M].武汉:武汉大学出版社,2021:66-67.
② 习近平.干在实处走在前列:推进浙江新发展的思考与实践[M].北京:中共中央党校出版社,2006:296.
③ 杜茹,纪明.马克思主义自然观视域下的生命共同体[J].东北师大学报(哲学社会科学版),2021(1):100-106.

生命共同体体现了一种非零和思维,它驱动这个星球(地球)上所有生命朝着共生共荣的基本方向发展①。

从人类文明演进历程看,一部人类社会发展史就是人与自然关系的发展史,也是生态与文明关系的发展史。总体上看,人与自然的关系经历了渔猎文明时代的依赖自然、崇拜自然,农耕文明时代的顺应自然、改造自然,到了工业文明时代,随着科学技术和生产力的空前发展,人类开始无节制地掠夺自然、征服自然,对生态环境造成了史无前例的污染和破坏,导致全球气候变暖、生物多样性减少、臭氧层破坏、土地荒漠化严重等一系列生态危机,直接威胁着人类的生存和可持续发展。古今中外的历史表明,生态环境的变化直接影响着文明的兴衰演替。习近平总书记深刻指出,生态兴则文明兴,生态衰则文明衰②。古代中国、古代印度、古埃及、古巴比伦四大文明古国都发源于田野肥沃、森林茂密、水量丰沛的地区,但其中的古埃及、古巴比伦由于生态环境衰退特别是土地荒漠化严重后来渐渐衰落了。在我国,当年的楼兰古城曾经是一块水草丰美之地,造就了一度辉煌的楼兰文明,但因屯垦开荒、盲目灌溉等导致了孔雀河的衰落,现已被埋藏在万顷流沙之下。还有西方发达国家在工业化过程中发生的"八大公害事件"震惊世界,引起了深刻反思。总结这些经验教训,人类只有坚持生命共同体理念,尊重自然、顺应自然、保护自然,建立人与自然和谐共生的新型关系,才能保护人类赖以生存的地球家园,实现可持续发展。

(二)人与人之间应推动构建人类命运共同体

"人对人的关系直接就是人对自然的关系"③。历史唯物主义认为,人与自然的关系不是孤立存在的,而是以人与人、人与社会的关系为中介,人与自然之间是否和谐,最终取决于人与人、人与社会之间是否和谐。马克思主义认为,人类社会在经历自然共同体、抽象共同体、虚幻共同体之后,最终将进入"真正的共同体",也就是"自由人的联合体",即共产主义社会。在这个

---

① 赖特.非零和时代:人类命运的逻辑[M].于华,译.北京:中信出版社,2014:52.
② 中共中央文献研究室.习近平关于社会主义生态文明建设论述摘编[M].北京:中央文献出版社,2017:6.
③ 马克思恩格斯文集:第1卷[M].北京:人民出版社,2009:184.

阶段,联合起来的生产者,扬弃人对物质的占有关系,合理地调节他们与自然之间的物质交换,实现"人同自然界的完成了的本质的统一"①。马克思还指出,从表面上看,环境恶化是人与自然之间的关系危机,但实质上是人与人之间矛盾恶化转嫁到人与自然之间的结果。生命共同体理念,从生态文明维度丰富了马克思主义的共同体理论,拓展了人类命运共同体的构建路径。人类只有一个地球,保护地球环境关系到人类的未来,关系到全人类共同的命运。面对日益严重的生态危机,世界各国应该联合成为一个强化的人类命运共同体②,跳出狭隘的地域界限,突破制度藩篱和文化阻隔,将本国的生态治理和环境保护融入全球生态圈,携手共建地球美好家园。

三、方法论层面:运用整体性和系统性思维处理人与自然关系

生命共同体理念把人与自然看成生命存在物,以整体主义视角,通过人与自然要素之间的命脉联系,揭示了人与自然、自然各要素之间的有机统一和共生共荣关系。"山水林田湖是一个生命共同体,人的命脉在田,田的命脉在水,水的命脉在山,山的命脉在土,土的命脉在树"。③ 这就要求我们在处理人与自然关系、推进生态文明建设时,必须坚持整体性、系统性的思维方法。

(一)在生态伦理关系方面

既要给予生命个体和物种相应的道德关怀,又要关照生命共同体自身的整体利益。人与自然生命共同体是一个"有机生命躯体"④,每一个生命体在其中都处于相应的生态位,发挥各自的作用,都有自身存在的价值,正是由于这些丰富多样的生命个体和物种存在,整个生态系统才会显得多姿多彩。因此,人类应该尊重共同体中每个成员的生命,给予相应的道德关怀,保护生物物种多样性,使得"万物各得其和以生,各得其养以成"。同时要把生命共同体作为"人性化和个体存在的前提,且自身又是独立的和具有生命

---

① 马克思恩格斯文集:第1卷[M].北京:人民出版社,2009:187.
② 迟学芳.走向生态文明:人类命运共同体和生命共同体的历史和逻辑建构[J].自然辩证法研究,2020(9):107-112.
③ 习近平.论坚持人与自然和谐共生[M].北京:中央文献出版社,2022:42.
④ 中共中央文献研究室.习近平关于社会主义生态文明建设论述摘编[M].北京:中央文献出版社,2017:56.

力的个体"①,将共同体的整体利益放在优先位置,处理好生命个体利益与共同体整体利益的关系,实现整体利益和个体利益的辩证统一,维护生命共同体的完整、稳定、美丽。特别要注重处理好人类与其他生命体的关系,从本质上讲,地球是一个生命系统,人类在实践活动中必须"善待地球上的所有生命"②,不仅要保障自身的生存繁衍,也要保障其他生命体的生存繁衍,"只有当整个生命系统的完整性和福利得到保护的时候,人类的决策才是可持续的"③。

(二) 在生态文明实践方面

要树立大局观、长远观和整体观。"生态是统一的自然系统,是各种自然要素相互依存而实现循环的自然链条。"④在自然生态系统中,任何一个要素受到损害,其他要素早晚要受到牵连,最终也会累及整个生态系统,破坏生态平衡。因此,要按照生命共同体理念,注重从整体入手,不能"只见树木,不见森林",统筹考虑各自然要素,对生态环境进行一体化保护和修复。"如果种树的只管种树、治水的只管治水、护田的单纯护田,很容易顾此失彼,最终造成生态的系统性破坏。……对山水林田湖进行统一保护、统一修复是十分必要的。"⑤对长江流域生态环境保护,习近平总书记强调,长江经济带涉及水、路、港、岸、产、城和湿地、生物等多方面,要从流域生态系统的整体性和系统性着眼,共抓大保护、不搞大开发,统筹实施环境保护和生态修复工程,把长江经济带建成我国生态文明建设的先行示范带。

四、价值论层面:实现人的价值和自然价值的统一

关于自然是否有价值,西方环境伦理学者一直有两种对立的观点:人类中心主义者只关注人的价值,认为自然只具有工具价值,不具有内在价值,人类对自然没有道德义务;自然中心主义者认为,自然与人一样都是生态系

---

① 齐佩利乌斯.德国国家学[M].赵宏,译.北京:法律出版社,2011:37.
② 习近平.之江新语[M].杭州:浙江人民出版社,2007:48.
③ 张云飞."生命共同体":社会主义生态文明的本体论奠基[J].马克思主义与现实,2019(2):30-38.
④ 中共中央文献研究室.习近平关于社会主义生态文明建设论述摘编[M].北京:中央文献出版社,2017:55.
⑤ 习近平谈治国理政[M].北京:外文出版社,2014:85-86.

统中平等的成员,具有不依赖于人的需要而存在的内在价值,人类应当将自然纳入道德义务范围。生命共同体理念以人的生存和发展为逻辑起点①,以马克思主义的价值理论和生产力理论为基础,克服西方人类中心主义和自然中心主义观点的弊端,创造性地提出"绿水青山就是金山银山""保护生态环境就是保护生产力"等科学论断,进一步丰富了自然价值的理论和实践内涵,揭示了生态环境的真正价值,反映了人对自然生态价值的认识回归②。

(一) 自然具有生态价值且可以转化为经济社会价值

在人与自然生命共同体中,生态环境是人类生存、发展和幸福的根基,除了提供生活和生产资料外,还提供呼吸的氧气、清洁的水源等公共产品,消纳人类产生的废弃物,美化居住环境,提升生活在其中的人们的审美感和幸福感,"天地有大美而不言"。由此可见,生态环境不仅具有经济价值、社会价值、文化价值,还有丰富的生态价值。生态价值是在人对自然生态环境及生命共同体的价值认同和体验中表现出来的,它存在的合理性在于自然价值和人的价值的共生③。习近平总书记认为,"绿水青山既是自然财富、生态财富,又是社会财富、经济财富"④,并指出"绿水青山就是金山银山"。这说明绿水青山如果保护得好、利用得好,它具有的生态价值可以转化为经济社会价值,我们保护绿水青山实质上是在保护自然的生态价值,持续发挥它的生态效益和经济社会效益,因此,从这个意义上说,保护生态环境就是保护生产力,改善生态环境就是发展生产力。

(二) 人与自然既是生命共同体又是价值共同体

从价值论角度看,自然对维护人的生存发展发挥着重要的价值支撑作用,人通过保护和改善生态环境可以使自然资本实现增值,人与自然在本质上不仅是生命共同体,而且是价值共同体,一荣俱荣,一损俱损⑤。但同时也要看到,人与自然之间存在着天然的矛盾,主要表现为经济发展和生态环境

---

① 耿步健.论习近平生命共同体理念的整体性逻辑[J].探索,2021(3):1-12.
② 潘家华等.生态文明建设的理论构建与实践探索[M].北京:中国社会科学出版社,2019:62.
③ 盖光.生态境域中人的生存问题[M].北京:人民出版社,2013:173.
④ 习近平谈治国理政:第三卷[M].北京:外文出版社,2020:361.
⑤ 李珍.生命共同体:人与自然关系理论的新境界[J].岭南学刊,2020(4):110-115.

保护之间的矛盾,对此,习近平总书记用绿水青山和金山银山形象地比喻二者之间的关系,形成著名的"两山论",为处理经济发展和生态环境保护之间关系提供了理论和实践依据。人的欲望是无限的,而自然资源和生态环境承载能力是有限的,要实现经济发展和生态环境之间的良性循环,我们必须将经济理性和生态理性统一起来,不能一味地追求经济增长而不顾自然资源和生态环境的承载能力,不能以牺牲生态环境为代价换取经济的一时发展,当二者发生冲突时,"宁要绿水青山,不要金山银山",只有这样,才能使人与自然生命共同体释放出来的经济价值、社会价值和生态价值实现最大化。马克思说:"我们占有土地、森林、矿物等自然资源,使之为我们服务,……,我们仍然需要以一种理性的方式对待它们。"①生态环境没有替代品,用之不觉,失之难存,我们必须把生态环境保护摆在更加突出的位置,"像保护眼睛一样保护生态环境,像对待生命一样对待生态环境"②,坚定不移走生态优先、绿色发展道路,建设美丽中国。

---

① 马克思恩格斯选集:第 4 卷[M].北京:人民出版社,2012:383.
② 中共中央文献研究室.习近平关于社会主义生态文明建设论述摘编[M].北京:中央文献出版社,2017:4.

第二章

生命共同体视域下的动物价值与动物伦理

　　动物是人与自然生命共同体中的重要成员,在自然生态系统中具有显著的生态价值,这决定了生命共同体视域下的动物伦理具有不同于西方现有动物伦理思想的本质特征。

第一节 生命共同体视域下的动物生态价值

动物一般是指能够对环境作出反应并移动,靠捕食植物或其他动物生存的生物类群。从生物学角度来理解,动物是有生命的个体,绝大多数动物与人一样能够感受疼痛,现代科学证明少数动物还具有意识、思维甚至记忆,当然对这一点还具有争议。动物作为非人类生命体,如何认识和看待其在自然生态系统中的地位和作用,是研究生命共同体视域下人与动物伦理关系的基本前提。

一、动物是人与自然生命共同体中的重要成员

从生态学的研究对象来看,"生态学(ecology)"一词源于希腊文,由词根"oikos"(住所或栖息地)和"logos"(研究或学科)组成,因此,从字面来理解,生态学的原意是研究生物住所的科学。实际上,生态学这一概念本身首先是由德国生物学家海克尔(Haeckel)于1866年提出的,他将生态学定义为"对自然环境,包括生物与生物之间以及生物与其环境间相互关系的科学的研究"[1],强调生态学是研究生物在其生活过程中与环境的关系,尤其是指动物与其他动、植物之间的竞争敌对或互利共生关系。这一定义过于广泛,引起了许多生态学家的争议,之后,一些学者对生态学给予了不同的定义,其研究的侧重点也不相同。英国生态学家埃尔顿(Elton,1927)认为生态学是

---

[1] Odum E P, Barret G W. 生态学基础[M]. 5版. 陆健健,等译. 北京:高等教育出版社,2009:1-2.

"科学的自然历史";澳大利亚生态学家安德列沃斯(Andrewartha)在其著作《动物的分布与多度》(1954)中将生态学定义为"研究有机体的分布和多度的科学",加拿大生态学家克雷布斯(Krebs,1972)将其修正为"研究有机体的分布及多度与环境相互作用的科学",强调有机体与环境之间动态的相互关系。20世纪70年代之后,公众对环境问题的广泛关注促使生态学的研究范围日益扩大,生态学逐渐从生物学学科中分离出来,成为一门新兴的综合学科。被称为"现代生态学之父"的美国生态学家奥德姆(E. P. Odum)把生态学定义为"研究自然界的结构和功能的科学,这里需要指出人类是自然界的一部分"[1],后来,他又进一步拓展了生态学的概念,认为生态学是研究生物、环境及人类社会相互关系的独立于生物学之外的基础学科,是研究个体与整体关系的科学(1997),强调人类是生命系统最重要的组成部分,把包括人类在内的所有生物都纳入生态学研究范围,这对现代生态学的发展产生了深远的影响。诸多学者对生态学的不同定义归纳起来大致可分为三类:一是研究生物个体与环境之间的相互关系;二是研究动、植物种群或群落与环境之间的相互关系;三是以生态系统为研究重点的生态系统生态学。这几类生态学定义也代表了生态学发展的不同阶段,强调了生态学研究的不同分支和领域,但无论是哪一类的生态学定义,都把动物看成不仅仅是有生命的个体,而且作为生态系统中的重要成员来研究的。特别是随着生态学和动物学的相互渗透,形成了动物生态学这一新的研究领域,它是生态学的一个分支,生态学词典中将其定义为研究动物的生活方式、动物与动物之间及动物与生活环境之间相互关系的学科[2]。动物生态学的研究内容主要包括生态因子对动物生活或某一生命过程的影响,对个体、种群、群落和生态系统等不同层次动物的研究,对动物行为生态学的研究,对生物多样性保护和生境破碎化的研究,对生物入侵的研究,等等。而所有这些研究都以动物是自然生态系统中的重要成员为基本前提的。

从生态系统的组成结构来看,生态系统是现代生态学中一个十分重要

---

[1] 包庆德,张秀芬.《生态学基础》:对生态学从传统向现代的推进:纪念 E. P. 奥德姆诞辰 100 周年[J].生态学报,2013(24):7623-7629.

[2] 冯江,高玮,盛连喜.动物生态学[M].北京:科学出版社,2005:2.

的概念,这一概念最初是由英国生态学家坦斯利(A. G. Tansley)于1935年提出的,指的是有机体与环境共同组成的自然整体。奥德姆将生态系统定义为"一定区域内共同栖居着的所有生物(即生物群落)与其环境之间由于不断进行物质循环和能量流动过程而形成的统一整体"①。一般地,生态系统由生物因子和非生物因子组成,按照功能特征来划分,生物因子包括生产者、消费者、分解者,通常分别为植物、动物(包括人类)、微生物,其中人类比较特殊,既是消费者又是生产者;非生物因子即非生物环境,是生物因子活动的场所及其赖以生存发展的物质和能量的源泉,主要包括阳光、空气、水、土壤等。生态系统中的生物因子和非生物因子既相互作用又相互依存,构成一个不可分割的整体,生物如果离开了非生物环境,生产者制造有机物的功能就会由于没有"原料"而变得不可想象,从而各级消费者也就失去了赖以生存的食物来源;反之,如果没有生产者和消费者,阳光、空气和水就只能停留在无机世界,无法进入生命领域;就连分解者,其作用也不可低估,正是依靠它们,被生产者、消费者直接或间接索取的无机物才得以归还环境,供生物再度利用,周而复始。由此可见,动物作为消费者在自然生态系统中扮演着承上启下的重要角色,从而也就构成了人与自然生命共同体中的重要成员。

二、动物在人与自然生命共同体中具有显著的生态价值

从人类的角度看,动物的价值除了工具性的价值外,还有科学研究、艺术审美等价值,但是更为重要的是在人与自然生命共同体中,动物具有不可替代的重要的生态价值,关系地球家园和人类社会的可持续发展。

(一) 生态价值的涵义

生态价值是价值哲学研究前沿领域一个比较新的概念,目前还没有明确的界定和解释,国内外学者一般从三个角度来研究生态价值问题:一是经济学的角度,二是生态学的角度,三是伦理学的角度。当然也有从其中的几个角度交叉进行研究的。因本书研究需要,这里着重从生态学、伦理学以及两者交叉形成的生态伦理学角度对国内外学者关于生态价值的观点和论述

---

① Odum E P, Barret G W.生态学基础[M].5版.陆健健,等译.北京:高等教育出版社,2009:15.

作一简要梳理。国外有代表性的学者有施韦泽、利奥波德、罗尔斯顿等,他们从不同的角度论述了动植物、大地等自然界的一切存在物都具有客观价值,应受到人类的尊重,罗尔斯顿还提出了大自然所承载的经济、消遣、科学、审美、生命支撑、文化象征、基因多样化、历史、塑造性格、宗教、多样性与统一性、稳定性和自发性等相互交叉的价值①,这些价值既可以是由人类赋予自然的,也可以产生于人与自然的互动关系中;除此之外,自然还具有许多不依赖于人类评价而独立存在的、内在的价值;自然生态系统也具有超越外在价值和内在价值的系统价值。国内学者近年来关于生态价值的论述颇多,钱俊生、余谋昌运用自然价值的概念来界定生态价值,认为自然价值(生态价值)主要有三个层次的涵义:一是科学层次上的涵义,主要是指人的经济价值与非经济价值,反映了人和其他生物与自然界的利益(或需要)之间的关系;二是伦理学层次上的涵义,反映了生命和自然界自身生存的意义,它们创造了地球上适宜生命生存的条件、地球基本生态过程和生态系统中诸多生物物种,表明了生命和自然界按照客观生态规律在地球上的生存是合理的、有意义的;三是哲学层次上的涵义,自然价值是真、善、美的统一,是内在价值和外在价值的统一,这是自然价值最基本的特征,也是对自然价值的概括和抽象。② 胡安水认为生态价值是以自然环境为核心的价值关系,既可以指生态系统及其要素的价值,也可以指与生态环境有关的价值③。程宝良、高丽认为生态价值只存在于人类社会范畴中,其实质是人类社会系统对自然系统服务功能客观需要的主观价值反映④。卢彪认为,从生态学的角度来看,生态价值指的是生态系统存在的自身价值以及生态系统的服务价值,前者主要表现为创生价值(即自然生产力,如森林、土壤、矿藏、水分、气候等)、平衡价值(指生态系统的动态平衡过程)、自净价值(指生态系统的自我调节功能);后者主要表现为自然资源的再生,这种服务价值依赖于健全的生态系统通过物质循环和能量流动将物质和能量以人类所能接受的方式提

---

① 罗尔斯顿.环境伦理学:大自然的价值以及人对大自然的义务[M].杨通进,译.北京:中国社会科学出版社,2000:3-35.
② 钱俊生,余谋昌.生态哲学[M].北京:中共中央党校出版社,2004:235-236.
③ 胡安水.生态价值的含义及其分类[J].东岳论坛,2006(2):171-174.
④ 程宝良,高丽.论生态价值的实质[J].生态经济,2006(4):32-34,43.

供给人类。①

综上所述,生态价值是生态系统的一种整体性价值,是生态因子及生态系统所具有的内在价值和外在价值的统一,它把生态价值的分析纳入到整个生态系统及其基本功能中,这为我们理解和分析动物在人与自然生命共同体中的生态价值提供了有益的启示和途径。

(二) 动物及其物种的生态价值

生态系统的三大基本功能是物质循环、能量流动和信息传递,这些功能与生产者、消费者、分解者三大功能类群的生物学过程密不可分,一般地表现为:生产者(植物)通过吸收太阳能将系统中的无机物转化为有机物;消费者(动物)通过直接食用植物转化而来的有机物,或者通过捕食其他动物获得营养和能量而生存;分解者(微生物,包括其他腐生生物)将动植物尸体和残屑分解利用,并最终使之还原为无机物。自然生态系统的各个组成部分都按照一定的生态学规律在运动着、变化着,不断地进行物质循环、能量流动和信息传递,最终会达到一种结构和功能相互适应、相互协调的平衡状态。但这种平衡状态是一种相对的、动态的平衡,经常会由于生物因素或非生物因素等内外条件的变化而受到不同程度的干扰,导致局部的调整、重组,进而可能会引起系统失去平衡,此时,系统就会利用其自身的调节机制使系统达到新的平衡。但是,必须看到,生态系统的自我调节能力是有限的,而不是无限的,当这种干扰超过系统的自我调节能力时,生态系统就会遭到破坏,甚至彻底崩溃。

按照生态学的观点,动物是生态系统中的消费者,是生态系统进行物质循环、能量流动和信息传递积极主动的,同时也是必不可少的参与者。动物及其物种在生态系统中的生态价值主要体现在三个方面:一是可以提高生态系统中的物质循环效率和整体生态效益。例如,在一个只有生产者(主要是植物)和分解者(主要是微生物)、没有消费者(主要是动物)的自然生态系统中,虽然生产—分解—再生产的物质循环可以持续下去,但是在这种条件下,其物质循环的效率将会降低(比如,植物落叶通常需要几个月甚至数年

---

① 卢彪.生态学视域中的生态价值及其实践思考[J].社会科学家,2013(9):20-23.

的时间才能完全分解,接着才能被生产者用于再生产),单位时间内能够提供给生产者利用的营养物质的流量也会减少,从而制约了生态系统整体生态效益的提高和繁荣发展。假如,这时我们给该生态系统增加一种消费者(比如羊或者牛),那么羊或者牛采食植物落叶后,在较短的时间内就能以排泄物的形式将食物残渣排出体外、进入土壤,这样落叶分解转化的速度就会大大加快,单位时间内为植物再生产提供营养物质的效率就会大幅提高,从而可以促进植物的生长和繁荣,同时也可以反过来为动物种群的增长和发展提供更加充足的营养条件,生态系统的整体生态效益也会进一步提高。二是可以丰富生物多样性、增强生态系统的稳定性。在生态系统中,由食物链构成的食物网通过物质循环和能量流动把所有的生物联系在一起,当其中任何一种生物因子发生变动时,都会对其他生物因子产生影响和制约作用,进而会影响到生态系统的生物多样性和稳定性,因此可以说,食物网是维护生态系统平衡稳定的一种重要调节机制,而动物是食物网的主要构成因素,动物的多样性直接影响到生态系统稳定的基础是否牢固。一般来说,一个生态系统中动物的多样性越丰富,该生态系统的食物网就会越复杂,那么它抵抗外力干扰的能力也就越强,生态系统的稳定性也就越高,相反地,当一个生态系统中动物种类越有限、食物网越简单时,它抵抗外力干扰的能力就会越弱,任何外力甚至一个很小的随机事件都有可能引发它的剧烈波动。当然,即使在一个食物网复杂、稳定性高的生态系统中,任何一种动物的灭绝也会不同程度地降低该生态系统的稳定性。三是可以促进生态系统的协同进化。在生态系统中,某一物种的进化通常会改变其他物种进化的条件和环境,从而也会促进其他物种随之发生相应的进化,如果该生态系统中有两个以上物种的进化相互影响,就会使整个生态系统呈现出协同进化的关系。由于动物在物质循环、能量流动和信息传递方面具有的主动性,它在生态系统的协同进化中发挥着独特而重要的作用。这主要表现在两个方面:一方面是食草动物与植物之间的协同进化。比如,面对食草动物的啃食,许多植物通过在茎叶上长有刺或毛来增强抵御能力;又比如,通过食草动物特别是某些大型食草动物(如蹄类动物)的啃食,可以使一些对啃食敏感的植物淘汰掉,还可以抑制一些抗啃食能力较强植物的生长,使得其他植物也能够生存,这一定程度上影响了植物群落的结构和物种组成。另一方面是动物之间的协同进化。特别是在具有捕食关系的动物之间,两者互为选择、协同进化,有时捕食者甚至成为被捕食者生存发展的必要条件。比如,狼为了能有效地捕猎兔子,拥有锐利的犬牙和快速跑动的能力,而兔子为了逃避狼的追捕,拥有敏锐的听觉和敏捷的逃跑能力;如果通过人工饲养等途径,单独把兔子或狼隔离起来,虽然保护住了其中的一个种群,但两者之间没有了协同进化关系,不能保存物种进化的潜力,反而容易导致物种的衰退。

第二节 生命共同体视域下的动物伦理特征

动物伦理作为人对待动物的道德原则和行为规范,要受到对动物地位和价值认识的影响。如前所述,从生命共同体的角度看,动物不仅是有生命的个体,而且是自然生态系统中的重要成员,动物及其物种在生态系统中具有显著的生态价值,保护动物对维护生态安全至关重要,因此,生命共同体视域下的动物伦理也具有不同于西方现有动物伦理思想的本质特征,主要体现在以下三个方面。

一、重视动物在保护生物多样性中的作用

按照联合国《生物多样性公约》的定义,生物多样性是指"所有来源的活的生物体中的变异性,包括物种内、物种之间和生态系统的多样性"。一般来说,生物多样性包括遗传基因多样性、物种多样性和生态系统多样性,通常表现为成千上万的生物种类及它们生存的环境。对于地球这个生态系统来说,起决定作用的生物多样性更多地来自物种层级,所有物种与其他物种相互联系,构成相对稳定的食物链条和生态系统,如果其中一个物种找不到它常吃的食物或者失去了它的栖息地,它就会灭绝,从而影响整个食物链的稳定甚至破碎;当灭绝的物种达到一定的程度时,就会影响整个生态系统的

稳定甚至使生态系统崩溃。动物是地球生态系统中最为活跃的物种因子，从生态系统食物链条来看，动物是人（不包括素食主义者）的食物的重要来源，除此之外，动物对于人类来说，还具有劳动工具、衣着原料、药用价值、科学实验、观赏娱乐等用途。当然，古今中外对人类是否应该利用动物、如何利用和对待动物一直是备受争议的问题，尤其是在西方，近现代以来这一问题已从实践层面上升到理论层面，各派学者围绕动物是否具有内在价值、是否具有自身利益、是否拥有道德权利甚至法律权利，纷纷提出自己的理论依据和实践建议，至今没有形成统一的、公认的理论模式和实践规范。但随着人类文明进入到生态文明阶段，关于动物在生态系统中的地位和作用问题，有一个基本的共识，那就是动物对保护生物多样性、维护生态系统平衡具有重要意义，要保护生物多样性、维护生态系统平衡，就必须要保护动物，尤其要加强对濒临灭绝动物物种的保护，使其生命得以持续，保护其遗传资源，这也是我们强调要保护动物的根本原因。"保护生物多样性是动物生态保护伦理发展的终极目的。"[1]

二、强调人和动物是相互依存的生命共同体

随着人类社会的发展和科学技术的进步，人类对地球这个星球的认识也在不断地深化。新的地球观认为，地球是一个具有演变过程和历史发展的复杂的生命体[2]，生命是地球（表层）系统的中心[3]。人和动物都是地球生命系统中的重要成员，按照达尔文的物种起源学说，人是从动物进化而来的，因而具有与动物相似的生物性特征。但人又不同于其他动物，人通过劳动实践使自己成为自然界进化的最高者，凭借着智慧以及由此产生的科学进步，制造和使用工具，开展有计划、有意识、有目的的征服自然、改造自然的实践活动，而其他动物通常只是简单地、被动地适应自然环境（动物虽然有时也能"制造"和使用工具，但这是不经常的、偶然和直观的）。伴随着人类实践的发展，人类社会生态的演替经历了三个历史阶段，即主要依靠自然

---

[1] 林红梅.生物多样性：动物保护伦理的终极目的[J].南京林业大学学报（人文社会科学版），2012(4)：82-86.
[2] 莫林,等.地球祖国[M].马胜利,译.上海：上海三联书店,1997：37.
[3] 赵善伦.生态系统学说与可持续发展理论[J].中国人口·资源与环境,1996(3)：16-20.

生态系统谋生的游牧生活阶段、主要依靠农田生态系统谋生的田园生活阶段和主要依靠城市生态系统谋生的工业化、城市化阶段。在此进程中，人类作用于自然界的广度和深度不断提升，导致人类对人造环境的依赖不断扩大，使得非生物资源的消耗不断增加，也使得地球生态系统中出现了非食物的能流和物质流。尽管如此，这并不意味着人可以为所欲为，人作为地球生态系统的组成要素，其生存和发展仍然依赖于包括动物在内的自然环境，无论人的力量有多么大，在任何情况下，人都要受到自然环境或多或少、或直接或间接的制约和影响。另一方面，作为与人类同源的其他动物，虽然种类众多、身态各异，感觉意识、活动能力等也有不同程度的差别，但从生态学的角度，它们都是生态系统的组成因子，具有各自的生态位，对保持生物多样性、维护生态系统平衡等具有重要意义。达尔文的自然选择学说、爱德华兹的群体选择理论、威廉姆斯的基因选择理论、汉密尔顿的亲缘选择理论、特里弗斯的互惠利他理论等还说明动物一定程度上具有利他行为，这种利他行为是由先天的基因或后天的学习决定的[①]。正是因为人与动物之间的这种天然关系，我们可以说，地球这个家园不只是属于人类，也属于动物等其他物种，人类和动物共同在这个大家园中栖息、生长、繁衍和进化，构成一个相互依存、相互促进的"生命共同体"。佘正荣认为，生态伦理学超越传统伦理学的地方，就在于人类道德义务的对象包括人类和所有非人类生命成员组成的更大的生命共同体整体[②]。

三、主张人类负有保护动物的伦理责任

从价值论角度来看，生态学认为自然不仅对人具有工具价值，而且具有自身的内在价值，自然生态系统还具有超越工具价值和内在价值的系统价值，它肯定人与其他生命的内在联系，认为虽然人在生命进化序列和生命组织序列中处于最高位置，因而具有最高的价值、智慧和能力，但这并不能成为人类主宰自然和其他生命的理由，反而意味着人类对自然和其他生命负

---

① 任先耀,凌文州,石家胜,等.基于自然选择理论的动物利他行为研究[J].安徽农业科学,2010(4):1864-1868.
② 佘正荣.生命共同体:生态伦理学的基础范畴[J].南京林业大学学报(人文社会科学版),2006(1):14-22.

有更大的责任。因此,按照环境伦理学的观点,动物伦理要求人类必须从道德层面上关怀和保护动物,主张人类负有保护动物的伦理责任。一般地,人类保护动物具有两层含义:一是保护濒危动物的生命,以保存濒危动物物种和种群资源;二是关心动物康乐,保护动物免受身体伤害、疾病折磨和精神痛苦等。① 人类保护动物具有经济效益、社会效益和生态效益,从经济效益来说,保护动物比如保护家畜,给它们提供适宜的生长生活环境,避免带来痛苦的应激因素,可以改善家畜的肉品质量,从而可以提高产品竞争力,卖出好的价格,在国际动物产品贸易中,还可以有效应对动物福利贸易壁垒;从社会效益来说,保护动物的人一般都是具有爱心的人,也是具有社会责任感的人,有助于形成良好的社会风气,尤其是对儿童来说,照顾受伤的小鸟或者救护搁浅的鲸鱼等行为,可以让他们从小耳濡目染,陶冶心灵,有助于他们的健康成长;从生态效益来说,保护濒危的野生动物,可以有效防止它们灭绝,保存物种资源和遗传基因,对保护生物多样性、维护生态系统平衡至关重要。此外,从人性来说,马斯洛认为人的心理需求分为物质需要和生理满足、追求安全财富和权力、追求爱和友谊等、追求人格尊严、自我实现等五个层次,其中,自我实现是人性所要达到的最高境界。根据马斯洛的研究,承担责任是自我实现的内在要求,据此,我们可以说,一个人如果关爱自然界,就必然要对自然界和自然生命的存在和发展负有道德责任,也就是说,人拥有了关爱自然界的人性之后,就会把热爱生命、爱护生命,维护自然界的生存和发展,作为追求实现自我、达到人性最高境界的基本内容②。因此,主张人负有保护动物的伦理责任既是经济社会发展和生态文明建设的客观需要,也是人性追求自我实现的内在要求。

---

① 陆承平.动物保护概论[M].3版.北京:高等教育出版社,2009:4-5.
② 曹孟勤.人性与自然:生态伦理哲学基础反思[M].南京:南京师范大学出版社,2004:281.

第三章

西方动物伦理思想的
历史演进及生态背景

  在西方,关于人与动物关系的伦理思想源远流长,观点众多,充满着争议,其发展过程也受到当时的自然环境、经济发展、科技进步、社会文化、宗教传统及人们的自然观念、生产生活方式等因素的影响。本章主要从时间跨度纵向地考察西方动物伦理思想的演进历程,重点分析其产生发展的生态理论背景和实践背景,以期从整体上把握西方动物伦理思想的历史概貌。

第一节 西方动物伦理思想的演进历程

西方对人与动物关系和伦理问题的关注由来已久,观点和论述有很多,包括道德层面的和非道德层面的,这些观点和论述在本书中统称为动物伦理思想。但需要说明的是,只有把人对动物的关怀上升到道德层面,才能称之为动物伦理。总体来看,西方动物伦理的形成和发展大体上可以分为孕育、启蒙和确立三个阶段。

一、西方动物伦理的孕育

这一阶段的时间跨度较长,大体上包括上古时代、古希腊古罗马和中世纪三个时期,历经采集狩猎文明和农业文明两个时代。在此阶段,主张动物是为人类而存在、动物是神创造用来为人类服务的观点占据主流,但也不乏对动物的同情和不杀生、不伤生的思想,蕴含着神秘的、朴素的动物伦理意识,体现了对人的本性中"善"的追求和向往。这一阶段的动物伦理思想形态主要有以下三种。

(一)上古时代的动物崇拜

在上古时代,人刚刚脱胎于动物不久,满足生存需要离不开自然界,又不能将自身与外在的自然环境区别开来,对自然界还处于蒙昧的认知状态,再加上应对自然灾害的能力较低,一旦遇到天灾等就无力抗拒,因此,对自然界充满神秘感、恐惧感,相信存在某种超越于人类之上的神秘力量主宰着自然界,往往对自然界持有一种崇拜和敬畏的态度,主要表现为把某种动物或植物当作祖先或神灵来敬奉,通常动物更容易被作为敬奉的对象,这是由于当时生产力水平低下,人们在日常生产生活中与动物经常接触,从而有机会观察到动物与人类的相似之处,认为自己的祖先可能来源于某种动物或者自己与某种动物有亲缘关系,于是就把这种动物作为远祖氏族的"图腾"加以信仰、崇拜。例如,希腊神话中有很多英雄或者神祇是以半人半兽的形象出现的,从中就可以体现出这种"图腾"文化。

(二) 古希腊、古罗马时期的自然主义动物观

在古希腊,产生于公元前5世纪中叶的智者运动,提出了"人是万物的尺度""人是理性动物"等观点,强调了人存在的价值和意义,使人开始从自然和神灵的控制下觉醒;在古罗马,对近现代西方法律产生重大影响的古罗马法律,一开始就把人与物分开,认为动物是物,是人拥有的私人财产,同奴隶、土地等一样作为财物可以进行买卖转让。受此影响,在古希腊、古罗马时期,认为动物是为人类而存在、为人类服务的观点占据主流。但一种认为"动物是自然状态的组成部分和自然法的主体"[①]的传统观念在这一时期已经存在。自然法是西方政治法律文化中最具持久性的观念,其基本思想是强调人应服从自然法,服从平等、公平、正义等理念。最早提出这一概念的是古希腊哲学家赫拉克利特(Heraclitus),他认为神法就是自然法,这是宇宙永恒不变的法则和秩序。苏格拉底(Socrates)提出天赋的自然法观,认为动物是自然法的主体,基于对"善"的真谛的追求,主张善待动物。而首次系统阐述自然法理论的是古罗马哲学家西塞罗(Cicero),他认为自然法包括权利和义务两个部分,"平等"就是其内容之一。古罗马法学家乌尔比安(Domitius Ulpianus)则指出:"自然法不是人类所特有的,而是一切动物都具有的,不论是天空的、地上的或海里的动物。"[②]这里的自然法指的是大自然授予所有动物的生存法则。这些思想体现了自然主义的动物观,主张平等地对待动物,反对虐待动物、伤害动物,播下了西方动物伦理的思想种子。

(三) 中世纪的神学主义动物观

中世纪是基督教一统天下的时代,宗教神学占据着意识形态的支配地

---

① 纳什.大自然的权利[M].杨通进,译.青岛:青岛出版社,2005:18.
② 优士丁尼.法学阶梯[M].徐国栋,译.北京:中国政法大学出版社,2005:13.

位,影响着西方社会的经济、政治、文化乃至人们的思想和日常生活。在此背景下,人类对动物的认识也由古希腊、古罗马时期的自然理性转变为宗教理性。传统的基督教宣扬人类主宰万物,可以对动物采取管教、驯服、统治、控制、支配等冷酷无情的态度,按照奥古斯丁的说法,耶稣力图向我们指出,我们无需按照对待他人的行为道德规范来对待动物。尽管如此,这一时期主张善待动物的思想仍然偶有显露。例如,先知以赛亚谴责用动物献祭,《圣经·旧约》中有一些零散的经文字句鼓励不同程度地善待动物。天主教徒圣方济各(San Francesco di Assisi)是主张关怀非人类动物福利教规的杰出异见人士,据传他曾说过:"倘若我能见到皇帝,我要祈求他为了神的爱、为了我的爱,发布法令禁止任何人捕捉或囚禁我的云雀姊妹,命令所有养牛人和养驴人在圣诞节把他们的牲口加倍喂好。"据他同时代的人记述,他对"几乎所有的动物都产生内心和外显的喜悦,不论是抚摸动物还是见到动物,他的灵魂似乎就进入了天堂而脱离了人世"[①]。尽管圣方济各把这种喜悦还扩大到了水、岩石、花儿和树木,尽管他虽然爱鸟也爱牛,可没有因此不吃它们,但他这种对动物的同情和爱的思想在当时的大背景下也难能可贵。

二、西方动物伦理的启蒙

在近代西方,有三个历史性的事件深刻影响着人类的发展进程:一是工业革命。产生于16、17世纪,兴盛于18世纪的工业革命,使得人类的生产方式发生了根本性的变革,人类进入工业文明时代。随着人类改造自然能力的不断增强,人类由对自然的崇拜和敬畏转向了对自然的掠夺和征服,加剧了对自然的开发和利用。二是文艺复兴运动。在这场以对抗基督教神学和封建专制的运动中,思想家们用人权取代神权,用理性主义破除封建迷信,人的价值和尊严得到了前所未有的体现和肯定,人类的自我意识开始觉醒,优越地位日益凸显。三是思想启蒙运动。提倡"人道主义"思想,认为理性是人类的一种自然能力,是"自然的光亮",伸张人的权利意识,淡化传统的义务观念,强调人的自然权利是人与生俱来、永恒不变的权利,法律的目的就是保护人的权利。

---

① 辛格.动物解放[M].祖述宪,译.青岛:青岛出版社,2004:180.

在此背景下,这一时期的西方动物伦理思想人类中心主义观念占据主导地位,以笛卡尔的动物机器论为代表,强调人的至高无上的地位,主张人是自然的组成部分并且支配着自然,在对待动物的态度上,认为人是动物的主人,人类可以任意对待动物。同时,也出现了仁慈主义、功利主义、扩展伦理共同体、敬畏生命等观点,为现代动物伦理的确立和发展提供了重要的思想启蒙,产生了深远的影响。这一时期的动物伦理思想形态主要有以下四种。

(一) 康德的间接义务论

康德(1724—1804)虽然坚持理性优越论,认为动物缺乏理性,但他仍主张人类对动物负有间接义务,人类不应伤害动物,其最终目的是保护人类自身和增进人类利益。他指出,由于动物的本性与人的本性有某些相似之处,我们通过履行对动物的责任来表明人的本性,我们就间接地履行了对人的责任[1]。他举例说,如果一条狗长期忠实地服务于它的主人,它的服务类似于人的服务,也是值得回报的,而且当那条狗老了不能再为它的主人服务时,它的主人应该照顾它,直到它死去。这种行为有利于支持我们对于人类的义务,这是我们义不容辞的义务。如果动物的任何行为都可以和人类的行为相比拟,并且都来源于同一种原则的话,我们就有对动物的义务,因为这样我们能够培养对于人类的相应义务。如果一个人因为他的狗没有能力再为他服务而把它杀了,他并非没有尽到对这条狗的义务,因为狗是没有判断能力的,但这个人的行为是不人道的,对他表达对于人类责任的人性也是有害的。康德强调,一个人善待动物虽然不是对动物的直接义务,却是对自我的一种间接义务;而虐待动物从长远看违背了对他人的义务,因而也就违背了对自我的义务。

(二) 边沁的功利主义论

英国哲学家边沁(1748—1832)是第一个自觉而又明确地把道德关怀运用到动物身上的西方思想家。边沁的功利主义理论追求"最大多数人的最大幸福"目标,把感受苦乐的能力作为平等考虑一个生命个体权利的重要特

---

[1] 辛格,雷根.动物权利与人类义务[M].曾建平,代峰,译.北京:北京大学出版社,2010:25.

征,认为趋乐避苦的功利原则是判断一个人行为正确与否的道德标准,人类不能将痛苦强加到有感知的动物身上。在写于1789年的著作《道德与立法原理导论》中,他用感人肺腑的语言要求结束对动物的残酷行为:"可能有一天,其余动物生灵终会获得除非暴君使然否则就绝不可能不给它们的那些权利。……会不会有一天终于承认腿的数目、皮毛状况或骶骨下部的状况同样不足以将一种有感觉的存在物弃之于同样的命运? 还有什么别的构成那不可逾越的界限? 是理性思考能力? 或者,也许是交谈能力? ……问题并非它们能否作理性思考,亦非它们能否谈话,而是它们能否忍受。"①边沁的功利主义思想为后来的辛格动物解放论奠定了理论基础,开启了现代动物伦理思想的大门。

(三) 塞尔特的动物权利思想

英国学者塞尔特(1851—1939)是将人的天赋权利扩展到动物身上的坚定支持者,在他看来,动物与人一样,也拥有天赋的生存权和自由权;对于驯养动物和野生动物,他主张通过教育和立法手段来实现它们应享有的自然生命和有限自由、免受不必要痛苦和奴役等权利。塞尔特认为,人类必须抛弃那种认为人和动物之间存在"道德鸿沟"的过时观念,拓展道德共同体和民主的范围,只有包括所有生物在内的民主制度才能完美,并相信动物与人类之间最终能够组成一个共同的政府。他指出:动物的解放将取决于人类能否变成"真正的人",只有把民主精神扩展开来,动物才能享有"权利",把人从残暴和不公正的境遇中解放出来与动物解放具有不可分割的联系,任何一种解放都不可能单独完全实现②。在实践方面,塞尔特反对游猎运动,谴责其为"业余屠杀",他领导的仁慈主义者同盟经过10年的抗争迫使皇家逐鹿猎犬队成功解散。塞尔特的重要贡献是将天赋人权论与自由主义结合起来,并把它直接应用于人与动物的关系,为现代动物权利论的发展提供了有益的启示。

(四) 施韦泽的敬畏生命思想

施韦泽(1875—1965)是出生于法国的哲学家、神学家、音乐家和传教医

---

① 边沁.道德与立法原理导论[M].时殷弘,译.北京:商务印书馆,2000:349.
② 纳什.大自然的权利[M].杨通进,译.青岛:青岛出版社,2005:31-32.

生,他主张将道德关怀扩展到包括动物在内的所有生命体身上,"我感到有必要满怀同情地对待生存于我之外的所有生命意志。"这里的生命不仅指人的生命,而且指每一个生物(包括动物)的生命。施韦泽敬畏生命思想的内涵主要包括三个方面:(1)伦理的基本原则是敬畏生命。在施韦泽看来,伦理"就是敬畏我自身和我之外的生命意志"①,善的本质是保持生命,促进生命繁荣和发展,恶的本质是毁灭生命、伤害生命,阻碍生命发展。(2)生命是平等的、神圣的。施韦泽认为生命没有高级和低级之分,一切生命,包括那些从人的立场来看显得低级的生命都是神圣的,"一个人,只有当他把动、植物的生命看得与人的生命同样神圣的时候,他才是有道德的"②。(3)敬畏生命与爱的原则是一致的。施韦泽指出,爱的原则不仅让人们体验到杀生还是不杀生的伦理冲突,而且让人们承担起无限的道德义务和责任,他把爱的原则扩展到动物,呼吁"要像仁慈地对待人类那样,把仁慈地对待动物也视为一项伦理要求",发起了一场"伟大的伦理革命"。

三、西方动物伦理的确立

工业革命在迅速增加人类物质财富的同时,也带来了气候变暖、生物多样性锐减、森林破坏、环境污染等全球性环境问题,迫使人类对人与自然之间的关系进行深刻的反思,探寻新的价值观以应对日益严重的生态危机,人类进入后工业文明时代。伴随着西方新一轮环境保护运动的兴起,20世纪70年代以来,环境伦理思想得到长足发展并渐趋繁荣,开始渗透到社会生活的各个领域。在此背景下,西方动物伦理得以正式确立,非人类中心主义的思想占据主流,并取得了极大的发展。这一时期的西方动物伦理思想形态主要有以下四种。

(一)动物福利论

动物福利理念的提出已有100多年的历史,其含义和内涵也在不断地变化,从最初的反虐待动物发展到后来的满足动物的基本需要和精神康乐。现代意义上的动物福利始于19世纪的英国,20世纪六七十年代在欧美国家越来

---

① 施韦泽.敬畏生命:五十年来的基本论述[M].陈泽环,译.上海:上海人民出版社,2017:22.
② 纳什.大自然的权利[M].杨通进,译.青岛:青岛出版社,2005:70.

越受到普遍关注。动物福利论认为,人类在利用动物外在价值的同时,必须以人道的方式对待动物,改进和废除动物利用中那些残忍的手段,尽可能地使动物免受"不必要的痛苦"。动物福利的对象和内涵都比较宽泛,目前国际上通行的是由考林·斯伯丁(Colin Spedding)提出的免于饥渴、享有适宜环境、免于遭受痛苦伤害和疾病折磨、表达正常习性、免于恐惧等"五大自由"原则。

(二) 动物解放论

澳大利亚哲学家辛格(1946—)是西方动物解放运动的代表性人物,他提出的动物解放论不但在理论上对现代动物伦理产生了决定性的影响,而且在实践上掀起了动物保护运动的新篇章。辛格认为,感受快乐和痛苦的能力是动物拥有利益、获得道德关怀的充分必要条件,"感觉能力是关心其他存在物利益的唯一可靠界限",必须将平等原则延伸到动物身上,拓展人类的道德视野,"解放"动物。动物解放论的理论魅力不仅在于它提出了"动物解放是人类解放事业的继续"的命题,而且在于它提出了一个值得深思的观点:"动物解放运动比其他任何解放运动更需要人类发挥真正的利他主义精神"。①

(三) 动物权利论

美国哲学家雷根(1938—2017)是真正从哲学高度对动物权利进行深刻而严密论证的学者,被称为当代动物权利运动的精神领袖。他的强势动物权利论师承康德的道义论,将"天赋价值"扩展到人类之外的动物,认为动物应享有与人类一样的道德权利。但他却反对康德的间接义务论,认为动物和人都是有思想、欲求、意识、记忆和未来感,且能感知苦乐的生活主体,人类对动物应负有直接的道德义务,而非间接的道德义务。雷根要求"清空牢笼",完全废除动物实验、取消商业化饲养动物、禁止娱乐性的打猎和捕兽行为,"不全面废止我们所知道的动物产业,权利观点就不会满意"②。

与雷根激进的强势动物权利论不同,沃伦提出了相对温和的弱势动物权利论,她认为,动物拥有权利是因为它们拥有利益,而不是因为它们拥有天赋价值,而动物拥有利益的前提是它们有感受快乐和痛苦的能力,因此,

---

① 辛格.动物解放[M].祖述宪,译.青岛:青岛出版社,2004:228.
② 雷根.动物权利研究[M].李曦,译.北京:北京大学出版社,2010:6.

一个动物只要有这种感受能力,它就拥有道德权利。在权利主体范围上,这要比雷根所说的"某些高等哺乳动物"广泛得多,但是在权利强度上,沃伦认为动物权利比人的权利要弱一些,且人的权利比动物权利范围要广。

(四) 生物(包括动物)中心论

美国哲学家泰勒(Taylor)(1923—　)继承和发扬施韦泽的敬畏生命思想,在1986年出版的《尊重自然:一种环境伦理学理论》一书中提出了敬畏自然的生物中心论,他突破动物解放论、动物权利论主要针对"工厂化农场"、实验室和动物园里动物的局限,把人类道德关怀的目光更多地投向了野生动物和植物,比较系统、完整地构建了生物中心主义伦理学体系。这一学说主要内容由尊重自然的道德态度、生命中心主义自然观和系列伦理道德规范三个部分组成。尊重自然的道德态度认为地球生态系统中的动、植物具有天赋价值,因而应获得人类的尊重,所有生物拥有相同的道德地位,道德代理人应承担尊重自然的责任,履行尊重自然的义务。生命中心主义自然观包括四个方面的信念:(1)人类与动物等其他生物一样,都是地球生命共同体中的平等成员,人类不应该歧视其他生物,也不应该强调自己的生命特权;(2)地球生命共同体是由人类与动物等其他生物构成的相互依存的生态系统,保持这个系统的完整和稳定,无论是对人类还是对动物等其他生物都至关重要;(3)每一个生物都以它自己独特的方式来适应环境的变化,以维持生命、繁殖生命,因而都是生命的目的的中心;(4)不能因为人类具有道德能力或理性思维、审美创造等某些特殊能力,就认为人类比动物等其他生物优越。在处理人与动物等其他生物的关系上,泰勒认为有四条基本的道德规范,即不伤害法则、不干涉法则、诚信法则和补偿正义法则。当人类利益与动物等其他生物利益(这里的利益指的是基本利益或非基本利益)发生冲突的时候,泰勒又提出了自卫原则、均衡原则、最小错误、分布性公正和补偿性公正等五条原则。除了这些规范和原则等外在约束外,泰勒指出,要实现人与动物等其他生物真正平等,人必须还要具备相应的内在品格和美德,这些品格分为普遍性和特殊性两类。普遍性的包括道德意志力和道德关怀两种,道德意志力表现为良知、诚信、忍耐、勇敢、节制、公正心、坚忍、责任感等品格,道德关怀表现为仁慈、怜悯、同情心等品格;特殊性的是与上述基本道德规范相对应的品格，比如，与不伤害法则对应的是关切，与不干涉法则对应的是敬重，与诚信法则对应的是信赖，与补偿正义法则对应的是公平，这些品格是相对于具体的道德情景而言的。泰勒认为，人如果具备了这些品格，就能够摆正自己的位置，自觉地关爱所有生命。

通过梳理西方动物伦理思想的演进历程，我们可以看出：

（1）西方动物伦理的形成和发展是一个历史的、动态的变迁过程，孕育、启蒙和确立三个阶段的划分是相对的，不是绝对割裂开来的，后来的思想观点往往是对前面思想观点的继承和升华，总体上呈现由人类中心主义转向非人类中心主义的发展趋势，但两类观点是相互交织的，如在古代和近代，虽然是人类中心主义思想占据主导地位，但也有非人类中心主义的思想；在现代，虽然是非人类中心主义思想占据主导，但也存在人类中心主义的思想。比如，古希腊、古罗马时期亚里士多德的动物目的论就对近代笛卡尔的动物机器论思想产生了很大的影响，同一时期的自然主义动物观在近、现代的代表性动物伦理思想里都能找到相应的影子；又比如，辛格的动物解放论是以边沁的功利主义论为理论基础，雷根的动物权利论是以康德的道义论为理论基础，泰勒的敬畏自然思想是对施韦泽敬畏生命思想的继承和发扬等。

（2）西方动物伦理的阐述和论证方式总体上呈现由朴素直观到逻辑推理、由注重理论到理论实践并重的发展特征，孕育阶段的动物伦理意识大都是神秘的、朴素的，近现代以来，随着科学、动物学等学科的发展以及动物观察、实验方法的改进，人们对动物的认识也逐步深化，对人与动物关系和伦理问题的研究也越来越注重逻辑推理和判断，特别是现代以来，学者们在丰富动物伦理理论研究的同时，还注重针对动物处境提出相应的实践诉求，有力推动了西方动物保护运动的发展。比如，笛卡尔关于动物的观点尽管令人震惊，但也从其哲学基础——灵魂和肉体二元论和科学基础——机械论推导而来，在当时产生了广泛的影响；边沁的功利主义把苦乐原理作为其理论基石，对快乐和痛苦作了详细的分类，并力图精确化的加以计算和衡量；又比如，辛格、雷根分别以动物是否具有感知能力、是否具有天赋价值为逻辑出发点，对其理论作了详细的推理论证，还提出了坚持素食、反对动物实验、废除"工厂化农场"等一系列强烈的实践诉求。

第二节 西方动物伦理思想演进的生态理论背景

动物伦理主要是研究人与动物之间的伦理关系,涉及哲学、伦理学、生态学、社会学、法学等学科,因此动物伦理思想的产生和发展也离不开相关学科理论的发展,这里,重点从生态的角度分析西方动物伦理思想演进的理论背景,主要包括哲学自然观、生态学和环境伦理学等方面的理论。

一、自然观的演变

研究人与动物之间的伦理关系,离不开人类对自然界的总体看法和对人在自然界中位置的认识,也就是自然观问题,它是人们在长期的社会实践中形成的关于自然以及人与自然关系的根本性看法,是世界观的重要组成部分。从发展实践来看,西方人的自然观总体上经历了由古代朴素的自然观和神学自然观,到近代的机械论自然观和辩证唯物主义自然观,再到现代的生态自然观的形态演变,与此相应,西方动物伦理思想的形成和发展深受自然观的影响,其演进历程与自然观的演变有着密不可分的关系。

(一) 朴素的自然观和神学自然观

朴素的自然观认为自然是一个有生命的、处在不断生长过程中的有机体,其典型代表是古希腊的朴素唯物主义自然观。与原始人的自然观相比,古希腊哲学在自然观上的根本变化在于把人与自然区分开来,从物我不分到物我相别,把自然当作人之外的对象来看待。其中,代表性的哲学家和观点主要有:普罗泰戈拉(Protagoras)的"人是万物的尺度",柏拉图认为有机体生长的动力来自造物主,他在《智者篇》中写道:"所谓自然生成的东西,其实是神工所为。制作和生产有两种:一种是人的,一种是神的。"[①]在他看来,自然物和人工物一样都是被创造的,是处在第二位的,第一位是创造借以为鉴的形式和理性。亚里士多德是古希腊思想的集大成者,他认为任何事物的

---

① 转引自吴国盛.从求真的科学到求力的科学[J].中国高校社会科学,2016(1):41-50.

变化都是由质料因、形式因、动力因、目的因这四种原因引起的,对一个具体的事物来说,形式因、动力因和目的因实际上是统一的,因此,可以说,导致事物变化的原因只有质料因、目的因两种。但由于目的是质料的原因,且质料因通常都是潜在地发挥着作用,因此,归根到底,导致事物变化的最终只有目的因,"自然是一种原因,并且就是目的因"。①

朴素的自然观在基督教占统治地位的中世纪遇到了挑战,基督教强化了上帝创造一切的观念,认为上帝有支配他的所有创造物的绝对权利,自然界中的万物都出自上帝的意志,这为神学自然观的形成奠定了基础。神学自然观认为人和自然中的万物都是由上帝创造的,但由于人是由上帝按照自己的样子创造出来的,因此人是处于自然之上的,上帝授权人来管理、统治和支配万物,人怎么对待自然都是无可厚非的,大大降低了"自然"的位置。按照神学自然观,上帝、人、自然三者的关系是:上帝处于最高的位置,人最接近于上帝,而自然处于最低的位置。

(二)机械论自然观和辩证唯物主义自然观

机械论自然观在17、18世纪的西方哲学中占据支配地位,在这种自然观看来,自然不再是神秘的、不可测的有机体,而是一台可被分析、预测的机器,是受人类统治并为人类利益服务的。其中,代表性的哲学家和观点主要有:培根(Bacon)提出"知识就是力量"、"人是自然的解释者",认为通过发展科学和技术,人类可以更好地支配和统治自然。伽利略(Galileo)把自然界还原成一个量化的、数字的世界,自然界中只有物质微粒的运动,别无其他;人是自然界的旁观者,而不是参与者。笛卡尔提出灵魂与肉体二元论,并以此来说明人类是大自然的主人,自然是只有物质和运动、任人摆布的机器,这部机器是由上帝创造的,上帝在给它第一推动以后就让它按照恒常的自然规律运行。牛顿(Newton)认为,可以用数学结构来解释和论证自然现象,自然界的运行是受某种数学原则支配的。康德认为,自然是人心制造的图像,他把自然运行的支配权还给了先验的、大写的人,自然的概念在他身上存在着调和与折中的气质。

---

① 亚里士多德.物理学[M].张竹明,译.北京:商务印书馆,2010:65.

机械论自然观肯定了人类的主观能动性，极大地推动了科学实验和生产实践的发展，但也因自身存在的机械性、片面性、静止性、不彻底性等缺陷，受到了其他一些自然哲学家的冲击。比如，斯宾诺莎（Spinoza）主张以自然一元论取代机械论的二元论；莱布尼兹（Leibniz）认为自然不是需要外力推动的机器，而是运动的、变化的有机体。但真正对机械论自然观给予重大冲击的是德国的自然哲学，主要有雅各·波墨（Jakob Boehme）的辩证泛神论，谢林（Schelling）、黑格尔（Hegel）的自然哲学，正是这些冲击促进了辩证唯物主义自然观的形成。这种自然观认为自然是客观存在、变化发展的物质世界；时间和空间是物质的固有属性和存在方式，物质运动的量和质都是不灭的；实践是人类存在的本质和基本方式，人类认识和改造自然既要发挥主观能动性，也要遵循客观规律。辩证唯物主义自然观具有辩证性、实践性、历史性、批判性等特点，为马克思主义自然观的发展奠定了坚实基础。

（三）生态自然观

生态自然观是在工业革命带来的全球性环境问题和生态危机的背景下，运用现代生态学等理论成果，在反思人与自然关系基础上形成的一种新型自然观。这种自然观认为生态系统是具有整体性、动态性、自适应性、自组织性的开放系统，自然是天然自然和人工自然的统一，人类应按照共同性、公平性和可持续性等原则，通过发展低碳经济和实施节能减排，加强生态环境保护，实现人与生态系统、人与自然的和谐发展。代表性人物有怀特海（Whitehead）的过程哲学、科布（Cobb）和格里芬（Griffin）的后现代主义有机论，主要观点包括：自然对人类不仅具有使用价值，还具有认识、审美、实践、信仰等价值；价值关系不仅存在于人类与自然之间，而且也存在于动植物与其环境之间；人类应爱护自然而不应追求超越自然、征服自然。生态自然观为人类确立了一种对待自然的新态度和新信念，终极目标是追求人类理性限度与自然给予限度的适度统一。

二、生态学的发展

从历史来看，人类的自然观要受到当时占统治地位的自然科学理论的影响，比如 16 世纪的日心说、17 和 18 世纪的牛顿力学、19 世纪的生物进化论、20世纪的相对论和量子力学等,都深刻地影响着当时的社会观念和人们的思维方式①。同样地,生态学的产生和发展,深化了人们对自然界以及人在自然界中位置的认识,从而为确立人与自然的新型伦理关系提供了重要的科学依据。余谋昌等指出:"20世纪生态学的发展为环境伦理学的产生奠定了科学基础。"②人与动物的关系是人与自然关系的重要方面,因此,生态学应同样成为以人与动物伦理关系为研究对象的动物伦理学的科学基础。

生态学根源于生物学,是伴随近代生物学发展而产生、兴起的一门新兴科学,经历了萌芽期、创立期、巩固期和现代生态学几个发展时期,呈现出与各门学科融合渗透、由理论向实践应用拓展的发展趋势,形成了系列的、庞大的学科体系,成为"联结自然科学与社会科学的纽带"③。生态学发展过程中提出了一系列重要的概念和观点,这些概念和观点对西方动物伦理思想的形成和发展产生了很大影响,两者是相互交织、相互促进的。

(一) 生态学萌芽时期

"生态学"一词1866年才正式提出,但生态学的思想及其应用却早已存在。在采集狩猎文明时代,原始人主要依靠采集植物和狩猎动物维持生存,为了生存需要,他们必须对作为其食物的动植物的生活习性及周围的各项自然现象不断地进行观察;在农业文明时代,当人类学会制造简单的工具并用以栽培植物、驯养动物时,就要注意观察和认识动植物与它们生存环境之间的关系。在这些长期的生产生活实践中,人类积累了丰富的生态学知识,一些生态学的思想萌芽在中西方的古籍中已有记载。比如,古希腊的亚里士多德把动物按照栖息地划分为陆栖、水栖两大类,按照食性划分为肉食、草食、杂食和特殊食性四类。他的学生、古希腊哲学家提奥弗拉斯特(Theophrastus)不仅注意到了土壤、气候与植物生长和病害的关系,而且还注意到了不同地区植物的差异。古罗马的普林尼(Pliny)却把动物分为陆栖、水生和飞翔三大生态类群。这些人类在实践中不断积累起来的生态学

---

① 王国聘.探索自然的复杂性:现代生态自然观从平衡、混沌再到复杂的理论嬗变[J].江苏社会科学,2001(5):95-99.
② 余谋昌,王耀先.环境伦理学[M].北京:高等教育出版社,2004:4.
③ 马世骏.中国生态学发展战略研究:第1集[M].北京:中国经济出版社,1991:405.

知识和思想萌芽不仅为生态学的建立奠定了基础,也为西方动物伦理思想的孕育奠定了基础。

(二) 生态学建立时期

从 17 世纪开始到 19 世纪末为生态学的建立时期,在此期间,生态学家主要是从个体和群体两个角度分别研究了生物与环境之间的相互关系。比如,1670 年化学家玻意耳(Boyle)发表了低气压对小白鼠、猫、鸟、蛙和无脊椎动物的影响试验报告,标志着动物生理生态学的发端;1735 年法国昆虫学家雷奥米尔(Reaumur)发现,对一个物种而言,发育期间的日平均气温总和对任一物候期都是一个常数,他也因此而被认为是研究积温与昆虫发育生理的先驱;德国植物学家魏德诺(Willdenow)于 1792 年出版的《草学基础》及他的学生洪堡(Humbolt)于 1807 年出版的《植物地理学知识》,详细分析了环境条件对植物形态和分布的影响,创立了植物地理学。进入 19 世纪后,种群生态学快速发展并日趋成熟。1803 年马尔萨斯(Malthus)发表的《人口论》不仅研究了生物繁殖与食物的关系,而且还研究了人口增长与食物生产的关系,他的思想对达尔文产生了很大的影响;1859 年问世的达尔文《物种起源》一书提出了生存竞争、物种形成等理论,有力地推动了生态学的发展。1895 年丹麦植物学家瓦尔明(Warming)发表的《以植物生态地理为基础的植物分布学》(1909 年改名为《植物生态学》)和 1898 年波恩大学教授辛柏尔(Schimper)出版的《以生理为基础的植物地理学》,被公认为生态学的两大经典著作,这两本书全面总结了 19 世纪末之前生态学的研究成果,标志着生态学作为一门生物学的分支科学而诞生。

在生态学的建立时期,西方的动物伦理思想正陷入人类中心主义的"泥潭",针对动物的科学实验研究在机器论思想的影响下得到了快速发展,这可能促进了动物生理生态学的研究和发展,但同时也使人类中心主义的动物伦理思想达到了顶峰。当然,这一时期也出现了许多不同的声音和观点,特别是边沁、塞尔特等人的思想为现代西方动物伦理的确立奠定了坚实的基础。其中,也离不开生态学发展的影响和贡献。比如,达尔文(Darwin)的进化论就为扩展人类道德关怀范围的主张提供了有力的思想支持。他在《物种起源》(1859 年)一书中指出,动物是人类的同胞,所有生命存在物都有着某种普遍的亲缘和亲情关系；在《人类的由来》(1871年)一书中，达尔文又指出，人类是从低等动物进化而来的，与高等哺乳动物在精神功能方面并无本质的区别，人类的道德感是从动物的"社会本能"中进化出来并且不断提高的，他相信，随着道德的进化，所有有感觉能力的存在物都将被扩展到道德共同体中来。

（三）生态学巩固时期

这一时期的时间跨度基本包含了20世纪上半叶，在这一时期，动物生态学和植物生态学并行发展，两者在种群、群落方面的研究取得了一些重要进展。在动物生态学方面，1920年，柏尔(Pearl)和里德(Reed)对logistic方程进行了再挖掘，描述了动物种群数量变化的基本规律；1925年，洛特卡(Lotka)将统计学引入生态学，提出了动物种群增长的相关数学模型；1927年，埃尔顿在《动物生态学》一书中提出了食物链、动物数量金字塔、生态位等有标志性意义的概念。在植物生态学方面，克莱门茨(Clements)、惠特克(Whittaker)、坦斯利等生态学者先后提出了顶极群落、演替动态、生物群落、生态系统等重要概念，有力推动了生态学理论的发展。与此同时，由于各个地区的自然条件不同，植被的类型和植物区系差距很大，生态学家们在工作方法和对自然的认识上也有不同，因而形成了英美学派、法瑞学派、北欧学派、苏联学派等，各学派的研究重点都各有侧重：英美学派侧重于群落的动态演替研究，提出了单元顶极学说和多元顶极学说；法瑞学派侧重于群落的结构研究，建立了严密的植被等级分类系统；北欧学派侧重于植物地理学研究，分析了森林群落与土壤酸碱度之间的关系；苏联学派侧重于生物地理群落研究，制作了全苏植被图。

这一时期，生态学发展对动物伦理思想发展的影响主要体现在克莱门茨、埃尔顿等人的理论中。以克莱门茨为代表的有机论认为，物种个体与其生存环境的关系就像动物器官与肌体的关系一样，是一种共生共荣的关系。1916年，克莱门茨提出了"顶极"理论，主张在任何一个植被的栖息地中，都在发生着有规律的演替过程，即从一种不平衡的植被集聚发展到一种相对平衡的"顶极"结构，从而维持自我生存，也就是说一个植被与土壤、气候及其他植被构成一个共同体，这个共同体具有整体大于部分之和的特征；1939

年,克莱门茨与动物学家谢尔福德(Sheiford)又提出了"生物群落"的概念,它指的是把动物与植物融合在一起的一种特定环境,这一概念丰富和拓展了共同体外延。克莱门茨等人的共同体理论为塞尔特、施韦泽等伦理学者把人类道德关怀的范围拓展到动物乃至所有生命体的伦理思想提供了科学支撑。这一时期另一位对动物伦理思想发展有较大影响的是动物学家埃尔顿,他在 1927 年的《动物生态学》一书中提出了自然经济的四条规律[1],其中,第一条规律是"食物链",即由阳光——植物——食素动物——食肉动物组成的链条,在这条链条上,拥有最短食物链、最简单的生物数量最多,链条越往上部分生物的数量越少,因此埃尔顿把它比喻为食物金字塔,在此金字塔中,作为塔基的植物或微生物菌最为重要,一旦去掉,食物金字塔就要崩溃;而作为塔顶的生物如人或鹰等去掉,生态系统一般不会被打乱,这也就是说,作为塔顶的人并不比大自然中较低等级的存在物更为重要,这彻底摧毁了人类的自负,为边沁、塞尔特、施韦泽乃至于后来的辛格、雷根等关于人与动物拥有平等利益、平等道德地位、平等权利等思想的产生发展奠定了科学基础。此外,第四条规律是"小生境",这个词最早是由美国鸟类学家格林尼尔(Grinnell)提出的,埃尔顿把它定义为一个生物在生物群落中的"地位"或"职位",并指出在任何一个单独的生物群落中,没有两个物种能占据同一个小生境。这表明了每个物种在特定的环境中都拥有自己独特的"地位",扮演了由其生物学特征和环境特征决定的"角色",既不是为了帮助人类,也不是为了妨碍人类,这打破了自然目的论的传统观念,也为动物具有内在价值等思想的产生提供了生态学依据。

(四) 现代生态学时期

这一时期是指 20 世纪 50 年代到现在,主要有以下几个方面特征:一是生态系统成为生态学研究的主流,动物生态学与植物生态学由并行发展走向融合统一,生态系统研究无论在理论上还是在方法上都取得了新的突破,代表性的著作有奥德姆等的《生态学基础》(1953,1959,1971,1983)、杰弗斯(Jefers)的《系统分析及其在生态学上的应用》(1978)、舒加特(Shugart)和奥

---

[1] 沃斯特.自然的经济体系:生态思想史[M].侯文蕙,译.北京:商务印书馆,1999:347-350.

尼尔(O'Neill)的《系统生态学》(1979)等。二是研究对象向宏观和微观两个方向拓展,宏观层次的研究由景观生态到区域生态再到生物圈或全球生态,微观层次的研究小至分子、细胞方面的生态学分析,自动电子仪、同位素测定、遥感、现代分子等技术的应用,使生态学研究由定性描述为主发展到定量分析为主,大大增强了生态学的科学性。三是应用生态学迅速发展,实践性更强,生态学不仅成为解释自然现象的科学,而且向经济社会领域不断地拓展应用,比如,生态学与环境问题相结合,促进了污染生态学、保护生态学、恢复生态学等学科的发展,与伦理学、经济学、文化领域等结合,产生了生态伦理学、生态经济学、生态文化学等,生态学成为连接自然科学和社会科学的桥梁之一。四是生态学的研究从以其他生物为主体发展到以人为主体,产生了人类生态学,这主要是由于20世纪六七十年代以来,人类所面临的环境污染、生态危机、人口爆炸、资源能源短缺等全球性问题日益突出,迫使人类不能仅站在第三者的立场上研究动植物与其生存环境的关系,而应当把人类自身放到生态系统、放到整个生物圈中去研究人类与其生存环境的关系,以实现人与自然的和谐相处和可持续发展。为此,世界科学工作者协会于20世纪60年代提出了"国际生物学研究计划(IBP)",联合国教科文组织于1971年发起了政府间跨学科的大型综合性研究计划"人与生物圈计划(MAB)",目前正在执行的是1986年提出的"国际地圈生物圈计划(IGBP)"和1991年提出的"国际生物多样性计划(DIVERSITAS)"。

  现代生态学把生物(包括人类)及其生存环境看成一个不可分割的自然整体,并用生态系统的方式去思考面临的问题,是人类认识自然方式的一个重大进步。现代生态学强调在某一特定的生态系统中,所有的生物因子和非生物因子通过能量流动、物质循环和信息传递相互作用、相互依存,是一个相互联系的整体,这就表明人与动物都是生态系统的重要成员,人的出现是动物进化的结果,人必须依赖包括动物在内的自然界而维持生存,即使是科学技术的发展也改变不了这一属性,因此,人必须要把自己置于自然生态系统中,而不能脱离自然生态系统,这为动物解放论、动物权利论、生物(动物)中心论等非人类中心主义动物伦理思想的产生奠定了科学基础。此外,现代生态学把人纳入自然—社会的复合生态系统加以研究,并注重与多个学科的融合和实践应用,这为揭示人与自然(包括人与动物)之间相互关系的基本规律,帮助人类找到维持生态系统平衡、走出生态危机困境的对策,构建人与动物和谐相处、人与自然协调发展的道德原则和伦理规范,提供了一个方法论方面新的视域。

三、环境伦理学的兴起

动物伦理作为一门新兴的伦理学科,其产生和发展自然离不开伦理学的背景和"土壤"。动物伦理尝试将伦理关系应用到动物身上,运用新的伦理视角重新审视人与动物的关系,构建关于人应该如何对待动物的道德原则和行为规范。动物伦理是随着人类伦理范围不断拓展而逐渐孕育产生,并随着环境伦理学的兴起而兴起,日益成为环境伦理学体系中独特而富有实践意义的重要流派。

(一)动物伦理是人类伦理范围拓展的逻辑必然

在人类漫长的发展史中,伦理思考的边界,也即人类道德关怀的对象或道德享有者的范围在不断地拓展。纳什(Nash)认为,伦理学应从只关心人扩展到关心动物、植物、岩石,甚至一般意义上的大自然或环境。他用一张图表形象地表述了人类伦理观念的进化历程:首先是自我,然后到过去的家庭、部落、地区、国家,再到现在的种族、人类、动物,未来将逐渐扩展到植物、生命、石岩、生态系统、星球、宇宙[1]。这种进化历程在形态上就是一个不断"扩大着的圈子"。从中可以看出,当人类把道德关怀的对象从人类自身扩展到人类之外的其他存在物时,动物就成为首批受益者。这主要有两个方面的原因:一方面,人类是从动物进化而来的,自从诞生之日起,就和其他动物生活在地球这个生态系统中,人类的生存和发展离不开动物,正如图克希尔(Tuxill)描写的那样"昆虫、鸟类、蝙蝠,甚至是蜥蜴提供了授粉的服务,没有它们,我们无法养活自己;青蛙、鱼类以及鸟类提供了我们自然的害虫控制"[2]。另一方面,和人一样,大部分动物都具有意识,能够感受生命的快乐和

---

[1] 纳什.大自然的权利[M].杨通进,译.青岛:青岛出版社,2005:3-4.
[2] Tuxill J, Peterson J A. Losing strands in the web of life: vertebrate declines and the conservation of biological diversity[M]. Washington, D.C.: Worldwatch Institute,1998:10.

痛苦,动物的影子在人类的精神世界中也随处闪现。正是动物生命和人的生命的这种密切性和相似性,使得提倡对动物的道德关怀较之于植物和大自然来说,更容易被人们所接受,于是就产生了动物伦理这一新的伦理学科。

(二) 环境伦理学的兴起有力推动了现代动物伦理的发展

环境伦理学(或称生态伦理学)是研究人与自然之间道德关系的一门新兴学科,其产生的理论渊源主要包括18、19世纪欧洲的动物保护思想及美国的资源保护和自然权利思想。18世纪末以后,伴随着西方环境保护运动的兴起,环境伦理思想开始在西方孕育、发展。环境伦理学的真正创立,是在20世纪上半叶,代表人物和理论是施韦泽的敬畏生命伦理和利奥波德的大地伦理学。20世纪70年代以来,西方环境伦理学得到了长足发展,各派学者围绕着自然是否具有价值、自然是否具有道德地位和道德权利、人对自然的行为正当与否的标准等问题,产生了激烈的争论,建立了派别众多的环境伦理学体系。国内外学者依据不同的标准对环境伦理学进行了分类,但不论哪种类型的环境伦理学本质上都是试图拓展道德义务的边界或扩大道德关怀的范围,就此而言,西方环境伦理思想就无法脱离人类中心主义和非人类中心主义两大基点,由此形成的人类中心主义环境伦理学和非人类中心主义环境伦理学构成了西方环境伦理思想的两大主要派系。

1. 人类中心主义环境伦理学

这一派系可分为古典人类中心主义和现代人类中心主义。古典人类中心主义包括自然目的论、神学目的论、灵魂和肉体二元论、理性优越论。现代人类中心主义的代表性人物主要有帕斯莫尔(Passmore)、麦克洛斯基(McCloskey)、诺顿(Norton)和墨迪(Murdy)等。现代人类中心主义环境伦理学的主要观点是:人类依赖于生态环境而生存,自然客体的价值主要表现为它们对人类的价值,人类应当把道德关怀的对象拓展到自然客体,但这种关怀和责任必须以人类自身的利益和子孙后代的利益为基础,对自然客体的义务只是对人的一种间接义务,人类只要按照"开明自利"的原则来调节人与自然的关系,环境问题和生态危机就可以迎刃而解。

2. 非人类中心主义环境伦理学

这一派系包括动物解放论/权利论、生物中心主义和生态中心主义,代表性人物主要有辛格、雷根、泰勒、罗尔斯顿等。其主要观点有：自然客体具有不依赖于其对人类用途的内在价值，这种价值不是由人类所赋予的，而是它们所固有的，不能仅仅从人的尺度进行评价；自然客体具有独立的道德地位和与人类相同的生存发展权，人类应把道德关怀的对象扩展到自然界中的所有存在物，担当起道德代理人的责任，维护生态物种的多样性、复杂性和个体性，寻求与其他物种的协调统一，并把对生态系统的干扰减少到最低限度。

环境伦理学的兴起对现代动物伦理的发展起到了有力的推动作用。20世纪七八十年代，关于动物的道德地位问题是西方环境伦理学关注的一个主要话题，与动物伦理有关的学术著作纷纷出现，如辛格的《动物解放》(1975)、林赛的《动物权利》(1976)、雷根和辛格主编的《动物的权利与人的责任》(1976)、克拉克的《动物的道德地位》(1977)和《野兽的本性：动物讲道德吗？》(1982)、福克斯的《动物的权利与人的解放》(1980)和《重返伊甸园：动物的权利与人的责任》(1986)、利尔维特的《动物及其法律权利》(1978)、雷根的《为动物权利辩护》(1983)、米奇莱的《动物为何与道德有关》(1984)、莎蓬奇斯的《道德、理性与动物》(1987)等。另一方面，现代动物伦理的发展极大地拓展了环境伦理学的研究领域和内容，随着动物伦理由人类中心主义向非人类中心主义的渐趋发展，动物伦理也成为推动环境伦理学试图打破传统人类中心主义道德体系的一个突破口。当然，动物伦理的自身发展也受到了各种类型环境伦理学理论的影响，与环境伦理学的两大派系相对应，我们也将西方动物伦理思想划分为人类中心主义的动物伦理思想和非人类中心主义的动物伦理思想两大阵营，在后面的章节中将分别阐述两大阵营的代表性思想流派。

第三节　西方动物伦理思想演进的生态实践背景

一般来说，一个时期动物伦理思想的形成和发展受到当时的政治制度、经济发展、科技进步、社会文化、宗教传统等因素的影响，也与当时人类的生产生活密切相关。而人类活动对动物的影响主要有两条途径：一是直接途径，也就是人类直接利用和接触动物，比如饲养动物以食用、用动物毛皮做衣服、用动物耕作农田或运输货物、用动物做科学实验或教学研究、用动物作观赏娱乐、用动物作宠物等等；二是间接途径，也就是通过干扰或破坏动物的生活环境而影响动物的生存和发展。从生态系统的角度来看，人和动物都是生物圈的重要成员，如果以人作为主体，那么其周围的自然生态环境包括动物、植物组成的生物环境和水、土壤、空气、阳光、温度等组成的非生物环境，这样，人对动物的直接影响途径可看成是人与生物环境中动物的生态关系，而人对动物的间接影响途径可看成是人类活动影响非生物环境进而影响到生物环境中的动物。下面，就从这两个角度来梳理分析西方动物伦理思想演进的生态实践背景。

一、人与动物生态关系的演变

从人类产生以来的历史来看，不同时期人与动物之间生态关系的内容不同，从而也影响着该时期的动物伦理思想发展。迄今为止，人类发展的历史从社会生态的角度来划分，大致可分为：采集狩猎文明时代、农业文明时代、工业文明时代和后工业文明时代（即由工业文明时代向生态文明时代过渡的阶段），不同文明时代的人与动物生态关系如下：

（一）采集狩猎文明时代：人既依赖动物又恐惧动物

采集狩猎文明是人类最早期也是传承最久远的文明形态，在欧亚大陆持续到了 7 000 年前，在北美洲及太平洋地区持续到了 1 500 年左右。在这一时期，人刚开始脱胎于动物，进化的程度还不高，从大自然获取生活资料的能力也有限，主要依靠采集天然的植物果实和根茎或捕鱼、狩猎野生动物为食物以维持生存，采集狩猎的工具主要是一些简单的石器、木器，在面对一些弱小的动物时不会有太大的危险，但是在面对一些凶猛的动物时就比较麻烦，甚至有生命危险，因而会产生一种害怕甚至是恐惧的心理。这种害怕和恐惧往往又与人对变幻莫测、常常带给他们灾难的大自然的恐惧联系在一起，转化成对自然、对动物的敬畏和崇拜。在原始人看来，某些动物因为具有某种特殊禀赋和强大威猛的能力，或者因为与自身的生活具有特殊的、密切的关系,因而成为图腾崇拜的对象,比如狮、鹰、鹿、熊等等。当然,在这一时期,当人类学会取火、发现动物皮毛可以御寒之后,人类食用和利用动物的方式发生了一些变化,多了一些残酷和野蛮,但这种人既依赖动物又恐惧动物的生态关系并没有发生实质性的改变。

(二) 农业文明时代:人与动物开始分离并驯养使用动物

农业文明是人类文明发展的第一次重大转折,开始于距今1万年前的新石器时代早期。在农业文明时代,一方面,随着铜器、铁器等金属工具的出现,人类的生产和生活方式发生了根本性变化,人不再依靠采集植物、狩猎动物等维持生存,而是通过耕作土地种植农作物获得食物来源,并且随着种植技术的不断进步、农作物品种的日益丰富,人类的食物来源也就相对地比较稳定(当然一些特殊区域、特殊气候条件的除外),从而通过狩猎动物获取食物的需求就降低了,人与野生动物开始逐渐走向分离。但另一方面,随着人类进化程度的提高和自身智力的发展,人类开始学会驯养动物,这些驯养动物有的用以日后食用,有的用以生产工具(如帮助狩猎、耕作土地、运输货物等),有的用以制作皮毛御寒,等等。研究显示,家犬是目前所知人类最早驯化的家养动物,发生在距今大约15 000年以前;而在距今1万年前左右,又有山羊、绵羊、猪、牛和猫等家养动物被驯化。① 从狩猎动物到驯养动物也反映了人类对动物态度的转变,由掠夺性的狩猎转变到保护性的饲养,由敌对关系转变到共生关系(当然这种共生关系是为了更好地实现人类自身的利益)。雅各布·布洛诺夫斯基(Jacob Bronowski)将人类这种由觅食者到食物生产者的巨大转变称为"生物学革命","在这场生物学革命中,植物的耕种和动物的驯养交织在一起,交替发展"②。

(三) 工业文明时代:人统治动物、支配动物

工业文明是人类文明发展的第二次重大转折,从英国18世纪的工业革命开始,在200多年的工业文明时代内,人类在开发自然、改造自然方面取得的成果,远远超过了以往一切时代的总和。在工业文明时代,人类凭借强大的科学

---

① 李晶,张亚平.家养动物的起源与驯化研究进展[J].生物多样性,2009(4):319-329.
② 布洛诺夫斯基.人之上升[M].任远,等译.成都:四川人民出版社,1988:27.

技术力量和日益增强的改造自然的能力,成为包括动物在内的自然的主宰,其活动几乎触及地球的每一个角落,并且不仅局限于地球表层,还拓展到地球深部和外部空间。这一时期人类对待包括动物在内的自然的基本态度是征服自然、统治自然,这是由工业文明时代不同于农业文明时代的两个本质特征决定的:一是机械化的大生产。在工业社会,企业普遍采用机器进行规模化、专业化生产,机器成为物质文明的核心。生产的机械化带来了人们思维方式的机械化,机械论的思想统治着人们的自然观、价值观、社会观。在机械论自然观的影响下,人们把包括动物在内的自然看成是一部自动运行的机器,受一定的机械原理的支配。笛卡尔的动物机器论就是这方面最具有代表性的观点。二是工业生产不再依赖于自然条件。在农业文明时代,农业生产与自然条件密切相关,它按照自然物自身变化的程序来生产,一般也会引起自然界本身的变化,因此,人们会力求尊重自然、适应自然,通过人与自然的相互协作生产出需要的食物。相比较而言,工业生产与自然条件的关系较为间接,一般是通过科学技术来改变、控制自然过程,制造出在自然状态下不可能出现的产品,因此,在工业文明时代,人们认为人类是自然的征服者,人与自然只是利用与被利用的关系,体现在人与动物关系上也是如此。

(四) 后工业文明时代:人与动物关系趋于缓和但尚无实质性改变

工业文明在极大地改善和丰富人类的物质生活和精神生活的同时,也带来了空前严重的生态危机,直接威胁着人类的生存和发展,促使人类反思人与自然、人与动物的关系以及人在自然中的位置、动物在生态系统中的角色和作用等问题。在此背景下,人统治动物、支配动物的生态关系得到了一定程度的缓和,主要表现在几个方面:一是在思想理论方面,非人类中心主义的动物伦理思想渐渐占据主流,以辛格、雷根为代表的一批哲学家主张应将人类道德关怀的范围扩展到动物,赋予动物平等的道德地位,给予动物道德权利;二是在动物立法方面,越来越多的国家开始重视动物保护立法,扩大动物保护的范围,从饲养、运输、屠宰等多个方面制定详细的规定,为保护动物利益提供法律保障;三是在动物保护实践方面,动物保护组织不断涌现,动物保护运动蓬勃发展,设立越来越多的自然保护区、国家公园为野生动物提供天然的栖息地,实验动物的伦理审查越来越普及;四是在社会公众方面,关爱动物生命、反对虐待动物成为许多西方人的共识,越来越多的人坚持食素或少吃肉食,驾驶交通工具时避让动物以免动物受到伤害,越来越多的宠物进入家庭,有自己的名字,甚至作为家庭成员,等等。尽管如此,在西方目前人与动物的关系尚未得到实质性改变,建立人与动物和谐相处、共荣共生的生态关系任重道远。

综上所述,我们可以看出,西方动物伦理思想的演进历程与人类文明各个时代人与动物生态关系的演变过程基本保持一致,从总体上看,人与动物的生态关系由采集狩猎文明时代的相互依赖,到农业文明时代的逐渐分离,再到工业文明时代的统治支配,直至目前的相对缓和,这与动物伦理思想由人类中心主义向非人类中心主义转变的趋势相互契合;从各个阶段来看,人类在采集狩猎文明时代的恐惧动物和农业文明时代的驯养使用动物关系,蕴含着以自然宗教和图腾崇拜为表现形式的动物伦理意识;而在工业文明时代的统治、支配动物就直接表现为启蒙阶段的人类中心主义动物伦理思想,在后工业文明时代的人与动物关系趋于缓和体现了非人类中心主义的动物伦理思想。概而言之,人与动物生态关系的演变是西方动物伦理思想演进的现实基础,而西方动物伦理思想的发展又反过来推动了人与动物生态关系的改善。

二、人与动物生存环境的变迁

人和动物都是地球生态系统中的生命共同体,动物伦理思想的产生和发展除了受人与动物之间生态关系的演变影响外,与他们共同的生存环境,也即地球生态系统的自然生态环境的变迁也密切相关。下面,对因人类活动引起的自然生态环境的变迁做一梳理,以从中窥探动物伦理思想产生和发展的生态"土壤"。

(一) 采集狩猎文明时代:自然生态环境变化有限

采集狩猎文明时代,人类主要依靠采集天然植物或狩猎野生动物维持生存,与自然生态系统是一种完全依附的关系,人类只是生态系统食物链中的一个普通环节,某种程度上说,人类与动物处于混沌的原始统一状态,其生存和发展受生态系统的自然法则支配,人类服从于自然。由于原始人的活动范围有限,采集狩猎对居住地周边的生态环境影响较大,当附近的植物被采完了、猎物被捕完了,没有了食物来源,他们就开始迁移,去寻找新的食物来源。正是在不断地采集狩猎和漫长的迁移过程中,原始人维持着自身的生存和繁衍,也使得他们成为地球的拓荒者和发现者,促进了人类文明的传播。但从总体上看,由于原始人的人口规模有限,且基本上没有改造自然、控制自然的能力,主要依靠自然的"恩赐"生活,消费的基本是自然产品,产生的废物也都能被自然生态系统分解消化,因此他们对地球整体生态环境的影响十分有限。

(二) 农业文明时代:自然生态系统总体平衡

农业文明时代,不同族群、部落的人通过栽培植物、驯养动物获得了相对稳定的食物来源,因而不再大规模、经常性的迁移,在条件合适的地区逐步定居下来。随着活动空间的扩大和人口规模的增长,人们需要不断地砍伐定居点周边的森林,以获得更多的土地和生物资源,这不仅会破坏地表植被,改变自然的原貌,而且会减少生物多样性,改变动植物物种在生物圈的分布。同时,由于对土地资源不合理的利用,往往会造成土壤侵蚀以及耕地、草场的退化,甚至会出现土地的沙漠化和盐碱化,严重的会致使地区文明的消失。比如,美索不达米亚作为巴比伦文明的发源地,曾经是茂密的森林和大草原,发展到公元前2000年前后,由于人口增长与土地资源之间的突出矛盾,自汉谟拉比王朝开始就肆意地砍伐两河流域上游的森林,造成上游的水土大量流失,泥沙大量淤积在河流的入海处,河床越来越浅,地下水中的盐分随着水位的抬高上升到表层土壤,导致土质逐渐盐碱化,再加上由于失去森林屏障的保护,土地的沙漠化也越来越严重,最终使得曾经辉煌的巴比伦文明从两河流域消失。埃及文明、玛雅文明也遭遇了类似的命运。当然,这些都是局部生态环境恶化的表现。从地球生态系统整体来看,由于农业文明时代的社会生产力还相当落后,科学技术进步也比较缓慢,人类还缺乏对自然进行根本性变革和改造的能力,因此,自然生态系统虽然局部遭到了较大破坏,但总体上仍处于平衡状态,只是这种平衡是一种在落后的生产力和技术水平上的生态平衡。

(三) 工业文明时代:生态环境危机日益加深

工业文明时代是迄今为止人类文明史上生产发展最为迅速、财富积累最多、人口增长最快、社会变动最为剧烈的时期,同时也是地球生态系统破坏空前严重、生态环境危机日益加深的时期。在这一时期,人类为了满足不断膨胀的物质和精神欲望,对自然进行掠夺性的开发和破坏性的使用,把自然当作可以任意摆布的机器、可以无限索取的资源库、可以无限容纳工业废弃物的垃圾站,这些做法违背了自然自身运行的规律,超出了自然能够承受的极限,因而,也最终遭到了自然的严厉报复,造成了全球性的生态失衡和生态危机,突出表现在以下几个方面:(1)土地荒漠化。地表植被破坏、农药化肥的过度使用、工业排放物的增多引起土地严重退化,导致全球土地荒漠化趋势加剧。据统计,约占地球陆地面积15%的土地由于人类的活动而发生退化,目前,全球约有29%的土地受到沙漠化的威胁,约有73%的草地出现退化和沙化现象,每年约有2 000万公顷的土地变为沙漠。(2)大气污染严重。大气污染由20世纪中叶的区域性问题逐步演变为全球性问题,特别是二氧化碳等气体排放引起的全球气候变暖、氮氧化物和硫的氧化物排放引起的酸雨问题以及氯氟烃排放引起的臭氧层破坏等,引起了全世界的广泛关注。过去的100年内,全球地面气温上升了3～6摄氏度,世界海平面上升了10～15厘米,如果温室效应继续下去,全球30%的人口就必须迁移,成为"环境难民"。在20世纪50～80年代的欧洲,酸雨造成了森林资源的严重破坏和众多湖泊中鱼类种群的消失。据气象学家测量,南极上空花了20亿年左右时间形成的臭氧层被人类在150年内破坏了60%,北极上空的臭氧层现在比以往任何时期都要薄,臭氧层被破坏、臭氧浓度降低,到达地球表面的紫外线辐射增加,将对自然生态系统产生直接或间接的影响,对动植物的生存发展和人类的生命健康产生极大的危害。(3)海洋生态危机。据联合国粮农组织估计,25%的海洋鱼类由于过度捕捞已经或濒临灭绝,44%海洋鱼类的捕捞已达到生物的极限。近几十年来,人类每年向海洋倾倒的塑料制品、工业废料、放射性物品和各类生活垃圾等高达200亿吨,严重污染了海洋生态环境,威胁到20多万种海洋生物的安全。(4)能源资源短缺。据世界银行报告指出,在20世纪的100年内,人类共消耗了2 650亿吨石油天然气、1 420亿吨煤炭、380亿吨钢、7.6亿吨铝和4.8亿吨铜,对石化能源的过度依赖和对资源的过度利用,不仅造成了大气污染、气候变暖等全球性生态问题,而且也将使人类的发展不可持续。森林是陆地生态系统的主体,也是野生动物栖息的重要场所,对维持生态平衡起到决定性的作用。工业文明以来人类对森林资源的破坏达到惊人的程度,人类文明初期地球陆地上的森林约 76 亿公顷,覆盖着 2/3 的地球陆地,到 19 世纪中期已减少到 56 亿公顷,到 20 世纪末期却只有 34.4 亿公顷,陆地森林覆盖率下降到 27%。(5)生物多样性减少。据估计,地球上的物种总数为 500 万～3 000 万种,其中被人类记录下来的有 200 多万种。工业文明以来,由于肆意地砍伐和捕杀、生态环境的破坏、生物入侵等因素,生物的灭绝速度比以往任何时候都要快,在 20 世纪就有 15%～20%的物种消失;较之过去 6 500 万年之中的任何时期,地球上的动植物物种消失的速率现在至少要快上 1 000 倍[①]。2005 年,《国际生物多样性公约》引用生物多样性完整度指数(BII, Biodiversity Iitactness Index)来衡量生物多样性的流失程度,假设某一生态系统的 BII 为 80%,就意味着该区域所有动物和植物平均起来的总数量是工业化(约 1 800 年)之前总数量的 80%。依此测算,全球动物数量比工业化之前降低了 84%,哺乳动物比工业化之前下降了 71%,草原物种比工业化之前下降了 26%[②]。

综上所述,我们可以看出,采集狩猎文明时代和农业文明时代(与西方动物伦理孕育阶段相对应),虽然是人类中心主义的动物伦理思想占据主流,但由于技术水平和生产力的落后,人类活动对自然生态环境的影响总体有限,保持在自然生态系统能够承受的范围内,因而没有引起人类深刻的反思,促进伦理思想的转变;再观工业文明时代(与西方动物伦理启蒙阶段相对应),同样是人类中心主义的动物伦理思想占据主导地位,但由于强大的科技力量和人类生产力的极大提高,人类活动对自然生态环境带来灾难性的影响,迫使人类深刻反思人与自然、人与动物的关系,促进动物伦理思想由人类中心主义向非人类中心主义的根本转向,当然其中也有边沁、塞尔特等人思想的重要启蒙作用。由此,我们可以说,西方动物伦理思想的产生和发展有其深厚的思想、科技、生态等土壤,自然生态环境的变迁是其中的一个重要直接动因。要想实现人和动物关系的实质性改善,必须加快由工业文明向生态文明转型。

---

① 戈尔.濒临失衡的地球:生态与人文精神[M].陈嘉映,等译.北京:中央编译出版社,2012:20.
② 马克苏拉克.生物多样性:保护濒危物种[M].李岳,田琳,等译.北京:科学出版社,2011:48-52.

第四章

人类中心主义动物伦理思想主要流派和生态解析

在西方传统的关于人与自然关系的理论中，人类中心主义的思想一直占据着主导地位，认为人类在自然中居于特殊的地位，具有支配万物的权力，人类是唯一的道德主体，自然不是道德主体，没有道德地位，因而人类对其不负有直接的道德义务，保护自然生态环境是为了人类自身的利益。受此影响，在人与动物关系上，主流的思想认为，与动物及其他非人类存在物相比，人类具有无与伦比的优越性，动物是服务于人类的，是为人类而存在的，因而没有道德地位，人类对动物不负有直接的道德义务，最为典型的就是动物工具论。当然，在人类中心主义的思想大潮中，除了这些绝对的人类中心主义动物伦理思想外，也出现过许多对其进行挑战、相对"温和"和"实用"的动物伦理思想和观点，归纳起来主要有动物同情论和动物福利论。

第一节 动物工具论

在西方，动物工具论的伦理思想出现的较早，延续的时间也较长，这种理论认为动物缺乏理性，没有意识或灵魂，对人类来说仅有工具价值或只是一架机器，因而不具有道德地位，人对动物没有任何的道德义务。代表人物主要有亚里士多德、阿奎那、笛卡尔等。

一、代表性观点

（一）亚里士多德：动物是为人而存在

亚里士多德是古希腊最伟大的哲学家之一，是古希腊哲学的集大成者。在人与动物的关系上，亚里士多德虽然不否认人也是一种动物，但他却认为人是"理性动物"[1]，人与动物共同具有的动物本性还不能足以证明给予他们平等的考虑是合理的。亚里士多德是奴隶制度的维护者，在他看来，奴隶"虽然仍是一个人，但也是一件财产"，是一种"活的工具"[2]。他认为自然界原本就是一个有秩序的等级结构，理性能力较低者为理性能力较高者而存在，如果理性能力的差别能让某些人成为主人、另一些人成为他们的财产，那么说人具有统治其他动物的权利显然就无需更多的论证。他在著作《动物与奴隶制度》中叙述道："植物是为动物而存在，非理性的动物是为人类而

---

[1] 王善超.论亚里士多德关于人的本质的三个论断[J].北京大学学报(哲学社会科学版)，2000(1):114.

[2] 辛格.动物解放[M].祖述宪，译.青岛：青岛出版社，2004:171-172.

存在。驯化动物是为役使它们,当然也可将它们作为食物;至于野生动物,虽不能将其全部作为食物,但有些还是作为食物,或者用以制作衣着和各种工具。如果自然不会虚造万物,我们可以推论自然为人类而生产动物。"①在灵魂与肉体、理智与情欲的关系上,亚里士多德认为,灵魂统治肉体,理智统治情欲,动物只能使用自己的身体,服从自己的本能,而人类拥有灵魂和理智,因此动物比人类低贱,应该受人类统治,这是自然且公正的②。

(二) 阿奎那:动物是神创造的工具

阿奎那是中世纪意大利神学家和经院哲学家,他认为是否具有理性是区分人类与非人类的重要依据。人具有理性,而动物缺乏理性,动物是为人类而存在的,人类取用动物是合法的。在回答"不禁止屠杀动物的理由是什么"的问题时,阿奎那说:"正如为了动物利益而夺取植物生命一样,为了人的利益而夺取动物生命也是合法的,这与神的训诫是相符合的。"③在他看来,动物是排除在人类道德关怀之外的,对无理性动物残忍本身并没有错,对它们仁慈也是做不到的,因为我们没有与它们是同类的感觉,它们不拥有利益(理性动物才拥有),并且仁慈的基础是共享永久的幸福,而这是它们无法做到的。在《理性生物与无理性生物的区别》一文中阿奎那指出,"根据神的旨意,在自然秩序中,这些不能说话的动物的目的就是供人使用的,因此,人们杀死它们或者任意处置它们都是没有过错的"。但同时他也指出:"基督教教义禁止我们残忍地对待那些不能说话的动物,比如,禁止杀死幼鸟,这或许是因为这种思维会转移到人身上——既然会对动物残忍,也就会对他人残忍;或许是因为这种行为会导致对他人的现实伤害;或许是因为某些其他原因。"④

(三) 笛卡尔:动物是机器

法国哲学家笛卡尔不仅被尊称为近代哲学之父,他也是现代数学的重要来源——解析几何的奠基人,同时还是一位基督教徒,但他关于动物的

---

① 杨冠政.环境伦理学概论[M].北京:清华大学出版社,2013:62.
② 辛格,雷根.动物权利与人类义务[M].曾建平,代峰,译.北京:北京大学出版社,2010:5.
③ 辛格.动物解放[M].祖述宪,译.青岛:青岛出版社,2004:176—177.
④ 辛格,雷根.动物权利与人类义务[M].曾建平,代峰,译.北京:北京大学出版社,2010:9—10.

观点让人震惊。笛卡尔基于自己提出的灵魂与肉体二元论，认为人是一种比动物更高级的存在物，因为人不仅具有肉体，还具有意识和不灭的灵魂；而动物只有肉体，没有意识，只是一架自动的机器，不能感受快乐和痛苦，也没有其他任何感觉。他在致亨利·莫尔（Herry Moore）的信中说道：与时钟一样，动物也是受机械原理支配的，但由于动物是神造的机器，而时钟是人造的机器，因此，动物的行为要比时钟更复杂。他甚至认为，"痛苦"这一概念并不适用于动物，它们根本感觉不到痛苦，即使它们有时在遭到刀割时会大声地嚎叫，在试图躲避烙铁烧灼时身体会剧烈地扭动，但这些并不意味着它们就能够感觉到痛苦，只是表现得好像在受苦。因此，那种认为应同情动物的观点是错误的，我们完全可以把动物当作机器来对待。笛卡尔的学说解除了当时在欧洲开始盛行的活体动物解剖实验的实验者们所感到的疑虑和不安，其追随者们经常利用想象所能及的各种方式对动物进行活体试验。

二、动物工具论思想评析

以上列举的只是动物工具论里几种最具有代表性的典型观点，实际上，从人与动物关系的历史来看，这种思想由来已久，在古代和近代西方，类似的观点比比皆是，产生了广泛的影响，直到今天，在认为动物缺乏理性和意识的观点已随着科学技术的发展和人类对动物认识的加深早已站不住脚的情况下，这种思想依然有一定的市场，现实中仍有相当一部分人把动物当作工具或者机器来看待，肆意地虐待、残杀动物，甚至连一些濒临灭绝的动物也不放过。这从一定程度上反映了虐待、残杀动物是自人类诞生以来就一直存在的现象，远古时代，原始人就以石器、弓箭等为武器，对动物展开掠杀，如果说这是在当时条件下人类动物本能的一种体现，那么近现代以来，人类凭借强大的科技力量成为自然的征服者和万物的主宰者，一些人肆意地虐待、残杀动物，除了经济利益驱动外，更多地体现了人性的贪婪与漠视，甚至达到了令人瞠目结舌的地步。我们不得不悲观地看到，虐待动物今天依然还是人类面临的一个全球性问题。

粗略地加以概括，人类虐待动物的残忍行径和目的主要有以下几个方面:(1)为了满足口腹之欲。根据美国华盛顿特区畜牧动物改革运动2001年的一份调查,每年有480亿只(平均每天超过1.3亿只、每小时超过500万只、每分钟9.1万只、每秒大约1500只)动物被屠杀[①]。据悉,日本每年有2万多头的海豚、3万多吨的鲨鱼遭到猎杀,太地町地区被认为是世界上猎杀海豚最凶残的地区,这些海豚和鲨鱼最终成为饭桌上的美食。(2)为了提供衣着原料。远古时期,动物皮毛原本用于御寒,但随着社会等级的建立,皮毛逐渐成为富贵与权力的象征,而今天皮草有时却成为奢华与时尚的代表。据统计,2011年全球的动物毛皮销售额达到150亿美元。在加拿大,为了获得海豹的皮毛,近年来有超过100万只海豹惨遭屠杀,在主要海豹分娩区域的海豹幼崽死亡率最高可达100%,就是因为海豹幼崽的皮处于"最好"状态,可以卖得高价。这些毛皮大多被出口,用于国际时装市场。(3)为了防病治病和保健。在长期的生产生活实践中,人们通过摸索发现不少动物可以用来治疗疾病。比如,为了获取"液体黄金"熊胆制作中药,数以万计的黑熊从小就被圈养在狭小的铁笼里,在腹部凿个洞把铁管穿进去,每天1到2次进行活体取胆,这给黑熊带来巨大的痛苦。(4)为了科学实验。据统计,目前全球每年约有2000万只动物被用来进行科学实验,其中,约有800万只动物被用在使其遭受痛苦的实验中,这些实验动物在为人类生物医学和预防医学发展作贡献的同时,自身却不可避免地受到了生理或心理的伤害,甚至死亡。这样的动物实验在伦理上是否具有合理性、实验动物是否应得到关怀或善待等问题一直是生物医学工作者和哲学家们争论的焦点。(5)为了观赏娱乐。最常见到的就是每天在各大动物园上演的形式多样的动物表演,比如,海豚或海狮顶球、玩倒立、钻圈圈,猴子骑自行车,大象踢球,老虎走独木桥,黑熊玩杂技等。正是这些数不胜数的虐待、残杀动物现象,使得人与动物的关系这个古老的话题不断地被提起,这也是动物伦理思想产生发展的直接动因之一。可以说,几乎所有的动物伦理思想起初都是源于对虐待动物现象的反思。

---

① 雷根.动物权利研究[M].李曦,译.北京:北京大学出版社,2010:6.

第二节　动物同情论

人类观照动物的途径有两种：一是理性途径，关注的是动物对人类的利益和价值等问题；二是感情途径，关注的是动物的感受和情感等问题。动物同情论是针对人类长久以来对动物的虐待现象提出来的，它将人的同情对象由其他人拓展到动物，认为人类应尊重动物的生命，以"同情心""善心"来对待动物，反对虐待、残杀动物。在西方主要表现为"仁慈主义"的动物保护思想，有力推动了西方动物伦理理论和实践的发展，至今仍有着重要的影响。

一、人同情动物的行为动机

动物同情论的思想在西方古已有之，随着时代的发展其形式和内容也在不断地变化、丰富。对人为什么要同情动物，概括起来主要有以下两个方面。

（一）对动物残忍会影响到人的思想和行为

英国思想家洛克（Locke）在《教育漫话》中说道，由于动物能够感受痛苦，因此人们伤害动物的行为从道德方面来讲是错误的，但需要指出的是，这种错误并不是因为动物拥有天赋权利，而是因为对动物的残忍会让人也会变得残忍。"那些在低等动物的痛苦和毁灭中寻找乐趣的人……将会对他们自己的同胞也缺乏仁爱心。"他主张，人们不仅要善待那些对人类有用的动物，而且还要善待"所有活着的动物"①。美国思想家贝弗（Bever）步洛克的思想后尘，他指出残酷对待活着的动物的行为，会使做出这一行为的人变得野蛮起来，还会使人的道德变得堕落。如果一个民族不能阻止其成员残酷对待动物的行为，那么这种行为不仅将可能危及人类自身，而且最终将可能导致文明的衰落和退化的风险。德国哲学家康德认为："一个人不想扼杀人

---

① 纳什.大自然的权利[M].杨通进,译.青岛：青岛出版社,2005:19.

的感情的话,他就必须学会对动物友善,因为对动物残忍的人在处理人际关系时也会对他人残忍。"①

(二) 人类基于自身的美德、情感等因素而同情动物

古罗马哲学家波菲利(Porphyry)认为素食是美德的一部分,人类不能为了自己的利益而杀害动物,而应该用慈善的心态培养与动物的亲近感,减少对动物的暴力倾向。古希腊哲学家苏格拉底认为"善"是最高的美德,基于对"善"的真谛的追求,他主张善待动物。英国学者普来麦特(Primatt)在《论仁慈的义务和残酷对待野生动物的罪孽》论作中指出,作为上帝的作品,所有的创造物都应获得人道的待遇。既然施加痛苦是罪恶,那么对任何一种生命形式的物体施加痛苦的行为都是"无信神"的和不忠诚的②。法国启蒙哲学家和文学家卢梭认为同情心是人类所具有的"唯一的自然美德",它包括对动物的感情,"经历过苦难越多的动物,对那些受苦的动物越有切身之感"。美国作家、自然主义者和哲学家梭罗(Thoreau)认为人类的同情心不应该在科学的诱使下变得狭隘起来,人类应保持宽广的仁慈之心,"慈善是人类能够获得赞许的唯一美德"。施韦泽认为,同情动物是真正人道的"天然"要素,人类必须要做到的敬畏生命本身就包括爱、奉献、同情、同乐、共同追求等所能想象的德行③。

二、动物同情论的伦理基础

在西方,从伦理逻辑上对动物同情论进行系统论证和阐述的,主要有以下两个方面的理论。

(一) 休谟的"移情"理论

大部分动物与人一样,是具有意识、能感受快乐和痛苦,并能作出选择的自主的生命,这种相似性使得人能够轻易地把人与人之间所具有的同情等情感移植到动物身上。从理论上提出这一思想并加以论证的是苏格兰哲

---

① 辛格,雷根.动物权利与人类义务[M].曾建平,代峰,译.北京:北京大学出版社,2010:25.
② 杨冠政.环境伦理学概论[M].北京:清华大学出版社,2013:66.
③ 顾为望,于娟.国内外动物福利的比较与伦理学思考[J].实验动物与比较医学,2008(4):199-203.

学家休谟(Hume),他运用类比推理和溯因推理法,通过比较人与动物在行为和生理机能方面的相似性,断定动物尤其是高等动物拥有与人类似的情感和体验,他还论证了人能通过自己的感受来分享动物的情感,就像人能分享其他人的情感一样,这就是"移情"机能。这种机能不仅仅是人性的一个核心部分,而且还是很多其他动物与人共同享有的一种能力,只不过在其他动物那里它不那么发达罢了。在休谟看来,"移情"机能是因人与人之间观念的"相似性"而确立的联系,基于此,他进一步论证了一个人如果认为另一个人与自己在身体特征、人格、性情、信念、价值、情绪、环境等方面的"相似性"数量越多、程度越大,那么在其他条件相同的情况下,这个人就会更加地同情另一个人。这种理论可用来解释为什么有时一个人会对他人缺乏同情,这可能是因为这个人觉得他人与自己不具有"相似性"。但需要注意的是,如果一个人不同情另一个人,这并不能一定说明另一个人与这个人之间不存在一些重要的"相似性"。可能的原因:一是因为自利、蔑视、恐惧、仇恨等情绪经常会影响一个人的观察和判断,使这个人看不到自己与另一个人之间实际存在着的"相似性";二是因为这个人害怕自己如果认识到与另一个人存在"相似性"就会产生某些不愉快的情绪,从而有意地漠视这些"相似性"以压抑自己的同情。

依据休谟的"移情"理论,由于动物尤其是一些高等动物与人类在生理结构、行为习惯、情感表达等上不同程度地存在着"相似性",因而他们之间可以产生"移情"机能,除非人类受到自利、恐惧、蔑视等因素的驱使,主动地漠视两者之间具有的相似性而压制自己的同情。休谟认为,同情心是人类道德的基础,是可以延伸到动物身上去的。他说:我们"有义务按人道法则文雅地使用这些动物",这表达了当时一种相当普遍的情绪[①]。

(二) 达尔文的道德进化理论

1859年出版的《物种起源》一书标志着达尔文生物进化论的确立,其核心是自然选择学说,"让最适者生存,让比较不适者灭亡"[②]。在1871年出版的《人类的由来》一书中,达尔文指出"人和其他动物是来自一个共同的祖系

[①] 辛格.动物解放[M].祖述宪,译.青岛:青岛出版社,2004:185.
[②] 达尔文.物种起源[M].周建人,等译.北京:商务印书馆,2009:214.

的",也就是说,人类只是动物中的一个成员,是由动物进化而来的,与其他动物尤其是类人猿在生物学上没有本质区别,正如米德格雷(Midgley)所说:"我们不只是像动物,我们就是动物。"①应当看到,达尔文的生物进化论在阐明人类生物优越性和自然主体地位的同时,也强调了人类与动物的同源关系,这为人类同情动物、关爱动物提供了生物学依据。特别指出的是,在《人类的由来》中达尔文还将生物进化的观点运用到人类的认识和道德中,提出"真正的人道"这一概念,认为它是人类同情心日益拓展的附产物,并可以扩大到一切有知觉的生物。这一观点被学术界称为"道德进化论"。达尔文还指出,一个社会的文明程度越高,人们的道德视野就越宽广,"真正的人道"概念就越普及。他认为,正是由于人类和动物之间具有这种道德上的进化关系,因此,良心、同情心等道德情感可以从自保、母爱、性爱等动物的"似道德"行为中找到根源。

三、动物同情论思想评析

动物同情论思想是人类针对虐待、残杀动物现象,将人与人之间的同情心转移到动物身上的一种动物保护思想,它是伴随着动物工具论思想的发展而发展的。可以说,在西方动物伦理思想发展的每一个阶段,两种思想基本上是相互交织的,甚至是在同一个学者身上同时存在着这两种思想。比如,阿奎那是典型的动物工具论者,认为动物是神创造的供人类使用的工具,人们杀死它们或任意处置它们都没有过错。但他同时也说到,基督教的教义看起来是禁止我们残忍地对待动物,如果人们对动物残忍或伤害动物,那么就可能将这种思维转移到他人身上或者对他人造成现实的伤害。又比如,康德一直秉持理性优越论,宣称人类对动物没有任何直接的义务,但他也曾说过,对动物的仁慈情感可以由此及彼地推广到人类身上。时至今日,随着人类文明程度的提高和人们动物伦理意识的增强,动物同情论的思想逐渐地得到了人们的普遍认可和接受,当然这种同情心还只是一种"杀戮之上的同情"。

动物同情论尽管算是一种人类对待动物最低程度的道德义务,其进步意

---

① Midgley M. Beast and man: the roots of human nature[M]. Ithaca, N. Y.: Cornell University Press,1978:13.

义在于:承认人类负有仁慈对待动物而不是残忍对待动物的义务,把人类的同情心扩展到动物,指向了动物本身,这对克服物种歧视主义偏见起到了一定的推动作用。此外,动物同情论为我们提供了一个判断人类对待动物行为正确或错误的最起码的道德标准,如果一个人带着同情心、仁慈对待动物,让动物摆脱困境或减少动物痛苦,那么他的行为就是正确的;如果一个人不带任何同情心,残忍对待动物、增加动物痛苦,那么他的行为就是错误的。但同时,值得注意的是,我们不能把对人的道德判断与人对待动物行为的正确与否混为一谈,一个行为是仁慈的,但不一定会产生好的结果,那么这个行为就不一定是正确的;一个行为是残忍的,但不一定就会产生坏的结果,那么这个行为就不一定是错误的。如果我们仅从行为的动机而不顾行为产生的结果来判断一个行为的合理性,有时会缺乏公平性甚至会闹出笑柄的。比如,我国儿童故事中东郭先生与狼、农夫与蛇的故事,说的都是这样的道理。

第三节 动物福利论

动物福利论是现代西方动物保护理论的两大派别之一(另一派别是广义的动物权利论,包括动物解放论、强势和弱势动物权利论等),从本质上看,动物福利是一种以合理、仁慈、人道地利用和对待动物为追求的人的道德性义务,即人类把道德关怀的范围突破自身扩展到动物的一种新型道德形态[1]。动物福利论因其"温和性"和"实用性"而被广为接受。

一、动物福利的概念综述

"福利"一词在英文中的含义主要有:health, happiness, and good fortune, well-being 等,在汉语中的解释是:(1)生活上的利益;(2)使生活上得到利益[2]。

---

[1] 杨朝霞.论动物福利立法的限度及其定位:兼谈动物福利立法中动物的法律地位[J].西南政法大学学报,2009(3):3-11.
[2] 中国社会科学院语言研究所词典编辑室.现代汉语词典[M].5版.北京:商务印书馆,2005:422.

在西方,第一次提出动物福利的是有"动物福利之父"之称的 C. W. 休姆(C. W. Hume),他在 1926 年建立了伦敦大学动物福利协会(后改名为动物福利大学联盟)。近现代以来,尽管有关动物福利的法律和著作不断涌现,但目前尚没有形成一个普遍公认的"动物福利"定义,其内涵也是不断变化的,比较有代表性的观点有:美国人休斯(Hughes)将动物福利定义为"动物与其环境协调一致的精神和生理完全健康的状态"[①];考林·斯伯丁认为动物福利是一种康乐状态,在此状态下,至少基本需要得到满足,而痛苦被减至最小。英国动物学教授道金斯(Dawkins)认为动物福利是指动物的健康状况和是否得到它们想要的东西[②]。西北政法大学孙江等学者认为,动物福利包括身体和心理两个方面:一是动物应享有身体健康,避免遭受饥渴、苦寒、病痛、过度劳作等体力上的折磨;二是动物应享有心理健康,避免遭受精神上的折磨和创伤。尽管学者们对动物福利概念及内涵阐述角度不同,但主要目的基本是一致的:一方面,从人本主义出发,认为通过改善动物的生理和精神状态可以让动物更好地为人类所利用;另一方面,从人道主义出发,认为通过改善动物的生理和精神状态可以最大程度地减少动物遭受的不必要的痛苦。[③]

二、不同种类动物的福利内容

根据动物福利的内涵,人类对于那些其生存状况与人类活动直接相关的动物,必须关心和照顾它们的生活,满足它们的基本需要。按照国际上通用的标准,人类应考虑其福利的对象主要包括农场类、伴侣类、役用类、实验类、观赏娱乐类和野生动物等。福利的内容主要是满足动物两个方面的基本需要。一方面是积极需要,包括足够的食物、干净的饮用水、适宜的居住环境、宽敞的活动空间、一些特殊的需要和刺激(如攀爬设施、泥土、产蛋箱、用于栖息的木块等)以及能有机会与其他动物适当地接触;另一方面是消极

---

① Radford M. Animal welfare law in Britain: regulation and responsibility[M]. Oxford; New York: Oxford University Press, 2001: 264.

② Broom D M. Animal welfare: the concept of the issues[M]// Attitudes to Animals: view in animal welfare. London: Cambridge University Press, 1999: 129-142.

③ Preece R, Chamberlain L. Animal welfare & human values[M]. Waterloo: Wilfrid Laurier University Press, 1999: 334.

需要,包括有不受虐待和伤害、不受恐吓和刺激、免遭不必要的痛苦、免遭食肉动物和寄生虫侵害等。[1] 满足动物需要、保护动物利益既需要通过立法手段来保障,也需要饲养人员发挥人道主义精神自觉为之。

从动物福利发展的理论来看,学者们关注较多的是农场动物和实验动物福利问题。对农场动物,目前普遍认可的福利内容是考林·斯伯丁的"五大自由"原则,包括免于饥渴、享有适宜环境、免于遭受痛苦伤害和疾病折磨、表达正常习性、免于恐惧等。对实验动物,目前普遍认可的福利内容是由英国动物学家威廉姆·路塞尔(William Russell)和微生物学家雷克斯·布奇(Rex Burch)于1959年提出的3R原则,即减少(Reduction)、替代(Replacement)、优化(Refinement)三原则。减少原则是指在科学实验中尽可能地少使用动物而达到所需要或设想的实验目的;替代原则是指在科学实验中使用其他没有知觉的材料(物品)代替动物,或者是以其他不需使用动物的实验方法代替需使用动物的实验方法;优化原则是指如必须使用动物进行科学实验时,可通过优化实验方法和程序尽量减轻给动物造成的痛苦。替代、减少、优化三个原则是彼此独立而又相互联系的,目的是人类更好地利用和合理保护动物。当然,3R原则的应用,是以不影响实验结果可靠性和准确性为前提的,否则,3R原则就失去了它的价值和意义。

从动物福利发展的实践来看,在西方动物福利运动的早期,动物福利的内容主要是反对虐待动物等行为,后来发展到满足动物的基本生理需要和精神康乐。目前国际上尚没有统一的动物福利标准,一个国家或地区对哪些动物立法、包括哪些福利内容取决于一定历史条件下的经济发展、科技水平、文化传统等因素。不同国家和地区的标准既有相似之处,也有各自不同的特点。例如,美国1966年制定的第一部《实验动物福利法案》,关注的是有人用丢失的宠物(主要是猫和狗等)做实验问题,1970年又修改了这个法案,将动物的范围扩大到所有恒温动物,1985年再次修订这个法案时,更强调进行实验时减少或代替使用动物以及提升灵长目动物的心理康乐[2]。

---

[1] 莽萍.动物福利与动物伦理[J].肉品卫生,2005(11):34-38.
[2] Cowan T. The animal welfare act: background and selected legislation[J]. Congress research service,2013(12):4.

三、动物福利论的伦理基础

关于动物福利论的伦理基础,西方有的学者认为是动物能感受苦乐,有的学者认为是动物具有内在价值,等等,但从严格意义上专门论述动物福利论伦理基础的并不多见。作者认为,动物福利论的伦理依据主要是动物具有外在价值(或称工具价值)和内在价值,具体来说就是,人类基于动物所具有的外在价值,可以适度地利用动物;同时需考虑到动物自身独立的内在价值,在利用时采取措施保障动物的基本生理需求和精神康乐。

(一) 外在价值(工具价值)

一个存在物的外在价值(或工具价值)是指其相对于其他存在物有用的功能。参考罗尔斯顿关于自然价值的观点,对人类而言,动物的外在价值或工具价值至少包括以下几个方面:(1)经济价值。动物可以为人类用来作食物、药材、衣着原料、劳动工具等,因而具有丰富的经济价值。(2)生命支撑价值。人和动物是生态系统中的生命共同体,人处于食物链中的最顶端,人的生存离不开动物,需要动物提供生命支撑。(3)消遣价值。人通过观赏动物园、海洋馆的动物或观看各种各样的动物表演而获得休闲、娱乐,通过养宠物陪伴自己来摆脱孤独,获得精神上的慰藉,甚至帮助自己走出人生的低谷。(4)科学价值。主要体现在用动物进行科学实验获取数据,帮助人类认识生命的本质、认识自己;或者用动物试用新药来检验药物效果、观察不良反应,以用于人类临床医疗、保证人类用药安全。特别是随着生命科学、生物技术的快速发展,动物的科学价值会日益凸显。(5)审美价值。动物的种类繁多、形态各异,在大自然中、在人们生活中,动物的美无处不在,能给人带来直接的感官享受和审美情趣。(6)基因多样性价值。地球生态圈中包含着丰富的生物基因种类,动物是其中的重要组成部分,动物的多样性丰富了基因的多样性,对保护生物多样性、维持生态系统平衡具有重要的意义和价值。

(二) 内在价值

在西方,内在价值这个概念的含义比较广泛,通常是在四种不同的意义上使用:一是给主体带来直接愉悦感受的内在价值;二是因内在属性而拥有的内在价值;三是独立于评价者的主观评价的内在价值;四是作为目的的内在价值。这里讲的动物内在价值是第二种意义上的内在价值,即因动物本身的内在属性而具有的内在价值,通常指的是动物作为道德主体所被赋予的感受生活体验的能力,主要表现在以下三个方面:(1)动物具有感受痛苦能力。从外在特征上看,判断人感到痛苦的所有特征在其他物种特别是与人类较近的哺乳类、禽鸟类动物等物种身上都能看到。从物理结构上看,哺乳动物痛觉系统与人的痛觉系统非常相似。不仅如此,实验证明,一些动物在某些方面的感觉能力甚至比人还要敏锐,比如,某些鸟类在视觉上很敏锐,多数野生动物在听觉上很敏锐,还有一些动物在触觉上很敏锐,这可能因为在某种恶劣的环境下它们必须依赖敏锐的感觉才能生存下来。达尔文在《人类的由来》第三章中将人类与低等动物的心理能力加以比较,得出结论:我们已经知道,人的各种感觉、情绪和才能,例如爱心、记忆、注意力和好奇心、模仿、推理等,在低于人的动物身上都可以找到,有的只是一些苗头,有的甚至已经很发达[1]。(2)动物具有应激反应能力。对动物而言,当外界胁迫性刺激作用于动物时,动物通过神经内分泌调节来抵御并进行全身适性反应,以达到一个新的相对平衡的状态,从而能够发挥机体的正常功能。这种胁迫性刺激在对动物机体造成损害的同时,一定程度上也有助于增强动物的适应能力和生产性能,只要这种刺激不超过动物当时生理状况所能适应的限度。一旦这种刺激由于作用时间长、频率高、强度大而超过了动物的适应限度,就会引起动物在生理上、行为上的剧烈变化,进而影响到其健康状况、生产状况和抵抗疾病的能力,严重的则会产生急性应激综合征,从而出现休克甚至猝死现象。比如,在畜牧业生产中,常见的刺激因素包括物理性(如过热、过冷、噪声等)、化学性(如硫化氢、二氧化碳、氨等有毒有害气体)、饲养性(如过饿或过饱、营养不均衡、没有足够的饮水或水质不卫生或水温过低过高等)、生产性(如更换饲养员、转群、断奶、饲养密度过大等)、外伤性(如打耳号、去势、断尾等)、心理性(如恐吓、粗暴对待等)、运输性(如装卸动作过大过猛、运输笼子狭小、缺水、暴晒等)、治疗性(如注射疫苗、消毒等),这些刺激因素可能会使动物感到痛苦、躁动不安、情绪低落甚至行为异

---

[1] 达尔文.人类的由来[M].潘光旦,胡寿文,译.北京:商务印书馆,2009:97-141.

常,从而影响动物的消化功能、神经的兴奋性、肌肉的协调性,导致动物的生产力和繁殖力降低、生长缓慢、抵抗力减弱、肉品品质下降等。(3)动物具有认知和评价能力。根据科学实验,有些高等生物会产生记忆、意识甚至会表现出某种情感,在人的帮助下还有使用简单语言的能力。比如,英国剑桥巴伯拉翰研究所的科学家研究发现,羊有惊人的记忆力,它们在第一次见面后至少2年内可以辨认出另外50只羊,甚至会对幻灯片中的羊具有辨别能力。又如,科学家在某科学节上通过试验证明猪也有记忆和思维能力,可以猜到其他猪的想法,并能以智取胜:有一头较为强壮的猪,不知道食物藏在哪里,就跟随另一个信息灵通但较为弱小的猪去找饲料槽,这时弱小的猪会采取干扰行为,不让强壮且霸道的猪轻易地猜到食物的位置,只有在不被强壮的猪监视的情况下,才会跑到藏食物的地方偷偷吃[①]。关于动物评价能力,罗尔斯顿在《自认的价值与价值的本质》一文中提出生物"能进行评价"这个概念,认为评价者一般是能够捍卫某种价值的实体,地球上的动物等生命实体可以通过不同的选择捍卫自己的价值,并培养出"能进行评价"的能力。

四、动物福利论思想评析

相对于动物工具论、动物同情论,动物福利论尽管已将动物作为人类道德关怀的对象,但在伦理观上还是承袭了人类中心主义的观点,主张在保证人类利益的同时,通过改善动物的生理和精神状态,尽可能地减少动物遭受的不必要的痛苦,并按照自己的天性成长生活,达到人道、正义地利用动物的目的,本质上是一种温和的、改良主义的动物保护理论。我们可以从下面两个方面更好地理解动物福利论思想。

从发展过程来看,动物福利论是人类中心主义动物伦理思想向非人类中心主义动物伦理思想过渡的动物伦理理论。人类中心主义动物伦理思想的典型特征是认为,人具有理性思维,因而优越于动物,可以利用动物,而动物是为人类而存在的,没有道德地位,人类对动物不负有直接的道德义务,与其中的动物工具论、动物同情论相比,动物福利论除了要求不虐待动物、

---

① 比尔梅林.动物有意识吗?[M].马怀琪,陈琦,译.北京:北京理工大学出版社,2004:288-289.

不给动物施加不必要的痛苦外,还要求尽量满足动物的生理和心理需求。而非人类中心主义动物伦理思想的典型特征是认为动物与人一样拥有感受苦乐的能力,拥有自己的利益,人类应赋予动物平等的道德地位,对动物负有直接的道德义务。将动物福利论与其代表性的动物权利论相比,在激进的动物权利论者看来,动物福利论虽要求人们以人道的方式对待动物,但它对剥削动物的制度所做的改良不能彻底改变动物的悲惨命运。动物福利论认为为了人类的利益可以牺牲动物的利益,而动物权利论认为不能为了人类的利益而践踏动物享有的基本权利。在温和的动物权利者看来,动物福利论是动物权利论的过渡理论,只有逐步改善动物的福利,才可能最终实现动物的权利。

从实际应用来看,动物福利论是理想诉求与现实需要结合最佳的动物伦理理论。一方面,动物同情论虽然已经取得了广泛的共识,实现起来也比较容易,但它毕竟是对人类对待动物的最低道德要求,与动物保护者们的理想诉求相差甚远;另一方面,动物权利论要求完全废除对动物的利用和压榨,这种理想诉求与现实的差距太大,实现起来也是遥遥无期,成为目前来说可望而不可即的奢求。相对于这两者而言,在目前现实情况下,动物福利论实现了理想诉求和现实需要的最佳结合,成为一种较为温和、实用的动物伦理理论,因而也被广泛地接受并在实践中加以运用。目前世界上有100多个国家和地区制定了内容广泛的动物福利法,这些动物福利法尽管对动物保护的范围和程度不同,但其基本宗旨主要是保护动物的生命和福利,无正当理由不得伤害动物,避免给动物带来不必要的痛苦。

第四节 人类中心主义动物伦理思想的生态解析

前面所述的动物工具论、动物同情论和动物福利论都属于人类中心主义的动物伦理思想,其共同特征是把人作为地球生态系统的主体,把动物作为人类可以利用的资源来看待,只是利用和对待的方式及态度有所不同。

如何从生态学和生命共同体的角度对人类中心主义动物伦理思想进行解析？这种思想会对生态环境造成怎么样的影响？本节就此作一简要阐述。

一、人类中心主义动物伦理思想的生态合理性和局限性

通过生态位、生态链、生态系统等角度的解析，我们可以得出，人类中心主义动物伦理思想的产生发展既有其合理性又存在明显局限性。

（一）人类中心主义动物伦理思想的合理性分析

从生态位来看，生态位是指一个物种在生态系统中占据的特定位置，通常包括空间生态位、营养生态位、超体积生态位（包括基础生态位和实际生态位）。在地球生态系统中，每个物种都有自己的生态位，代表着该物种在生态系统中的位置和功能。一般地，动物物种处于消费者的位置，人作为物种既是消费者也是生产者，两者之间既相互依赖又相互竞争。人类中心主义认为，人类生态位高于动物的生态位主要是由人的生物属性和文化属性决定的。一方面，人作为生物生活在地球上，就必须要维护自身的生存利益，而且会认为自身应该获得比其他物种更高的利益，这不仅是适应外部环境维持生存的需要，也是在生物进化过程中物种优越性的体现；另一方面，人是地球生态系统中唯一具有文化特性的物种，这种文化特性使得人在选择生存环境时，与动物物种单纯依靠感性认识、被动适应外在环境不同，而是主动地、有意识地选择更好维护自身利益的生存环境，这种选择优势通过代代相传，不断地强化人类基因的进化，久而久之，就使人类的生态位理所当然地高于动物物种的生态位。

从生态链来看，地球生态系统中的物种之间在不断地进行着能量流动、物质循环和信息传递，植物和动物之间通过物理、化学、行为等信息实现着能量的有序流动，而人类除了通过这些信息通道外，还会通过人类自身特有的文化信息通道持久地保持和利用能量，以减少能量的消耗和流失。此外，人类通过这种文化信息渠道还学会了如何运用科学技术有效地转化和再转化能量，这就使得人类获取和使用能量的能力成倍地甚至呈几何级数的增长。人类正是凭借这种超强的能量获取能力和自身特有的文化信息渠道，站上地球生态系统的金字塔的顶端，把包括动物在内的自然界作为人类的

资源库加以利用。当然，随着人类认识能力的不断提高，人类也渐渐地意识到动物不仅是人类可以利用的资源库，也应该是人类同情和关怀的对象，善待动物、保护动物基本福利是人类应尽的责任和义务，因而也促进了动物同情论、动物福利论思想的产生和发展。

从生物进化来看，地球上的不同生物在与其生存环境的相互作用过程中不断地进化，只是进化的能力和方式有所不同。人类自诞生之日起就未曾停止过进化的脚步，在漫长的进化过程中，人类不仅肢体在不断地进化，更重要的是大脑也在不断地进化。人类刚刚脱胎于动物时，大脑同其他同类动物并没有多大的区别，但在人类学会使用工具进行劳动、运用语言进行交流之后，大脑进化的步伐就开始加快，人类的认知能力随之不断提高，人类也渐渐地由自然界的弱者进化成为自然界的强者。尤其是近现代以来科学技术的快速发展和实际应用，使得人类征服自然、改造自然的能力大大增强，人类自然而然地就成为地球生态系统的主体。

（二）人类中心主义动物伦理思想的局限性分析

以上几个方面说明了人类中心主义动物伦理思想产生发展的合理性，但都仅是从人类作为物种来说的，如果我们从人与自然生命共同体来看，那么人类中心主义动物伦理思想就存在明显的局限性。

从生物群落演替来看，在地球生态系统中，"每个栖息地的演替过程都朝着一个可辨别的方向，即向一个'顶级'结构，或'最终群落'发展"[①]。假如我们把人类看作地球生态系统的顶级结构，那么包括动物在内的自然界就是承载这个顶级结构的基础，要实现人类社会的可持续发展，就必须保护好这个基础。人类中心主义的动物伦理思想把动物作为人类任意利用的资源库，为了人类的利益可以牺牲动物的利益，甚至可以肆意践踏动物的生命，这对保护自然界生物多样性、维持自然生态系统平衡造成极大的破坏，也将最终摧毁人类这个顶级结构的基础，打破地球生态系统的正常演替。

从生态系统共生原理来看，人类与包括动物在内的自然界是一种相互依存、相互制约的共生关系，这种共生关系，一方面体现为人类来自并从属

---

① 沃斯特.自然的经济体系:生态思想史[M].侯文蕙,译.北京:商务印书馆,1999:245.

于自然界,人类不能脱离自然界而生存,"科学技术的进步充其量不过是缩小、扩展或延伸了人类的生物学特性,却并不能改变或使人类摆脱这一特性"①;另一方面体现为自然界也要受到人类活动的影响和干预,因而人类有义务保护自然界生物多样性,维持自然生态系统平衡。人类如果按照人类中心主义的动物伦理思想,把维护自身的利益建立在牺牲动物利益甚至肆意践踏动物生命的基础上,那么就违背了生态系统的共生原理,也不利于维护地球生命共同体的整体利益。

二、人类中心主义动物伦理思想对生态环境造成的影响分析

由于人类中心主义的动物伦理思想主张动物是人类可以利用的资源,人类为了自身的利益可任意使用动物,甚至可以残杀动物,因此,这种伦理思想对生态环境的影响最集中地表现在对野生动物的捕杀及对其栖息地的破坏上,导致野生动物大量减少甚至灭绝,从而减少自然生态系统的生物多样性,影响人与自然生命共同体的生态平衡。当然,这种利用和影响与时间和空间有关。

按照人类中心主义动物伦理思想的逻辑,野生动物既是自然生态环境的重要组成部分,又是人类可以利用的自然资源,对人类既具有使用价值、生态服务价值、科学价值、教育价值、文化美学价值、娱乐价值、物种生存价值等正价值,同时也具有一定的负价值②。人类对野生动物资源的利用一般可分为利用初期、利用过渡期、保护恢复期和持续利用期。在利用初期,人类主要是狩猎动物,以获得食物和生活资料;在利用过渡期,人类大量地开垦野生动物的栖息地,以满足人口增长的需要,不同种群的野生动物生境互不相连,基因交流无法进行,出现了局部灭绝现象;在保护恢复期,一些国家和地区开始运用行政手段禁止狩猎珍稀和濒危的野生动物;在持续利用期,需要我们加强濒危野生动物保护,控制有害物种和外来物种,促进野生动物与人类社会和谐共存。③ 通常,造成动物物种灭绝的一般原因有物种数量增

---

① 秦谱德,崔晋生,蒲丽萍.生态社会学[M].北京:社会科学文献出版社,2013:69.
② 马建章,程鲲.管理野生动物资源:寻求保护与利用的平衡[J].自然杂志,2008(1):1-5.
③ 蒋志刚.野生动物资源的保护与持续利用[J].自然资源学报,1995(4):332-338.

长、资源短缺、气候变化、垃圾、贫穷、栖息地减少和分裂、入侵物种；次级原因有过度捕猎、掠食者失衡、害虫/疾病、污染、偷猎、非法交易等。① 从中可以看出,绝大部分原因都与人类的活动有关。工业革命以来,由于人们捕杀野生动物的技术和能力不断提高以及工业化、城市化对野生动物生存环境的破坏不断加剧,导致全球范围内的野生动物物种灭绝的速度在加快。据记载,远古时代,在每 1 000 个哺乳动物物种中,每 1 000 年灭绝的不超过 1 个;而在过去的 100 年中,约有 100 种鸟类、哺乳、两栖动物已经灭绝,其速度是前者的 100 倍以上。依据世界自然保护联盟制定的灭绝程度标准估计,目前约有 12%的鸟类、23%的哺乳动物有灭绝的危险,32%的两栖动物面临灭绝的风险。②

---

① 马克苏拉克.生物多样性:保护濒危物种[M].李岳,田琳,等译.北京:科学出版社,2011:14.
② 世界资源研究所.生态系统与人类福祉:生物多样性综合报告[M].北京:中国环境科学出版社,2005:4.

第五章

非人类中心主义动物伦理思想主要流派和生态解析

  在西方数百年的人类中心主义的思想大潮中,有数股力量从理论和实践上推动着人类的道德和伦理信念由人类中心主义逐步向非人类中心主义跨越,工业革命以来日益严峻的环境危机是其中重要的实践力量,它引发了人们对人类中心主义的传统伦理学观念进行反思和批判,在非人类中心主义者看来,环境危机实质上是一种价值观危机。20世纪70年代以来,非人类中心主义的思想开始占据主流,它认为自然具有自身的内在价值,同样具有道德地位,人类对动植物等负有直接的道德义务。非人类中心主义的动物伦理思想代表性流派主要包括动物解放论、强势动物权利论和弱势动物权利论。

第一节 动物解放论

动物解放论的代表人物是辛格,他在 1975 年出版的《动物解放》一书中深刻揭露了人类残忍虐待动物的种种暴行,并以边沁的功利主义为理论基础,以感受快乐和痛苦的能力为伦理依据,详细论述了动物与人一样拥有平等的道德地位,把动物解放作为妇女解放运动、黑人解放运动的拓展,并提出了一系列的实践诉求。

一、理论基础——边沁的功利主义

动物解放论的主要理论基础是边沁的功利主义理论,其思想内涵可概括为"两个原理"和"两个原则"。

(一) 苦乐原理

苦乐原理是边沁功利主义思想的重要基石。在其代表作《道德与立法原理导论》一书的开篇,边沁就声称:自然把人类置于两位主公——快乐和痛苦——的主宰之下。他认为,所有的人都由快乐和痛苦主宰着,都有趋乐避苦的天性,判断一种行为是否合理,关键看它是否增加了人的快乐或幸福。边沁从感觉经验出发,对快乐和痛苦进行了分类和计算。他把快乐和痛苦分成简单的和复杂的两类,简单的快乐包括感官之乐、财富之乐、技能之乐、和睦之乐、名誉之乐、权势之乐、虔诚之乐、仁慈之乐、作恶之乐、回忆之乐、想象之乐、期望之乐、基于联系之乐、解脱之乐等 14 种类型;简单的痛苦包括匮乏之苦、感官之苦、棘手之苦、敌意之苦、恶名之苦、虔诚之苦、仁慈之苦、作恶之苦、回忆之苦、想象之苦、期望之苦、基于联系之苦等12种类型。复杂的快乐和痛苦是由数种简单的快乐和痛苦汇合而成,复杂的快乐是简单的快乐在数量上的扩大,它们之间并没有本质上的区别。边沁认为快乐和痛苦的来源通常有自然的、政治的、道德的、宗教的,而且每一种来源的快乐和痛苦都能对法律和行为规则产生约束力。快乐和痛苦可以有不同的来源,它们在性质上都是相同的,只有数量上的不同,正因为如此,它们可以进行比较和估算。边沁还提出了强度、持续性、确定性、快速性等四个方面衡量一个行为带来的快乐和痛苦大小的标准,由此他也论证了道德的本质在于趋乐避苦。

(二) 功利原理

在边沁看来,功利原理是指"按照看来势必增大或减小利益有关者之幸福的倾向,来赞成或非难任何一项行动"[①]。在快乐功利主义者看来,功利指的是快乐,认为快乐是内在的善,而痛苦是内在的恶,一种行为如能带来快乐就是道德的,如带来的是痛苦就是不道德的。在偏好功利主义者看来,功利指的是偏好的满足,这种满足不仅指物质层面的感观满足,也指精神层面的心灵满足。但在边沁看来,功利不仅是指个人的功利,也是指社会的功利;不仅是个人对自身利益的追求,也是对社会利益的追求。边沁认为,快乐不仅是指当事者个人的利益和幸福,也是指社会最大多数人的利益和幸福,这也是他的功利原理超越作为其理论基础的快乐主义学说的地方。

(三) 最大幸福原则

边沁在阐述功利原理的时候,发觉"功利"这个名称有诸多不便之处,一方面,它不能清晰地表达快乐和痛苦的概念;另一方面,它不考虑受到影响的利益的数量,而这两点却是边沁功利原理的核心内容。正因为这种表达上的缺失,边沁考虑换一种提法,先是提出了"最大多数人"一词,可是,这个概念可能比"功利"还要模糊,容易给人们的理解造成一定的困难和混乱,后来又将之改为"最大幸福",在其第一部著作《政府片论》中提出最大幸福原则:"最大多数的最大幸福是衡量一个行为正确或错误的标准",也就是说最

---

① 边沁.道德与立法原理导论[M].时殷弘,译.北京:商务印书馆,2000:58.

大幸福是包含最大多数人在内的社会利益、社会幸福。边沁还提出从一个行为带来的快乐的增殖性、纯粹性和广泛性等三个方面来衡量最大幸福。在论及个人利益与社会利益、个人幸福与社会幸福的关系时,边沁认为它们本质上是相同的,后者只是前者数量上的简单累加,而忽视了它们之间可能存在的内在冲突。

(四) 平等原则

边沁指出,"每个人只能算一个,没有人可以算一个以上",也就是说,每一个人的利益同等重要,应平等地关心每一个人的利益,这是平等原则的基本要求。因此,在判断一个行为是否合理时,我们不但要考虑到受该行为影响的每一个人的利益,而且要平等地看待每一个人的相似的利益。由于边沁的功利主义是一种典型的目的论和效果论,这里说的平等只是在计算一个行为功利的时候才加以考虑,有时会造成事实上的不平等,"功利主义对社会普遍福利的关注有时会与对个人的公正观念发生冲突"①。尽管如此,正如雷根所评价的那样:"功利主义之所以具有持久的吸引力,部分原因在于它毫不妥协的平等主义;每个人的偏好都应该像任何别人的偏好一样被同等考虑。"②

边沁的功利主义理论对辛格的动物解放论思想产生了直接而深刻的影响,主要表现在以下几个方面:一是辛格基本承袭了功利主义的苦乐原理,将有感受快乐和痛苦的能力作为拥有道德地位的依据,一个存在物是否应纳入道德关怀的范围,不是取决于它是否具有理性,而取决于它是否具有感受苦乐的能力。二是辛格把功利主义的平等原则作为贯穿其动物解放论思想的基本原则,平等地考虑人和动物的利益。三是辛格从偏好功利主义的立场出发,尽可能地考虑到所有利益相关者的偏好,而不是简单地追求快乐最大化、痛苦最小化。

二、动物解放论的基本观点

要全面准确地理解辛格的动物解放论,需从以下三个方面把握其主要

---

① 拉斐尔.道德哲学[M].邱仁宗,译.沈阳:辽宁教育出版社,1998:86.
② 雷根,科亨.动物权利论争[M].杨通进,江娅,译.北京:中国政法大学出版社,2005:91-92.

内涵。

(一) 动物能感受痛苦,因此应该得到道德关怀

辛格承袭了边沁功利主义理论的观点,从是否具有感受快乐和痛苦的能力出发来论证动物是否拥有道德地位,是否应得到道德关怀。根据功利主义的功利原理和平等原则,每一个具有感受快乐和痛苦能力的人,都有趋乐避苦的利益,这种利益必须得到平等的关心和对待。据此,辛格把一个存在物具有感受快乐和痛苦的能力作为其拥有道德地位、获得道德关怀的充分必要条件,如果我们能证明动物与人一样,也具有感受快乐和痛苦的能力,那么我们对动物也应该给予平等的道德考虑,增加它们的快乐,减少它们的痛苦。对于人来说,由于有着直接的感觉体验,因此说人具有感受快乐和痛苦的能力是理所当然的;但对于动物来说,由于人无法直接从自身的体验中判断动物是否具有这种感受能力,那么怎么来证明动物具有与人相似的感受快乐和痛苦的能力呢?

对此,辛格从三个方面进行了推导证明:一是从疼痛的形成原理来看,辛格认为,疼痛是外在作用力通过神经反射形成的一种内在意识状态的感受,外在作用力是这种内在感受产生的直接原因,而这种内在感受又通过一定的外部反应表现出来,因此,我们可以通过观察人与动物的外在反应来判断他们是否有相似的疼痛感受。根据通常的观察,人在感到疼痛时所表现出来的呻吟、喊叫、翻滚、面部抽动以及害怕疼痛可能重复等所有的外部反应,几乎都可以在动物特别是与人类最接近的哺乳类和鸟类动物见到,据此,我们可以推断动物也是能够感受到疼痛的。辛格认为这种推论是完全合情合理的,就像我们通过观察其他人在疼痛时所表现的行为,判断他们能感受疼痛一样。二是从生物的进化过程来看,动物的神经系统和人类的一样都是经过进化而来的,一些动物特别是哺乳类和鸟类动物具有与人类相似的神经系统。当它们处于人可能感觉到的疼痛的状态下时,其神经系统就会出现与人相似的生理反应,比如瞳孔放大、心跳加速、身体出汗等等。据此辛格推断,动物特别是哺乳类和鸟类动物也具有感受快乐和痛苦的能力。他指出:具有共同起源和进化功能、生理上相似的神经系统,在相似的环境下出现相似的行为模式,但在主观感觉层面上所起的实际作用却完全

不同,这无疑是不可理喻的①。三是从语言与感受痛苦能力的关系来看,辛格认为,两者之间没有必然的联系,能否会说话与动物应受的待遇毫不相干,不能因为动物不会说话就对它们具有感受痛苦的能力产生怀疑。从哲学上看,维特根斯坦(Wittgenstein)坚持认为,把意识状态作为不会说话动物的属性是没有意义的,对抽象思维而言,语言或许是必不可少的,但疼痛是一种相当原始的感觉,它与语言毫不相干。从逻辑上看,能证明动物具有感受痛苦能力的最佳证据是它们会说"我感到疼痛",但这种论证方式也存在问题,一方面,会说"我感到疼痛"是判断说话者具有感受痛苦能力的一个可能但并不是唯一的证据,当说话者说谎的时候,甚至不能作为证据;另一方面,不会说话并不代表不具有感受痛苦的能力,比如,一岁的婴儿不会说话,但我们能否认他会感受痛苦吗?这说明,语言不可能是判断人或动物具有感受痛苦能力的决定性因素。

总体而言,无论是从疼痛形成的原理、生物的进化过程,还是从语言与感受能力的关系来看,辛格认为我们都没有充足的理由否认动物能感受痛苦,也就是说,动物具有与人相似的感受痛苦的能力,因此,我们必须把动物纳入道德考虑范围,给予相应的道德地位和道德关怀。

(二) 追求道德上的平等而不是事实上的平等

平等原则是边沁功利主义论的两大支柱之一(另一支柱是功利原理),也可以说是动物解放论的两大支柱之一。辛格主张:"我们应当把大多数人都承认的那种适用于我们这个物种的所有人的平等的基本准则扩展到其他物种身上"②。在他看来,由于动物具有感受快乐和痛苦的能力,因此应把它们纳入人类的道德关怀范围,平等地关心和对待每一个动物的利益。但辛格所说的平等指的是出于道德考虑的平等,而不是忽略事实差别的平等,这是准确理解动物解放论平等原则的关键所在。从实际来看,人与动物不仅在外形上存在着差别,而且在内在价值上也存在很大的差别,这些差别是人与动物拥有不同道德权利的事实基础。"把平等的基本原则从一个群体推

---

① 辛格.动物解放[M].祖述宪,译.青岛:青岛出版社,2004:12.
② Singer P. All animal is equal[M]// Pojman L P, Bartlett J. Environmental ethics: readings in theory and application. Publisher,Inc,1994:34.

广到另一个群体,并不意味着我们必须用一模一样的方式对待这两个群体,或者赋予两个群体完全相同的权利。"①辛格以选举权为例,具有正常民事行为能力的人既有选举权,也有被选举权,而动物不可能行使这样的权利,也无法赋予其这样的权利,这种事实上的区别对待从表面上看造成了人和动物的不公平对待,但在他看来,这种事实上的区别对待反倒是符合道德逻辑的,并不会伤及动物的尊严,也不会弱化其内在价值,因此,他并不提倡为追求平等而把人的投票权生硬地赋予动物,这在实际中也是难以行得通的。辛格还认为,不仅是人与动物之间存在这种事实上的区别对待,就是人与人之间也存在这种事实上的差别。比如说,男人和女人都属于人类,但男人是不可能怀孕的,因而也不存在堕胎问题,因此,讨论男人是否有怀孕、堕胎的权利就显得毫无意义。简而言之,"如果平等的要求是基于所有人的事实上的平等,那么我们将不得不停止平等的要求了。很显然,这是一种不合理的要求"②。

(三) 消除物种歧视须发挥利他主义精神

辛格指出,《动物解放》一书的核心在于这样一种主张,这种主张认为,仅仅是因为物种不同而歧视那些生命,这种歧视如同种族歧视一样,也是一种不道德的、无可辩护的偏见。他指出,要想解放动物就必须消除物种歧视。辛格论述了物种歧视的两种表现:一种是认为动物遭受的痛苦没有人遭受的痛苦重要。他举例说,在一匹马和一个婴儿的屁股上用相同的力气各打一巴掌,由于马的皮肤比较厚,因此它可能感觉不到太大的疼痛;但由于婴儿的皮肤比较嫩,也比较敏感,因此它就会觉得疼痛,甚至疼得大哭,这说明打在婴儿身上带来的后果比打在马身上的后果严重得多,因此,我们不能用打马儿的力气来打婴儿,换句话说,婴儿遭受的痛苦要比马遭受的痛苦更重要。这是一种常见的物种歧视。还有一种是认为,如果我们把对动物残忍将导致对人残忍作为人应该同情动物的理由,那么这也是一种典型的物种歧视。如果一个动物具有感受快乐和痛苦的能力,我们就应当平等地

---

① 辛格.动物解放[M].祖述宪,译.青岛:青岛出版社,2004:3.
② Singer P. All animal is equal[M]// Pojman L P, Bartlett J. Environmental ethics: readings in theory and application. Publisher,Inc,1994:34.

考虑它的利益,把它纳入道德关怀范围,但如果这么做是为了人能从中受益,那就等于承认动物的利益本身是不值得考虑的。

辛格认为,消除物种歧视、解放动物的理由在逻辑上是令人信服的,但要在实践中真正做到则任重道远。一方面,物种歧视有深远的历史根源,在西方社会意识里根深蒂固;另一方面,这样做会威胁到农业企业、研究人员和兽医等专业社团的既得利益。他指出,与其他解放运动相比,动物解放运动要求人类具有更大的利他主义精神,因为动物无法提出解放自我的要求,也没有能力行使自己的权利,运用投票、示威、抵制等手段表达对自身状况的不满等;而人类却有智慧和力量继续压迫其他物种。我们应当承认人类的立场在道德上是站不住脚的,发挥利他主义精神,结束对其他物种的无情剥夺。

三、动物解放论的实践诉求

辛格不仅是一位杰出的哲学家,依靠理性的论证建构了动物伦理学的道德图式,被认为是现代动物权利运动的理论奠基者,他还是一位具有强烈现实关怀的理想主义者,无情地揭露了人类虐待、残害动物的种种令人发指的现象,把保护动物的要求纳入到动物伦理学的范畴,提出了一系列动物解放的目标和诉求。

(一) 反对把动物作为实验研究的工具

辛格在《动物解放》一书中用整整一章的篇幅论述动物实验问题,列举了大量骇人听闻的动物实验,包括军方和非军方的,比如:灵长类动物平衡平台实验、猴子放射线照射或毒气实验、比格犬毒药实验、黑猩猩隔离实验,还有成千上万的心理学实验等等。这些动物实验采用的方法非常的残酷,导致无数可爱的生灵在实验中痛苦挣扎,直到悲惨地死去。辛格通过观察发现,许多实验给动物肉体上和精神上造成了极大的痛苦,但是除了浪费纳税人的钱之外,并没有给人类带来好处,大多数的动物实验是没有意义的,相似的实验在无休止地重复,有的动物实验研究进行了几十年,却被最终证明毫无意义,那些心理学实验除了引起动物痛苦之外,并不能给人类提供真正重要的知识,很多为了开发药品进行的动物实验对改善我们的健康没有什么益处。辛格认为，人类对利用动物开展实验研究在心理上其实是矛盾的：如果我们承认人与动物在生理结构、行为特征、情绪感觉等方面有所区别，那么就没有必要去进行动物实验，因为实验得出的结论对人类来说没有意义；如果我们承认人与动物在生理结构、行为特征、情绪感觉等方面是相似的，那么那些不能在人身上进行的实验，也就没有理由在动物身上进行，因为这是不人道的行为。如果是这样，这些事情（残暴的动物实验）怎么会发生呢？"答案在于我们接受了物种歧视，而且毫不怀疑。我们容忍残酷地虐待其他种类动物，如果用同样方式虐待人类的一员，就会激起我们的义愤。物种歧视使研究人员把非人类动物视作实验用的设备和工具，而不是活生生的、能感受痛苦的生命。""除了普遍存在于研究人员和社会大众的物种歧视态度以外，还有一些特殊因素使上述实验得以进行，其中最重要的是人们对科学家的非常尊敬"。① 辛格指出，科学体制的力量以及政府机构和利益集团的支持，阻止对动物实验立法并加以控制。

在怎样对待动物实验问题上，辛格认为，不是所有的动物实验都不能给人类带来好处或者增长人类的知识，因此，他并不要求完全地废除动物实验，而是呼吁禁止那些没有迫切需要的动物实验，并尽可能地用别的物品和方法来替代动物做实验。如果一项实验重要到值得使用严重脑损伤的人进行时，那么用动物做实验才是合理的。尽管如此，辛格强调："无论如何，动物实验合理性的伦理问题，并不能因为对我们人类有益就变得合理，不论这种有益的证据可能怎样有说服力。"②辛格提倡人道地对待动物，反对残暴的动物实验，逐渐消除物种歧视。只要人们真正愿意去做，终止这种践踏动物生命和导致动物痛苦的事情并不困难。开发出完全合适的各种毒性实验的替代方法，需要较长的时间，但那是可能的。同时，有一种简单的办法能减少这种实验造成痛苦的数量，即在理想的替代实验开发出来以前，第一步是我们不要再去制造任何新的、可能有害的非生活必需品就行了。

（二）废除"工厂化农场"

在受到人类残酷对待的动物中，作为食物来源的饲养动物是绝对数量

---

① 辛格.动物解放[M].祖述宪,译.青岛:青岛出版社,2004:62.
② 辛格.动物解放[M].祖述宪,译.青岛:青岛出版社,2004:81-82.

最多的,也是最常见到的,从中可以反映出对待其他动物的态度,也可以通过改变人类对待这类动物的态度来促进动物的解放。因此,辛格在《动物解放》一书中花了一整章的篇幅描述了在"工厂化农场"里的动物的现状。这些"工厂化农场"以营利为目的,在这里,动物不是作为一个个生命而是作为机器化生产的产品来对待,生活的环境大都显得狭窄、拥挤和黑暗,为了能让它们以最快的速度成长、增加重量、降低成本,农场主们通常把它们关在"囚室"似的空间里,转身、舔梳、站起、卧下、伸腿等基本自由都被无情地剥夺,而且还要经常受到阉割、烙印、电击、强迫进食等虐待。对农场主的这些所作所为,辛格指出,只要我们把动物当作满足自己欲望的东西,排除在道德关怀范围之外,结果必然是这样。

以辛格为代表的动物解放论者们非常担忧农场动物们的生存处境,决心努力废除这种"工厂化农场",其中最重要的就是取消笼养方式,给动物活动自由,让它们身体舒适。在动物解放论者和动物解放组织的努力下,目前,许多欧洲国家已通过立法对"工厂化农场"动物的生活环境、饲养方法等作了明确的规定,极个别国家甚至规定取消笼养这种方式。但辛格深知,由于受经济利益的驱使和庞大食肉人群的支持,农场主们不会真正地去执行这些法律规定,因此,要完全废除"工厂化农场"在实践中是做不到的。由此,辛格从人道主义出发,提出了对待"工厂化农场"动物的最基本要求:舒适度过一生,免受不必要的痛苦,屠宰时要用人道方法尽可能地使痛苦最小化。

(三) 坚持素食主义

辛格认为,我们应该坚持做一个素食者,这也占据了他的《动物解放》一书的一章篇幅,足以说明他对素食的重视和支持。辛格论述了坚持素食主义的三个方面理由:一是从人的食肉嗜好来看,食肉有文化传统方面的原因,但佛教徒和素食主义者却并没有这种嗜好,印度教徒的素食历史已有2 000多年,圣雄甘地终身素食,英国的素食运动也有140多年了,因此说,食肉更主要的是习惯问题,但这不能成为食肉的道德理由。从实际来看,大规模养殖食用动物必将给它们造成很大的痛苦,即使采用传统的养殖法,也会让动物遭受到母子分离、阉割、屠宰等痛苦,或许小规模养殖有可能做得到,但这种方式养殖的肉类不可能满足今天大量城市人口的食物需要。此外，养殖动物作为生产食物的方法无助于解决人类的饥荒。二是从人的营养需要来看，很多人可能会担心坚持素食的人营养是否足够，会不会影响身体健康，辛格认为这种担心完全没有根据。营养专家们一致认为肉类并非膳食必需品，与食用肉类相比，食用豆类等植物能更有效地满足人对蛋白质和其他营养品的需要；科学家发现大部分老寿星都是素食者。三是从素食的目的来看，辛格说做素食者既是为了结束动物遭受屠杀和痛苦而做的努力，也可以使人与动物、植物和大自然产生一种新型关系，因为种植植物性食品既不会引起动物的痛苦和死亡，也不会浪费土地资源，还能让食用它的人因此感到心旷神怡。

辛格虽然明确主张坚持素食，彻底改变我们的饮食习惯，但对除了植物性食物以外我们还能吃什么？这个问题，他认为划一条精确的界限是很困难的，这条界限必须由每个人自己来决定。尽管如此，辛格还是提出了划定素食界限的几条基本原则：第一，底线是拒绝购买或食用工厂化农场生产的肉类和其他产品，除非我们确实知道肉、蛋的来源，否则就一定不要购买鸡、火鸡、兔子、猪肉、小牛肉、牛肉和蛋类，如想更进一步的话，就不要吃任何屠宰的家禽和家畜。第二，以一个生命体是否具有感受痛苦的能力来划界。在前面，辛格已经证明鸟类和哺乳类动物具有感受快乐和痛苦的能力，因而不可以食用；鱼类和爬行类动物虽然在神经系统的一些重要方面与哺乳动物不同，但对疼痛反应的行为大多与哺乳动物相同，因而也不要食用；虾、蟹等甲壳类动物虽然神经系统与人类有很大的不同，但也有动物学家说它们的感觉器官发达、神经系统复杂，对某些刺激的反应迅速而强烈，因而在没有否定证据之前相信它们也能感觉疼痛，属于不可食用范围；至于牡蛎、文蛤、扇贝等软体动物，辛格没有把握说它们是否具有感受痛苦能力，由于不吃这些动物可以轻而易举做到，最好还是不吃。第三，关于蛋、牛奶等动物性食品，辛格不反对吃散（放）养鸡生的蛋，由于规模化地生产牛奶会给奶牛及其牛犊造成多方面的痛苦，因此不应食用牛奶和奶制品，但不必拒绝食用所有含奶制品的食品，可以用豆浆、豆腐或其他植物性食品代替牛奶或奶酪。

四、动物解放论思想评析

以辛格为代表的动物解放论把有感受快乐和痛苦的能力作为拥有道德地位的标准,主张消除物种歧视,将人类道德关怀的对象从人类扩展到有感知能力的动物,强调人类要以更大的利他主义精神解放动物,结束对动物的暴行和剥夺,掀起了现代动物保护运动新的篇章,无论在理论上还是在实践上都产生了深远的影响。从理论上看,辛格的动物解放论从哲学上对人类对动物的种种暴行进行了反思,移植和拓展了功利主义的理论,将平等原则由人类延伸到动物身上,运用生理学和进化论等知识论证了动物与人一样也具有感受快乐和痛苦的能力,因而拥有趋乐避苦的利益,应该得到人类的道德关怀,这些突破了人类中心主义的局限,拓展了人类的道德视域,提出了一种新的伦理价值取向,有力推动了西方动物伦理思想的发展。从实践上看,辛格的动物解放论颠覆了人们固有的关于人与动物关系的观念,引发了人们应该如何对待动物的广泛思考,极大地提高了人们保护动物并尊重非人类生命的伦理意识,反对物种歧视主义渐渐得到认可,素食主义也被看成是一种生活时尚,有力推动了西方动物保护运动的发展。

当然,辛格的动物解放论也存在着自身的缺陷和不足,西方学者和大众对其的质疑和批评声络绎不绝,激进的人认为辛格的思想仍显得保守,对道德视域的拓展还不彻底,只是强调了动物的道德地位和拥有的利益,而没有将植物等其他存在物包括在内,并且认为辛格只是以人为参照系,将那些与人一样具有相似特质,也就是具有感受快乐和痛苦能力的动物包含在道德关怀的范围内,而将那些不具有这些与人相似特质的动物等其他生命体排除在外,因而其伦理思想仍然属于人类中心主义的;保守的人认为辛格的思想过于激进,认为将人与猫、狗、猪、牛等牲畜类动物相提并论、放在平等的道德地位上,让人觉得反感或不舒服,甚至提出老鼠等有害动物也拥有利益等观点,让人难以接受,并且对于解决生态环境等问题也并没有起到多大的作用。概括起来说,辛格动物解放论的缺陷主要体现在三个方面:一是把是否具有感受快乐和痛苦的能力作为拥有平等道德地位、获得人类道德关怀的伦理依据有些牵强附会,一方面,它在一定程度上弱化了婴儿、残疾人、智障者等人类群体的地位,否定了他们的利益;另一方面,它只是强调了动物与人之间的这种相似性,而忽视了人与动物之间的本质区别,一定程度上贬低了人的地位。此外,辛格承认不同动物感受快乐和痛苦的能力是不同的,感受能力强的动物理应获得更多的道德关怀,反之则应获得更少的道德关怀,但对如何量化这种感受能力,辛格没有给出合理的解决办法。二是要求所有人成为素食主义者虽然有一定的积极意义,但一方面它并不符合功利主义的平等原则和功利原理,因为倡导食素并没有平等地考虑相关各方的利益,也不能带来最大的功利效果;另一方面它违背了人的生命特性,忽视了人本身的需求和利益,在现实中难以做到。三是只关注了动物个体的道德地位,忽视了动物物种和生态系统的重要性,缺乏整体主义的道德关怀,主张人类以放任的态度来对待动物,这不利于濒危物种的保护,不利于保护生物多样性、维护生态系统平衡。

第二节　强势动物权利论

强势动物权利论的代表人物是雷根,他在分析功利主义局限性的基础上,从康德的道义论出发,假定作为"生活主体"的动物与人一样具有"天赋价值",因而拥有道德地位和道德权利,这种道德权利与人完全一样,故被称为强势动物权利论。

一、强势动物权利论形成的理论基础

雷根的强势动物权利论是在继承康德的道义论,并对以往几种间接或直接义务论进行批判的基础上形成和发展的。

(一)康德的道义论

道义论,是指以责任和义务为行为依据的道德哲学理论的统称。康德的道义论是一种典型的传统道义论,在他看来,价值指的是自在目的,认为人类不仅仅具有工具价值,还拥有自在目的性的内在价值。康德认为,我们

在追求某些自我的和社会的善时,如果把我们的意志强加在别人身上,那么我们所做的事情在道德上是错误的;如果我们把别人的道德价值降低到只有工具性的价值,那么就忽视了他们的内在价值。不过,在康德那里,只有真正的人(也称为人格,是指那些拥有各种复杂能力特别是理性和自律能力的个体,在道德哲学中它与人、动物既有所区别又相互联系)才具有内在价值,道德责任与道德权利之间存在着某种精致的互惠性,因为所有且只有真正的人在道德上是负责任的,因此,他相信所有且只有真正的人才拥有道德权利。

(二) 对几种间接和直接义务论的批判

1. 简单契约论

契约论是植根于个体自愿信守的一套规则的道德一致性。从契约论的观点来看,道德是由一系列的规则组成的,这些规则是所有签约者都应该遵守的。由于动物不能理解契约,因而不可能参与签约,相应地也就不受到契约的保护,人类对它们也就不负有直接的义务。但由于一些动物是人的情感利益的对象,因而获得某些间接的保护。雷根认为这种简单契约论有其吸引人之处,是因为它强调了理性在决定道德正确和错误时的重要作用。它的缺陷主要表现在两个方面:一是歪曲了正义的理念,基本的正义要求我们平等地对待每一个人的利益,简单契约论对于那些参与制定规则的人(签约者)是有益的,而对于那些被排斥在外的人却未必是有益的;二是由这种歪曲导致的某些道德上不可接受的结果,证明了那些社会、经济、政治等方面明显不公正的等级制度、种族或族群歧视的合理性。

2. 罗尔斯的契约论

与简单契约论不同的是,罗尔斯(Rawls)的契约论不赞成性别歧视、种族歧视等偏见,也不认可奴隶制等制度。雷根指出,罗尔斯的契约论虽然在程序上明显优于简单契约论,"无知之幕"概念的引入也能有效防止签约者利用自身优势损害被排斥在外的人的利益,但在否认人类对动物负有直接的义务上与简单契约论没有明显的区别,在实践中仍然有可能会带来种族歧视或性别歧视、物种歧视等一些不可接受的道德后果。

3. 残酷—仁慈论

残酷—仁慈论认为我们对动物负有直接的仁慈地而非残酷地对待的义

务。雷根认为，残酷—仁慈论提出了一种独特的更加宽广的道德视野，承认人类对动物负有直接的义务，克服了物种歧视主义的偏见。尽管如此，雷根还是敏锐地指出了残酷—仁慈论的缺陷，把残酷作为道德错误的一般标准也并不显得就更好，它混淆了对人的道德判断与对人所做事情的道德判断的区别。

4. 偏好功利主义

偏好功利主义中的功利指的是偏好的满足，按照平等原则，每个人的偏好都应该被考虑，同样的偏好应得到同等的考虑，按照有效性原则，我们的行为应能在受它影响的每一个人的总的偏好满足和总的偏好受挫之间带来最好的综合平衡。对偏好功利主义者来说，我们应该把动物的偏好计算进来且应该公平地计算，这种计算是为了动物本身的考虑，我们对动物的义务也是一种直接的义务。雷根认为，偏好功利主义尽管具有号召力，但不是一种令人满意的道德思考方式，因为不论是在程序上还是在实质上它都有着严重的缺陷，从程序上看，它要求我们在得出道德正确或错误的正式评判时要考虑那些最坏的偏好；从实质上看，在完成必要的计算以后，最坏的行为可能是正义的，这有时会成为人们虐待动物的借口或理由，因为人们对待动物的某些不符合道德要求的行为，却由于可以带来最大的功利效果而显得合理。

（三）两个重要的概念

1. 生活主体

在康德哲学里，生命体被分为人、动物和真正的人，如前所述，雷根所说的真正的人是指那些拥有各种复杂能力特别是理性和自律能力的个体，他把内在价值限制在真正的人上。雷根指出，并非所有的人都是康德意义上的真正的人。比如，人的胚胎、婴儿、几岁的儿童以及植物人等，虽然都属于人类，但不是康德所说的真正的人，这些人不拥有道德价值，也没有以尊重方式对待的权利，这在道德上显然不能接受。雷根认为康德"真正的人"这个概念太窄，能覆盖的人太少；而"人"这个概念又太宽泛了，为此，雷根提出了"生活主体"这个概念，雷根将它定义为："不仅意味着是有生命和有意识的（还意味着）拥有期望和愿望，拥有感觉、记忆和未来（包括自己的未来）意识;拥有一种伴随着愉快和痛苦感觉的情感生活;拥有偏好和福利;拥有发动行为以实现自己的愿望和目标的能力;拥有一种历时性的心理上的同一性;拥有一种独立于他人的功用性的个体幸福状态"。① 这个概念要比康德的"真正的人"的概念要宽泛一些,比"人"的概念又要狭窄一些,可以弥补两者之间的缺口。雷根把生活主体作为一个人拥有天赋价值的依据,并由此展开他对动物拥有权利的论证。

2. 天赋价值

雷根虽然没有对天赋价值给予明确的解释,但他把天赋价值与内在价值作了区分,认为天赋价值既无法被还原成内在价值,也与内在价值之间不可通约。之所以说无法还原,意味着我们无法通过计算道德主体生活体验所具有的内在价值来确定道德主体的天赋价值;之所以说不可通约,意味着天赋价值与内在价值既无法比较,也无法相互交换。雷根指出,天赋价值具有三个方面的特征:一是道德主体的天赋价值是从他们存在的那天起就拥有的,而不是靠自身后天努力获取的;二是道德主体的天赋价值是他们本身所固有的,不会随着他们对其他个体利益的效用的改变而改变;三是道德主体的天赋价值不依赖于其他个体对他们的评价,具有独立于他们作为其他个体利益之对象的地位。②

二、强势动物权利论的基本观点

(一) 动物与人拥有完全相同的权利

雷根通过生活主体这个概念把动物和人联系起来,在此基础上推论动物与人拥有完全相同的权利。他认为,人拥有权利是因为人是生活主体,而不是因为人具有人性、意识、灵魂、人使用语言、人生活于道德社会等原因,"因为我们是生活主体,而木棍和石头不是。"那么,"判断动物是否拥有权利就完全取决于动物是不是生活主体?"根据常识和生物学、医学、进化理论等,一些动物与人一样是有生命和意识的,在生理结构、心理活动等方面与人相似,且具有交流信息的能力等,因而,它们与人一样都是生活的主体。

---

① Regan T. The case for animal rights[M]. London: Routlege,1988:243.
② 雷根.动物权利研究[M].李曦,译.北京:北京大学出版社,2010:199-200.

雷根进而推论道,动物也与人一样都具有天赋价值,从而拥有获得尊重对待的平等权利,拥有与人完全相同的权利。

(二) 不是所有的动物都拥有权利

雷根虽然认为动物与人拥有完全相同的权利,但他并不承认所有的动物都拥有权利,这要取决于它们是不是生活的主体。雷根对几类动物分类作了具体分析:对哺乳动物,雷根认为它们是与人类最为接近的动物,拥有生活主体所有的特征,那么显而易见,它们拥有包括受到尊重的权利;对鸟类动物,雷根认为它们绝对满足生活主体的所有条件,因而也拥有权利;雷根还试图把生活主体的范围扩大到所有脊椎动物,他认为即使是大脑原始的鱼类,有研究表明它们也拥有复杂的心理、生理结构,符合生活主体的特征,但从严密性考虑,还是把它们排除在权利之外了;对蚊虫、蟑螂等动物,雷根认为它们不是动物权利的主体;而中国的扬子鳄等一些濒危珍稀动物,并没有因为它们的生存状况而在雷根那里成为权利主体。此外,雷根还认为,动物个体可以作为生活主体,但物种却不是生活主体,因为一个动物可以忍受痛苦,但物种本身却不能,因而他不支持物种享有动物权利的主体地位。

(三) 动物拥有的是消极的道德权利

道德权利一般包括生命权、自由权和身体完整权,这种道德权利是普遍的、平等的、内在的(而法律权利是变化的、不平等的、外在的)。道德权利可以分为消极的和积极的两种道德权利,消极的道德权利指的是不被伤害或不受干扰的权利,积极的道德权利指的是得到帮助或支持的权利。雷根和科亨都同意人拥有消极的道德权利,这种消极的道德权利包括两方面的内容:一是"不许入内"。也就是获得某种保护性的道德屏障,即其他人不能随意伤害我们的身体或剥夺我们的生命以及限制我们的自由选择。但这并不意味着剥夺某人生命、伤害他们身体或限制他们自由的做法总是错误的,比如,当我们受到某人侵犯或攻击时,我们以一种伤害或限制其自由的方式对付侵犯者,那这就仍然是在我们的权利范围内行动。二是"压倒一切"。如果当个人的权利与促进集体利益的行为发生冲突时,前者"压倒一切",我们不能因为某种侵犯别人权利的行为能带来好结果,就认为这种行为是合理的。

雷根更进一步认为动物与人一样,也拥有消极的道德权利,这种权利概括起来就是免遭不应遭受的痛苦的权利,它也决定了人类不能把动物作为促进自身福利的工具来对待。但雷根对什么痛苦是动物应遭受的、什么是它不应遭受的,应遭受和不应遭受的标准是什么等问题并没有给予明确回答。从他主张以"放任自流"的方式管理荒野的态度来看,他似乎是把动物在无人干涉情况下所遭受的痛苦看作是"应遭受的痛苦",而把因人为干涉导致的额外增加的痛苦看作是"不应遭受的痛苦"。据此,雷根把动物在实验室里遭受的痛苦都视为"不应遭受的痛苦",因而他反对把动物用于科学和实验。

三、强势动物权利论的实践诉求

雷根是动物保护运动的积极倡导者,他认为动物权利运动是人权运动的一部分,主张废除一切压榨和使用动物的行为。在《动物权利研究》一书中,雷根重点关注了四个领域:农场动物的饲养和消费、野生动物的捕猎、濒危动物的挽救、科学实验中的动物使用,其主要诉求包括以下四个方面。

(一) 素食主义是我们的责任

雷根首先归纳了人们支持经济动物存在的几点理由:(1)动物的肉非常鲜美,禁食动物的肉就是放弃味觉上的特定快乐。(2)准备可口的美食会带来个人享受,选择不吃肉就是放弃这个好处。(3)吃肉大概既是我们的个人习惯也是文化习惯,也很方便;戒肉就得忍受取消和丧失此等便利的痛苦。(4)肉有营养,停止吃肉就是在自毁健康,或者至少是冒着自毁健康的风险。(5)有些人(比如农场主、肉类包装商、肉类批发商)从继续饲养农场动物中获得巨大的经济利益,他们的生活质量以及他们所抚养的人的生活质量,与当前肉食品市场的继续发展具有根本联系。(6)不仅是农场动物产业的直接相关者,国家也普遍从该产业的维系和发展中获得经济利益。(7)农场动物是农场主所拥有的合法财产,农场主有权随心所欲地对待它们。然后,雷根对这些理由逐一进行了驳斥,认为这些理由在伦理上是不能得到辩护的,我们有义务成为素食主义者。雷根认为,人的口味与烹饪成就感都无法为伤害动物的权利提供辩护。首先，也最明显的一点是，没有人有权仅仅以某物可口或者烹饪某物带来满足为由就食用它；其次，除了肉类之外还有许多非肉类食物，我们可以像烹饪肉类食物一样从烹饪非肉类食物中享受成就感；再次，即使我们不吃肉就会受到伤害，我们也不能合理地认为这种伤害可以与我们对农场动物的伤害相提并论。比如，当今农场中被饲养的动物每天都在受伤，不仅有它们遭受的痛苦，而且也有强加给它们的剥夺。与我们放弃吃肉将会被呼吁忍受的任何"伤害"相比，这些动物遭受的常规伤害初步看是更大的，因此让这些动物陷入了更糟的境地。当然，可能有人会反对说，以上论述只对禁闭环境下被饲养的动物有效，对于那些被"人道地"养大的动物，情况就完全不同。雷根认为，从根本上看，这里重要的是：不管在禁闭环境还是"人道"环境被饲养，动物都因人类消费的目的而早夭，因此，它们遭受的伤害已然大于我们中任何人因放弃肉的美味和烹煮肉类的享受而遭受的伤害。即便因为人类的口味偏好和烹饪挑战而被屠杀的动物只有一只，这也不会给这里的道德问题带来任何改变。出于同样理由而杀死几十亿只这样的动物，是在允许执行几十亿个不公正伤害动物的行为。

从营养健康方面来讲，雷根指出，承认肉类在健康饮食上具有的必然地位，这言过其实了。他认为，不可否认重要氨基酸对健康的重要性，但是除肉类之外还可以从其他许多食物中获取氨基酸。断言混合不完全蛋白来产生完全蛋白所要求的知识，超过了消费者的智力范围，因此肉类工业是"在服务于大众的健康"，这完全是自命不凡。[①] 对于任何一位哪怕具有一点男女平权主义倾向的女性来说，这都尤其是一种蔑视，因为这样的态度帮助推进和强化了"愚蠢主妇"的神话：这种家庭主妇不仅不知道而且没有能力了解比如脂肪和碳水化合物的差别。特定氨基酸对于我们的健康来说是根本的，但肉类不是。因此我们无法用下述理由捍卫食肉行为：如果我们不吃肉，健康就会遭受损毁，或者如果我们不吃肉，就会冒着损毁健康的危险。我们所冒的任何"风险"，都可以很容易通过采取不那么麻烦的必要办法来回避。

从饮食习惯方面来讲，雷根认为，依据人的生活习惯或文化传统来为吃

---

① 雷根.动物权利研究[M].李曦，译.北京：北京大学出版社，2010：284.

肉辩护是有明显缺陷的。这就比如,一些人曾经或者现在仍然习惯于贬低女性或少数族裔成员的平等道德地位,这向我们展示了这些人的精神自我,但是这一事实完全无法表明,这些人出于习惯而做出的行为是正义的。如果质疑种族歧视或性别歧视的论证遭到反驳,认为对于种族主义者或性别主义者而言,忽视"错误"种族或性别的人所受的伤害是便利的,那么我们可以回答说:正义对待的问题,并非由个人或群体的便利来决定。依照雷根的观点,对动物的态度不应该也不可能合理地以任何其他方式被评价。如果我们以自己的饮食习惯及其带来的便利来侵害农场动物的权利,那我们就没有做到自由原则有效诉讼假定的对所有个体的尊重。此外,实际上存在许多既营养又不用食肉(而且还美味)的便利方式。

从经济方面来讲,一些批评者会利用权利论提出的恶化原则和自由原则,为反对素食主义进行辩护。按照恶化原则,可能会有人声称如果消费者变成素食主义者,农场主得不到支持,那么其处境就会变得比他饲养的动物还要糟糕,从这个意义上说,吃肉的人只不过是在履行自己对农场主的吃肉义务。对此,雷根反驳道,恶化原则包含了一些"特殊考虑",有些涉及获得性义务(比如守诺的义务),有些是针对自愿参与者,参与者由于自愿参与这些活动而放弃了不让自己变得更糟的权利。经济活动也是一种买卖双方自愿交易的市场活动,生产者须承担自身的商业风险损失。此外,消费者也没有一定要购买肉制品的义务,而生产者也没有强迫消费者购买肉制品的权利,因此,恶化原则在这里并不适用。按照自由原则,有些人认为肉制品生产者有饲养经济动物的权利,为避免自身陷入困境,即使伤害其他无辜个体在道德上也没有错误。雷根认为,肉制品产业将经济动物作为可持续利用的资源,损害了动物的天赋价值,本身是非正义的,不符合自由原则尊重对待所有相关个体的前提。强势动物权利论的最终目标是让我们所知道的一切动物产业解体①,但是并没有呼吁灭绝农场动物,而只是呼吁依照正义的要求来对待这些动物。

从财产方面来讲,有人可能会控诉说,农场主拥有那些动物,农场动物是他们的法定财产,正如由于房子是我的财产,它的颜色或者我要卖房子的

---

① 雷根.动物权利研究[M].李曦,译.北京:北京大学出版社,2010:293.

决定是我的私事一样，任何一个在我想要涂自己的墙或者卖自己房子时否认我这么做的权利的人，都是在不正当地践踏我的财产权，同样，任何一个试图要限制农场主如何对待自己动物的人，都是在不正当地践踏他的财产权。对这种论证思路，雷根从两个方面做出了回应：一方面，即使我们同意农场动物在当前法律中的地位是财产，即便假定动物作为财产的法律地位没有改变，这也没有推出对待动物的法律限制必定会侵犯农场主的财产权。财产权不是绝对的，尽管我选择给墙涂什么颜色是我的私事，但是，如果我的选择会给他人带来不利影响，那么我选择如何对待自己的财产就不仅仅是私事。即便我们假定动物确实是并且将会继续被视为法定财产，我们也没有理由认为，对动物的对待会与我对房子的处理有所不同。如果就像前面详细论述的那样，动物享有基本的道德权利，那么我们就应该认识到，关于任何农场主可以被允许以"财产权"之名对动物采取的做法，这些权利可以施以严格的限制。在权利观点看来，那是必须进行的一项法律改革，而且，只要有足够的人致力于这项事业，这个改革就会被促成。另一方面，也更根本的是，认为农场动物应该继续被视为法律财产的观点必须受质疑，以这种方式看待他们就是暗示我们不可能有意义地认为它们具有法律身份。但是法律史再清楚不过也再痛苦不过地表明，在这个关键问题上法律可以多么武断。在美国内战之前，奴隶曾经没有法律身份。没有理由假定，由于动物目前没有被赋予这样的地位，我们就无法或者不应该明确地以这种方式看待它们。

（二）打猎和捕猎是错误的

雷根认为，为"娱乐性"捕猎作出的标准辩护是站不住脚的——这种辩护认为，参与此项活动的人通过与大自然和同伴们的交流获得了快乐和友情，或者从射杀中得到了满足感、成就感。但这些快乐，我们可以通过不伤害动物的方式来获得，况且只有在我们把动物作为获得快乐工具的情况下，这些快乐才会比动物的权利更重要。英国猎狐活动的拥趸们把动物仅仅视为"容器"或者可再生资源，还希望通过诉诸这种传统为捕猎活动辩护，但是这种辩护并不比它给动物（或人类）遭受的习惯性虐待提供的辩护更有效果。这种传统的诉求本身认同了关于动物价值的一些错误观点，因此，在为伤害动物的实践活动辩护时它们不具有任何合法作用。

打猎和捕猎的人有时会把自己的辩护建立在其他考虑之上，比如，在一定区域范围的动物栖息地里，当某种动物的数量超出了一定的平衡限度时，就有必要捕猎这种动物，否则的话，同一栖息地的其他一些动物就可能因饥饿而死亡，整个生态系统的平衡也有可能被打破。对这种辩护，雷根认为存在着两个方面的缺陷，一方面，这种辩护暗含的假定无法令人信服，这个假定是动物因捕猎而死要比因饥饿而死好一些，而实际中捕猎会让部分动物经历缓慢、痛苦的死亡过程，这种死亡并不一定比因饥饿导致的死亡"更舒服"。另一方面，诉诸"人道关注"与当前的捕猎活动理念，以及一般的野生动物管理产生了戏剧性冲突。按照权利论的观点，无论是对于道德主体还是道德病人，无论是对于人类还是动物，为减少总体伤害而以侵犯个体权利为代价的政策是错误的，即便真的如此（其实不然），最大可持续产量理念会导致野生动物的死亡总量和痛苦总量减少，这也没有推出我们应该接受那一观点；由于这一观点系统性地忽视了野生动物的权利，因此它也系统性地侵犯了这些权利。

当捕猎捍卫者诉诸对野生动物的"人道关注"遭驳回时，他们很有可能会反驳说，他们的做法与其他动物在自然状态下的行为没有区别。有人可能会提出，如果权利观点声称要谴责捕猎运动，那么动物本身致命的相互关系就应该也遭到谴责。对这种谴责，雷根驳斥道：由于动物不可能是道德主体，因而也不可能与道德主体负有同样的义务，包括尊重对待其他动物的义务。例如，狼吃掉北美驯鹿，这在道德上本身并没有错，尽管它们导致的后果足以构成伤害。因此依照权利观点，野生动物管理的核心目的不应该是确保最大的可持续产量；而是保护野生动物远离将会侵犯其权利的人——以诸如经济利益的名义破坏或掠夺其自然栖息地的捕猎者和贸易商。以肯定的方式说，野生动物管理的目标是捍卫野生动物的权利，向它们提供机会依照自己的权利而尽可能友好地生活，免遭人类以"娱乐"之名进行的掠杀。一言以概之，需要被管理的是人类的错误，而不是对动物的"收割"。①

---

① 雷根.动物权利研究[M].李曦,译.北京：北京大学出版社,2010:299.

(三) 反对科学中的动物使用

在科学中有三个主要领域在常规性地使用动物。一是在教学动物方面，雷根认为，农场动物和野生动物不应该被视为仅仅是"容器"或可再生资源，其权利不可以基于人类利益的积聚而被压倒，同样，哺乳类实验动物也不应该以这种方式被看待。获取知识是好事，但知识本身的价值还无法为伤害他人辩护，在能够以其他方式获取知识时就更是如此。在高中和大学阶段的生物学、动物学以及相关课程的实验课中，在学习哺乳动物的解剖学和生理学知识时，这些知识可以不依赖手动实验获取。依照权利观点，在普通实验课中继续使用涉及活体哺乳动物解剖的内容是不必要的，正如它是不正当的。二是在新产品、新药毒理实验方面。为保证新药的安全性，在上市流通前需要进行动物实验，以检测产品可能产生的毒理威胁和后果。对此，支持者认为，如果这些产品未经过检测就上市销售使用，将可能会给人类带来不可预测或估量的安全风险。更为可取、合理的办法就是开发不具有伤害作用的毒理检验。三是在科学研究方面。从权利论观点来看，动物与人一样，具有天赋价值，应该给予尊重对待的权利，科学研究取得的令人赞叹的成就，还不足以为获得这些成就的不公正方式辩护，因此，应该全面取消这种做法，停止在科学研究中使用动物。

(四) 关切濒危动物

雷根认为，动物个体拥有包括生存权在内的道德权利，而物种并不拥有这种权利。雷根支持人们为挽救濒危动物物种所做的努力，但他认为这样做的理由不是因为这些物种濒临灭绝，而是因为濒危动物本身具有天赋价值，因而具有保障自身权利并免受人类侵犯的有效主张。他强调，我们不能因为保护濒危动物而伤害其他动物，或给予濒危动物特别优待，而应同等地对待所有的动物。此外，雷根还简要论述了权利论与环境伦理学的关系，认为前者是关于个体的道德权利，后者是关于自然的整体价值，在此基础上提出了化解两者之间冲突的方式。雷根不赞成利奥波德关于允许生命个体为了生物群落的完整、稳定和美丽而牺牲自身权利的观点，他认为个体的权利不应该被这种目标"压倒"，应该从尊重个体的权利开始，重视个体的权利、发展个体的权利，进而保护整个生物群落，促进生物群落的完整、稳定和美丽,这应该也是更加关注生态系统的环境保护主义者所希望看到的。

四、强势动物权利论思想评析

雷根是真正从哲学高度最彻底地反思和论证动物权利这一问题的哲学家,提出了强势动物权利论,其理论贡献在于:雷根批判性地继承康德的道义论,通过独创性地提出"生活主体"这一概念把动物与人联系到了一起,将天赋价值的主体范畴由人扩展到动物,将动物地位提升到了前所未有的高度,其核心思想是认为任一动物个体只要满足生活主体的标准,它就拥有天赋价值,具有与人完全平等的道德地位,拥有与人完全一样的道德权利。其实践贡献在于:雷根强调,只有赋予动物与人一样的道德权利,才能从根本上杜绝人类对动物的虐待和伤害,要求清空牢笼,废除一切利用动物的行为,这改变了人对待动物的暧昧和含糊的态度,把动物保护运动的发展推到了新的高度。

正因为理论和实践上的彻底性,也使得雷根的强势动物权利论遭到了一些学者和大众的诸多批评和质疑。从这些批评和质疑来看,其缺陷主要体现在三个方面:一是雷根认为确立动物权利的逻辑与确立人的权利的逻辑是相通的,而在确立人的权利时,雷根预设了一个理论前提,也就是除非在特殊情况下,个人拥有的权利一定胜过其所在集团的利益,这就导致了雷根在论述动物权利时,只关注动物个体的权利,而不考虑物种和生态系统的利益,这不利于保护濒危物种、维护生态系统的平衡。二是雷根的强势动物权利论依然未能完全摆脱人类中心主义的影响,这是因为雷根在论述动物的价值、道德地位和道德权利时,仍然是以人作为参照系的,认为动物之所以具有天赋价值、拥有道德权利,是因为它们具有与人相似的"生活主体"特质,也就是说这仍然是从人的角度出发考虑的,而不是从动物角度出发考虑的。三是纳入人类道德关怀的动物范围过于狭窄,仅限于哺乳动物和鸟类动物,且哺乳动物指的是一年以上、心智正常的哺乳动物,这就将地球生态系统中许多其他非哺乳和鸟类动物的重要成员排除在道德关怀范围之外了,这不利于保护生物多样性、维护生态系统的平衡。分析雷根这样做的原因，可能是由于他所确立的动物权利与人的道德权利是完全一样的，因而能够拥有这种权利的"生活主体"标准就比较高，从而使得符合标准的动物种类也就有限了。

第三节 弱势动物权利论

弱势动物权利论的代表人物是玛丽·沃伦，沃伦也认为动物拥有道德权利，与雷根不同的是，她认为动物拥有权利的基础是动物具有感受快乐和痛苦的能力从而拥有利益，且动物拥有的权利要比人类拥有的权利范围要小一些、强度要弱一些，因此被称为"弱势动物权利论"。

一、道德地位和道德权利

要理解沃伦的弱势动物权利论，首先要梳理一下她对道德地位和道德权利这两个概念的界定和理解。

（一）道德地位

一个个体的道德地位是指它的道德身份，或者其他道德主体给予它的道德考量或负有的道德义务。沃伦认为，个体的道德地位与它的内在属性（包括生命、感知、道德能动性等）和关系属性（包括社会、生态等关系）相关联，根据这些属性，她在著作《道德地位：针对人与其他生物的义务》（*Moral Status*：*Obligations to Persons and other Living Things*）中提出了判断个体道德地位的七个原则，包括：尊重生命原则、反残忍原则、主体权利原则、人权原则、生态原则、物种间原则和尊重传递原则。沃伦指出，这七个原则是相互作用、相辅相成的，实际运用中需要全面考量和综合判断。

沃伦强调，动物的道德地位是分等级的，其中，人的道德地位是最高的，是道德体系中的主体，一些高等动物虽然具有感知、思维等能力，但却因为不可能有道德观念，也无法理解道德原则，因而还不足以成为道德主体。尽管如此，沃伦认为非人类动物仍具有道德地位，主要来源于以下几个方面的原则：

一是尊重生命原则,这个原则要求如果没有充足理由就不应该伤害生命;二是反残忍原则,这个原则以动物有感觉能力为基础的,因此对有高度感觉能力的动物,人类应给予较多的道德义务;三是物种间原则,这个原则要求人类对属于人类社群的动物负有较多的义务;四是生态原则,这个原则要求人类对那些因人类行为导致其濒临灭绝且是生态系统重要组成部分的动物负有有特别的义务;五是尊重传递原则,这个原则要求人类在实际情况可行且道德允许的情况下,应尊重那些因某种理由已经拥有比较特殊道德地位的动物。

(二) 道德权利

沃伦认为,道德权利的概念十分复杂,如果说某个动物对某些行动、福利或满足拥有某种道德权利,那么这至少包含着两层含义:一是如果某个道德代理人在没有充足理由的情况下就有意剥夺该动物的福利,那么这在道德上是错误的;二是之所以说这是错误的,至少有一部分原因是该行为事实上或潜在地伤害了该动物的利益。① 沃伦强调,动物的道德权利是有等级的、可变动的,当面对动物权利这一问题时,我们有两个可能的选择:一是认为所有具有感觉能力的动物或作为生活主体的动物都拥有道德权利,但这种权利要比作为道德主体以及虽具有感觉能力但并不是道德主体的人类要低;第二,虽然我们对不是道德主体的非人类动物负有道德义务,但它们并没有道德权利。应该说,这两个选择都有可能性,最好的折中办法是通过协议给予某些动物(比如能展现特殊敏锐和聪明的动物,因人类原因而濒临绝种的动物)较强的道德地位和一定的道德权利。

二、弱势动物权利论的基本观点

(一) 利益是拥有道德权利的基础

与雷根不同的是,沃伦认为,动物拥有权利的基础是它们拥有利益而不是天赋价值②,而拥有利益的前提是它们具有感受快乐和痛苦的能力,因此,所有具有感受苦乐能力的动物都拥有权利。由于痛苦是一种内在的

---

① Warren M A. The rights of nonhuman world[J]// Elliot R, et al. Environmental philosophy: a collection of readings. St. Lucia,1983:109-131.
② 同上。

恶,因此我们那种给他人或动物带来不必要的痛苦的行为内在地就是错误的。沃伦承认,对动物究竟是否拥有道德权利这一问题,从纯粹的概念层面进行逻辑分析难以令人信服,但是从实践层面看有两个方面的理由可以让我们接受动物拥有权利这一观点:一方面,动物同情论不能为动物保护运动提供恰当的伦理辩护,而动物权利论却能为之提供坚实的伦理基础。一是由于这一理论关注的是那些给动物带来痛苦的人的心态,而不是他们给动物造成的伤害本身,因此,这一理论不能恰当地表达我们对动物负有的义务;二是只要人们对动物的杀戮是"仁慈地"进行的,或者使动物在死亡时不感到痛苦,这一理论也就不能真正地阻止人们这种杀戮行为的发生。另一方面,如果否认动物拥有权利,那么人们就会认为只要不侵犯别人的权利,我们就可以随意地对待动物,为所欲为。如果出现这种情况,那么说动物拥有权利,就可能是说服很多人认真思考"不虐待动物"这一基本诉求的唯一途径。

(二) 动物权利与人类权利是有差别的

沃伦认为,这种差别主要体现在两个方面:一方面,从范围上看,人类拥有的道德权利要比动物拥有的道德权利广泛得多。例如,以自由权来说,动物享有的自由权一般是指活动空间和行动自由,但人的自由权除此之外,还应包括思想、集会、言论等方面的自由,而这些对动物来说就没有任何意义。另一方面,从强度上看,人类拥有的道德权利要比动物拥有的道德权利要强一些,一是由于人是具有理性的存在物,使得人们之间能够建立一种以理性和道德为基础的合作关系(当然这必须以所有人具有平等的道德地位为前提),但是人类与动物之间却不可能建立这样一种合作关系;二是由于人是具有道德自律能力的存在物,沃伦虽然不认可麦克洛斯基(McCloskey)的"道德自律能力是拥有道德权利的基础"这一观点,但她仍然认为"人的道德自律能力为人类享有较强的道德权利提供了某种勉强可以接受的理由"①。以生存权为例,沃伦认为,动物的死亡和夭折与人类相比可能是一个相对较小的悲剧,但这并不代表动物没有生存权,只是通常情况下要比人的生存权

---

① Warren M A. The rights of nonhuman world[J]// Elliot R, et al. Environmental philosophy: a collection of readings. St. Lucia,1983:109-131.

弱一些。也许正是因为如此，才让人类认为在没有其他办法实现充饥、取暖、获取知识等重要目标的情况下杀死动物的行为是可以得到辩护的。尽管如此，仍然有必要对人类这种行为的合理性进行严格的伦理审查，如果仅仅是为了娱乐或其他不重要的目标，那么就不能随意地杀死动物。对动物的自由权、追求幸福等权利也应该坚持这种观点。

（三）对质疑动物权利论观点的回应

沃伦为了清晰、完整地阐述她的动物权利理论，还对质疑动物权利论的两种观点作出了回应和批判：一是认为动物拥有权利与动物在生态系统中的自然关系相矛盾。克里考特（Callicott）指出，掠夺者是生态系统的重要组成部分，那些相信动物拥有生存权的人将被迫把掠夺者看成是"残酷、不负责任而固执的谋杀者"。雷切尔斯也提出疑问，如果我们承认动物拥有权利，那么我们是否真的没有责任去"以保护其中的弱者以反对其中的强者呢"？对这类担心，沃伦从两个方面作出了解释：一方面，由于动物不是道德代理人，如果捕食者仅仅为了生存而捕杀其他动物，且没有让其他动物遭受较长时间的"无谓"痛苦，那么它们的捕食行为就没有侵犯其他动物的权利，在道德上仍是可以接受的；另一方面，从维护生态系统平衡来看，适当地控制某些动物种群的过分繁殖是必要的，因此，捕食者的捕食行为一定程度上有利于促进生态系统的稳定和平衡。二是认为赋予动物权利将会使人类的道德体系更加复杂，并有可能带来两难选择问题。例如，杀死一打感觉迟钝的牡蛎与杀死一只感觉敏锐的老鼠相比，哪种行为在道德上更为合理？又如，杀死一名儿童与让一百名儿童遭受营养不良带来的痛苦相比，哪种行为的错误更大？沃伦认为这类问题脱离了其实际境遇，以一种不现实的方式提出来的，解决这类问题的关键在于我们应以理性的态度、公正的立场，在实际境遇中比较、平衡某一特定行为有关各方的权利和利益。

三、弱势动物权利论的实践诉求

沃伦认为，有感受快乐和痛苦能力的动物拥有利益，从而拥有较弱的道德权利，这种权利可以用来保护它们的相关利益或免遭伤害。在动物保护实践上，沃伦的主张主要体现在以下几个方面：（1）素食方面。与雷根在这方面的严格诉求不同,沃伦认为素食主义不应该成为人类社会普遍的道德要求,提出了一种折中的主张:减少食用肉类。在她看来,如果某些人因为坚持素食而影响了健康,那就违反了道德地位的主体权利原则和人权原则,因而我们不应强求每一个人都要做个素食者。(2)饲养动物方面。沃伦认为,对饲养以用作食物的经济动物而言,应在遵守反残忍原则要求的同时,给予符合动物福利要求的生活环境。(3)驯服动物方面。这类动物与人类社群是相融的,有的动物(比如宠物)与人类的关系还很密切,因此,按照道德地位的物种间原则要求,我们应给予这类动物相应的道德地位。(4)狩猎方面。沃伦认为,运动性质的狩猎活动是允许的,但必须以不残酷对待动物、不造成动物痛苦、不违反人类与动物混合社群规则、不对生物多样性与生态系统稳定造成威胁等为前提条件。

四、弱势动物权利论思想评析

从上述观点来看,沃伦的弱势动物权利论可以看作是雷根强势动物权利论与动物没有道德权利观点之间的折中,也可以说是一种"温和""实用"的动物权利论,它在理论和实践上虽然不像动物解放论、强势动物权利论那么地彻底,但是它的观点看上去更符合人们的道德常识,而不显得那么地激进,提出的实践诉求也更具有可行性。与辛格的动物解放论相比较,它们都是以动物是否具有感受快乐和痛苦的能力为伦理依据,因而在道德关怀的动物范围上是差不多的,只不过沃伦认为动物与人拥有平等的道德地位是不恰当的(尽管辛格认为这种平等只是道德上的考虑,而非事实上的平等);与雷根的强势动物权利论相比较,沃伦虽然认为动物拥有的道德权利比人拥有的道德权利范围要小一些、强度要弱一些,但是有资格享有这种道德权利的动物种类要比强势动物权利论的哺乳和鸟类动物广泛得多,这可能是由于作为生活主体的标准要比具有感受快乐和痛苦能力的标准要高得多。此外,与辛格和雷根认为动物和人拥有相同道德地位的观点不同,在沃伦看来,动物的道德地位要低于人类的道德地位,非正常人和正常人的道德权利是相同的,且都高于动物的道德权利。还有一点值得指出的是,沃伦的弱势动物权利论尝试着从种群和生态系统的角度来看待动物权利之间的冲突,她认为,自然界中动物之间的捕食行为不仅不是对被捕食动物权利的侵犯,反而是有利于生物种群的稳定的,有时为了维护生态系统的平衡,还有必要对某些种群的过分繁殖有意识地加以控制。

第四节 非人类中心主义动物伦理思想的生态解析

前面所述的动物解放论、强势和弱势动物权利都属于非人类中心主义的动物伦理思想,其共同特征是把包括动物在内的自然作为地球生态系统的主体,人类应平等地看待动物,与动物建立相互尊重的伙伴关系。如何从生命共同体的角度对非人类中心主义动物伦理思想进行解析,这种思想对解决人类面临的全球性环境问题和生态危机起到什么样的作用?本节就此作一简要阐述。

一、非人类中心主义动物伦理思想认为动物与人具有平等的生态地位

通过生态位、食物链、生物多样性和生态系统平衡等角度的解析,我们可以得出,与人类中心主义的动物伦理思想相比,非人类中心主义的动物伦理思想理念上较为先进、实践上更为激进,但也存在一定的局限性。

(一)非人类中心主义动物伦理思想的进步性分析

从生态位来看,与人类中心主义的动物伦理思想把动物看作是人类可以利用的资源或是看作是达到人类自身目的的手段和工具甚至是没有感觉和思维的机器等观点不同,非人类中心主义的动物伦理思想认为动物和人都是大自然中的重要成员,占据着各自应有的生态位,具有平等的道德地位,辛格的动物解放论认为只要动物个体具有感受快乐和痛苦的能力,人类就应该平等地考虑其利益;雷根的强势动物权利论认为只要动物个体符合"生活主体"的标准,它就拥有"天赋价值",因而拥有与人类完全相同的道德权利;沃伦的弱势动物权利论认为具有感受快乐和痛苦能力的动物拥有自

己的利益，因而获得应有的、弱于人类的道德权利。尽管几种理论都有各自的缺陷，但都看到在地球生态系统中，人类不能离开包括动物在内的自然界而孤立存在，因而把眼光投向与人类关系最为密切的动物身上，把动物放在与人类平等的道德地位上，纳入人类的道德关怀范围，并提出了一系列的实践诉求，从而开启了人类拓展伦理范围的漫长之路，具有重要而深远的理论和实践意义。

从食物链来看，动物解放论和动物权利论都肯定了动物在自然生态系统中的价值和作用。食物链是生态系统中能量流动、物质循环和信息传递的重要渠道，生产者、消费者、分解者通过食物链相互连接、相互作用，在实现各自功能的同时完成整个生态系统的能量流动、物质循环和信息传递，维护生态系统的相对平衡和稳定，可以说三者的和谐配合构成了生态系统。在生物圈中，植物担当着生产者的角色，而动物主要担当消费者的角色，人既是生产者又是消费者，动物是食物链中不可缺少的重要环节，对某种植物而言，需要动物来帮助它消费掉部分个体，否则就会生长得过于茂盛，最终反而会影响它自身的生存；对人类而言，动物是人类的重要食物来源，即使是素食主义者，离开了动物这个消费者植物生存也会受影响，从而也会间接地影响到人类生存。动物解放论、动物权利论认为动物与人类生活在同一生物圈中，有着共同的食物链，只有遵循食物链规律，保持食物链的完整，才能有利于维护生态系统的平衡。正因为动物与人在食物链中起着同样重要的作用，因而上升到伦理层面，动物与人应拥有平等的道德地位，人类应自觉把动物纳入道德关怀范围，承担起保护动物利益或权利的义务，这样才有利于人类自身的长远发展。

（二）非人类中心主义动物伦理思想的局限性分析

从保护生物多样性来看，一些学者认为，动物解放论、动物权利论过于强调动物个体利益或权利的做法与现代生态学的观点不相符，也不利于保护生物多样性。辛格和雷根只关注动物个体的利益或权利，认为人类对动物个体负有直接的道德义务，而忽视动物作为物种应具有的利益或权利，认为人类对动物物种没有义务而言，缺乏整体主义的道德关怀，这也是他们广受诟病的一点。此外，无论是辛格的动物解放类还是雷根的动物权利论，都只是把人类对动物的道德关怀范围限定在一定的范围内,导致生物圈内的许多动物成员没有得到应有的道德关怀,这不利于保护生物多样性、维护生态系统平衡,也使得他们的理论不可能成为非人类中心主义环境伦理学体系的中心。

从维护生态系统平衡来看,辛格的动物解放论、雷根的动物权利论在保护动物实践上提出了过高的要求,容易导致对动物的过度保护,也不利于维护生态系统的平衡。戴斯·贾丁斯(J. R. Des Jardins)指出,在某一地区生态系统中,由于食物充足,加上法律对狩猎的限制,使得该生态系统中的鹿群得到了过度保护,导致鹿群数量激增,超出了该生态系统的承载力,对其栖息地的植物物种构成了威胁,给其他的生物个体带来了灾难。① 克里考特认为,动物权利论的思想不利于维护生态系统的平衡稳定,他指出,假如在生态系统中,某个动物种群因过度繁殖而破坏了栖息地的生态环境,损害了其他动物个体的权利,就应该允许猎杀该种动物,遏制其过度繁殖,以维护生态系统的整体和谐和稳定。②

二、非人类中心主义动物伦理思想对改善生态环境的推动作用

动物解放论、强势和弱势动物权利论等非人类中心主义动物伦理思想是在对人类面临的日益严峻的生态危机反思的基础上产生和发展的,反过来,这些伦理思想也为人类应对生态危机、改善生态环境提供了宝贵的启示和思路。难能可贵的是,辛格、雷根等人在提出"令人震惊"的思想理论的同时,还提出了一系列规范人类行为和活动的实践诉求,尽管他们的理论和观点饱受争议和质疑,但带来的理论和实践影响还是非常广泛的,比如,虐待、残害动物的行为受到了人们的普遍谴责,动物不是肆意处置和使用的资源的观点深入人心,除此之外,更重要的是他们的思想理论打开了由人类中心主义向非人类中心主义的突破口,开启了环境伦理学的开端,使得人们开始

---

① Des Jardins J R. Environmental ethics: an introduction to environmental philosophy [M]. Belmont California: Wadsworth Publishing Co., 1993(c): 131-132.

② Pojman L P. Environmental ethics: readings in theory and application [M]. Belmont California: Wadsworth Publishing Co., 2000: 57.

从更宽广的生态系统、生态环境等视角来考虑对动物的使用和保护，这突出表现在对野生动物物种及其栖息地的保护等方面。理论上，国际绿色和平组织在1976年发表的《互倚宣言》(Declaration of Interdependence)中提出的三条生态法则受到了越来越多的生态学家和环境伦理学家的赞同，这三条生态法则分别是：(1)所有形式的生命都是相互依赖的；(2)生态系统的稳定性依赖于它的多样性，复杂的生态系统比包含较少物种的生态系统更稳定；(3)所有的资源都是有限的，所有生命系统的发展也是有限的。实践上，越来越多的国家和地区通过设立自然保护区、保护生存环境等方式"为野生动物争取更多的土地"，拯救濒危的野生动物物种。比如，在中美洲的哥斯达黎加，1963—1983年间，这个国家的大部分森林被砍伐用作牧场，导致它的森林流失率世界上最快，大量的野生动物失去了生活的家园，严重威胁着它们的生存。从20世纪80年代开始，哥斯达黎加政府启动了生态系统修复工程，挽救正在快速消失的森林生态系统，建立了众多野生动植物自然保护区，并且把这些保护区与迁徙走廊连接起来，还在走廊周边设置了缓冲区。通过这些举措，哥斯达黎加保护了全国约80%的生物多样性，也使得这个面积不大的国家目前拥有比整个北美洲还多的鸟类物种。又比如，太平洋岛国帕劳是世界上物种最丰富的地区之一，为了保护它独有的生物多样性，2003年帕劳政府通过了《保护区网络法案》，该法案把帕劳大多数未开发的土地设置了20个左右的自然保护区，这些自然保护区不允许人类干扰动植物生存，有些地区只允许人类从事观察野生动物、记录和拍照等对动物影响小的活动，对一些开始出现栖息地破坏、动物生存压力加大的地区就关闭。这些举措收到了很好的效果，使得帕劳成为世界上为数不多的健康生态系统之一，吸引了每年超过6万名的游客来到这个岛国体验生态观光旅游。

第六章

西方动物伦理思想面临的理论和实践困境

关于人与动物的关系,动物是否具有内在价值、是否拥有道德地位和权利等问题一直就是富有争议的话题,围绕这些问题,西方学者从不同角度的思考和论证,形成了丰富多彩、相对系统的动物伦理理论,特别是现代以来的动物解放、动物权利等理念十分超前,实践上也对西方国家的动物保护运动发展和立法进程产生了重要影响。但正如雷根指出的那样,"动物权利是一场不知自己要行向何方的运动,因此注定无法到达彼岸,不管风有多大,方向在哪里"[①]。当前,随着人类对动物认识的深化、现代生态学和环境伦理学的发展,以及生态文明建设的推进,现有的西方动物伦理思想代表性流派存在着一些难以克服的理论和实践困境。

---

① 雷根.动物权利研究[M].李曦,译.北京:北京大学出版社,2010:34.

第一节　西方动物伦理思想面临的理论困境

一、获得道德地位的伦理标准和依据具有片面性

从动物解放论来看，辛格把具有感受快乐和痛苦的能力作为动物获得道德地位的充分必要条件，这种做法有很大的片面性。可以从两个方面来分析：一方面，从人际伦理学来看，德国伦理学家鲍尔生（Paulsen）指出，快乐和痛苦往往并不是吸引人的意志的目标，人们努力追求的通常是过一种他们理想的生活，在生活中，快乐只是人们实现所追求目标的伴生物，而不是追求的最终目标；痛苦也并不是没有任何正面价值，如果没有痛苦，有时我们会感觉生活好像是玩一种知道结果的游戏一样而感到枯燥无味。阿提费尔德（Attfield）也认为，快乐虽然具有正价值，但不是唯一的善，痛苦虽然具有负价值，但也不是唯一的恶，因此，感受快乐和痛苦的能力是获得道德地位的充分而非必要条件。另一方面，从环境伦理学角度看，罗尔斯顿指出，生态系统孜孜追求的并不是有感受能力的某种特殊动物的最大幸福。在大自然中，快乐和痛苦并不是价值的唯一刻度，如果捕食者不给其他生命体带来痛苦就可能无法生存，在此意义上，可以说这种痛苦是一种必要的恶，是捍卫、获取和转移生态之善的常规手段。

从强势权利论来看，雷根认为，如果一个动物是生活的主体，那么它就拥有天赋价值，也就拥有道德权利，这种道德权利与别的生活主体拥有的道德权利是完全相同的，没有数量和程度上的差别。因此，可以说生活主体标

准是动物拥有天赋价值的充分条件,而天赋价值是动物获得道德地位的伦理依据。但问题是,雷根主要是根据直觉来界定成为生活主体的动物,它指的是一岁以上精神正常的哺乳动物,而不是其他的生命形式①。这个标准并不是通过理性论证来确立的,尽管雷根一再强调这种做法是可理解的而非武断的,但不可否认存在很大的片面性,他自己也承认不排除有一些自然对象尽管不符合生活主体标准,但却拥有天赋价值②。此外,雷根对作为伦理依据的天赋价值也语焉不详,对到底什么是天赋价值没有给予过多的解释,不能清晰地证明生活主体与天赋价值之间存在着怎样的必然联系。

二、拥有利益或道德权利的逻辑论证存在缺陷性

从动物解放论来看,其理论基础是边沁的功利主义,而作为功利主义的两个理论支柱,也就是平等原则和功利原则之间,在内在逻辑上存在着不一致性,平等原则要求平等地关心、对待每一个动物的利益,功利原则要求一种行为能带来功利总量的最大化,而这两者之间并没有必然的逻辑联系,反而有时存在着矛盾和冲突,为了获得最大的功利总量,不得不有所区别地对待不同动物的利益。另一方面,从功利主义来看,每个个体实际上是盛装快乐和痛苦的"容器",功利总量的最大化就是要对不同容器中的快乐和痛苦"液体"进行相加计算,最大程度地使容器中快乐"液体"的总量超过痛苦"液体"的总量。但是,快乐和痛苦与个体的感觉密不可分,能否像真正的液体那样在不同的容器之间进行转移、相互比较和计算加总,确实是值得怀疑的。因此,辛格以功利主义为基础对动物道德地位的辩护理由是不充分的。

从强势权利论来看,雷根继承了康德关于天赋价值的学说,以动物拥有天赋价值为假设来推论动物拥有道德权利。在康德那里,天赋价值的概念是对人而言的,他认为,只有真正的人(或称人格)才拥有天赋价值,因为真正的人具有理性和道德自律能力,从而可以自由选择自己的行为,并且能够充分预料行为的后果;同时,只有真正的人,才能理解道德权利和义务的对等性和相互性,从而对自己的行为加以约束,自觉地履行自己应负的道德义

---

① 雷根.动物权利研究[M].李曦,译.北京:北京大学出版社,2010:7.
② 雷根.动物权利研究[M].李曦,译.北京:北京大学出版社,2010:208.

务,因此,他主张从道德上对一个行为进行判断的主体和对象都应该是人。但雷根不知是有意地还是无意地忽视了一点,他把康德所说的天赋价值的主体范围由人扩展到生活主体(这个词是雷根为了把人和动物联系起来而创造出来的),认为只要是生活主体就拥有相同的天赋价值,也就拥有与人完全相同的道德权利。这种扩展从表面上看似乎是可能的,是符合逻辑的,但是如果从康德哲学自身的逻辑来看,恰恰又否定了这种扩展的可能性,因为根据康德的理性优越论,人拥有的天赋价值并不是从一个存在物具有的物质生命事实推导出来的,从根本上是源于人的理性和道德自律能力,也正是这种能力把作为道德世界成员的人与其他存在物区别开来。如果跨越了这个界限,那么天赋价值就失去了原来具有的意义,从而使得由真正的人到生活主体的扩展变成了一种粗暴的扩张。

三、否认物种的利益或权利导致道德关怀缺乏整体性

动物伦理作为环境伦理学的重要组成部分,其目标与环境伦理学是一致的,简单来说就是保护地球、保护人类和其他生物体的生存,它们的出发点和归宿都应是弘扬人类的整体利益,也就是说,我们要在考虑动物道德地位和道德权利的同时,也要考虑人类和其他物种的利益或权利,实现人与自然、人与动物之间的共生共荣和可持续发展。动物解放论和强势权利论存在的一个共同问题就是把道德地位仅仅赋予动物个体,掩盖和忽视了个体与种群之间的关系,否认物种拥有利益或道德权利。从动物解放论来看,辛格从动物个体出发,把感受苦乐的能力作为动物拥有道德地位的充分必要条件,平等地关心、对待每一个有感知能力动物的利益,而不要求从整体上或系统上进行考虑。对由动物个体组成的物种,辛格认为,"物种是没有意识的实体,因此,没有超越于作为物种成员的个体动物利益之外的利益"[1],更不用说生态系统和生态环境了。从强势权利论来看,雷根从生活主体个体出发,要求对拥有天赋价值的个体给予道德关怀,对不拥有天赋价值的个体则无需给予道德关怀,也不要求考虑整体生态系统的道德关怀问题。对

---

[1] Singer P. Not for human only[M]// Goodpaster K E, Sayre K M. Ethics and problems of the 21st century,1979:203.

动物物种,雷根认为:"物种不是个体,权利观点没有认可物种包括生存权在内的任何权利。个体天赋价值和道德权利的涨落不依赖于它所属物种的丰富或稀有。"①由此可见,对于濒临灭绝的稀有动物物种,按照动物解放论、强势权利论的观点,并不要求给予特别的保护以防止灭绝,维护生态系统的多样性和完整性。正因为如此,有些学者认为,它们不是一种真正的环境伦理学,或者至多是一种有害的环境伦理学。

第二节 西方动物伦理思想面临的实践困境

一、动物作为利益或权利的主体地位难以成立

动物解放论尤其是强势权利论认为,动物与人类享有平等的道德主体地位,甚至强调应赋予动物法律主体地位,用法律来保障动物权利的实现。那么,如果是这样,需要解决的第一个问题就是动物的主体地位能否成立,大部分观点认为这在实践中是难以行得通的,主要有三个方面的理由:一是动物具有有限的理性能力。一般来说,理性能力是人具有主体地位、行使自己权利的前提条件。虽然许多动物尤其是一些高等动物在生理结构上与人有不少的相似之处,且具有感受快乐和痛苦的能力,有的还具备一定的思维能力,但依据现有的科学理论,即便是少数动物具有理性能力,其理性能力也是有限的,因此,它们无法理性地选择和判断自己的行为,也无法行使自己的利益或权利。二是权利的社会性决定了动物无法成为权利主体。权利是人类社会关系的产物,经过长期的进化发展,人类除了具备与其他动物共有的动物性之外,还具有自身特殊的社会性。根据社会契约论理论,权利主体在享有利益或权利的同时,必须且能够履行自己的义务,而这一点动物显然是难以做到的,它们既没有能力行使自己的利益或权利,也没有能力承担对人类和其他动物的义务,因此,它们无法获得法律上的主体资格。三是代

---

① 雷根.动物权利研究[M].李曦,译.北京:北京大学出版社,2010:28.

理人制度或监护人制度在现实中是行不通的。强势权利论认为,动物不仅具有与人完全相同的道德权利,而且可以通过建立代理人或监护人制度来帮助动物实现这些权利。但是无论是实行代理人制度还是监护人制度,一个基本前提是代理人和监护人要能够理解和判断被代理人和被监护人的利益。对于人而言,这方面问题不大,因为同属于人类,代理人、监护人一方面可以通过语言交流和沟通来了解被代理人、被监护人的利益和需求(少数聋哑人或不会说话的婴幼儿等除外),另一方面可以根据"同理心"来衡量和判断被代理人、被监护人的利益和需求,从而帮助他们实现和维护应拥有的利益和权利。但对于动物而言,这往往就难以行得通,一方面,人无法通过语言与动物进行交流沟通从而了解动物的利益和需求,当然像动物饲养员、驯养员等通过与动物的长期接触,一定程度上可以了解动物的想法和需求,但这种了解毕竟是有限的;另一方面,人与动物之间无法建立"同理心"从而无法从动物的视角来衡量和判断它们的需要,即使人类可以从自己的视角出发或参照人类的需求来判断动物的需求,这种判断也只是人类对动物需求和利益的一种臆想,无法真实地、完全地了解动物的需求和利益。因此,希望通过代理人制度或监护人制度来实现和维护动物的利益和需求,只是人类一厢情愿的想法,既是不现实的,也是不可靠的。更进一步地说,即使这种做法能够行得通,对于人类来说,代理或监护制度在法律上只适用于少数无民事行为能力的人,这类人群毕竟只是少数,可以通过一对一的代理或监护模式来保护他们的利益和权利不受侵害;但对于面对数量如此庞大的动物来说,如何为它们设立代理人或监护人,是对动物个体设立还是对动物种群设立呢?如何解决代理或监护带来的巨大的人力、时间等成本问题呢?至少从目前来说,这些问题是不可能有满意的答案的。

二、拥有利益或权利的主体界限难以划分

从动物解放论来看,判断一个动物是否拥有利益,唯一的可靠的界限是看它是否具有感受快乐和痛苦的能力,如果有这种感觉能力,就必须平等地关心、对待它的利益;如果没有这种感觉能力,就不需要考虑它的利益。但是动物有无这种感觉能力、这种感觉能力到底是强还是弱,却不是以人的主

观判断为标准来衡量,依据目前的科学发展水平也不能准确地加以验证和衡量,因此,很难在所有动物中间划出一条清楚的界限来区分有感觉和无感觉动物。此外,在辛格看来,判断一个对待动物的行为是否正确,主要看这个行为是否增加了动物的快乐、减少了它的痛苦,尽可能地使它快乐最大化、痛苦最小化,辛格承认,这个标准尽管看上去简单、清晰,但在现实中要对动物之间的痛苦程度进行比较很困难。

从强势权利论来看,判断一个动物是否拥有道德权利,关键就是看他是否为生活主体。尽管雷根给生活主体下了一个较长的定义,明确了一系列标准,但现实远比想象复杂,实际操作中很难在是生活主体的动物与不是生活主体的动物之间划出一条清晰、简单的界限,因为在两者之间存在着一些模糊的过渡区域,在这些区域中的动物既不属于完全意义上的生活主体,也不属于完全没有感受苦乐能力的低等动物。对这些不能确定究竟是不是生活主体的动物,雷根根据惠顾权利不确定者原理,建议最好把它们作为生活主体来对待,赋予它们与人类完全相同的权利,因为这样可以避免功利主义的缺陷,有利于从根本上杜绝人类把动物作为工具的行为。尽管如此,这种赋予完全意义上的生活主体和不完全意义上的生活主体相同权利的做法,又与人们的道德常识相违背。

三、物种之间的利益或权利冲突难以化解

这种冲突和矛盾主要表现在两个方面:一方面是动物物种之间的冲突。这种冲突的典型表现就是动物相互之间的捕食行为。按照动物解放论、强势权利论的观点,这种捕食行为就是一种不道德的行为,在辛格看来,只要是具有感受快乐和痛苦能力的动物,都应该平等地关心、对待它的利益,那么对两个都具有这种感觉能力且是捕食者与被捕食者关系的动物来说,显然被捕食者的利益要受到捕食者的侵害;在雷根看来,只要是生活主体,就应具有平等的道德地位和相同的道德权利,那么同样地,对两个都是生活主体且是捕食者与被捕食者关系的动物来说,两者的道德地位就不可能平等。但如果从整个生态系统看,按照达尔文的进化论思想,动物之间的相互捕食符合物竞天择的自然法则,也是促进动物种类进化、维护生态系统平衡的必

要手段,相应地,捕食者给捕食者带来的这种痛苦就是一种"必要的恶、不好的善、辩证的价值"。对动物物种之间的这种利益冲突,辛格虽然提出了两个化解的原则,但在实际中往往难以发挥有效作用。这两个原则:一是利益重要程度原则,一般来说,基本利益要比非基本利益重要,两者冲突时非基本利益应让位于基本利益;二是心理能力复杂原则,心理能力较简单的动物利益应让位于心理能力较复杂的动物利益。根据这两个原则,假如在虎吃鹿的情境中,虎吃鹿,鹿死;虎不吃鹿,虎会饿死,此时谁的利益更基本?虎与鹿的心理能力哪个更复杂?都无从判断。

另一方面是动物与人类之间的冲突。按照强势权利论的观点,作为生活主体的动物拥有天赋价值,从而拥有与人完全相同的道德权利,这在逻辑和事实上都是行不通的。从逻辑上看,雷根通过生活主体把人与动物联系起来,把康德关于人的天赋价值扩展到动物身上,并推论动物与人拥有完全相同的道德权利,这种逻辑在前面分析中已证明是有缺陷的;从事实上看,动物拥有的权利是无法与人的权利等同的,后者的范围要远远大于前者,除了道德权利一般包括的生命权、自由权和身体完整权之外,还有选举权、发言权、财产权等等。因此,强势权利论简单地将动物权利与人的权利等同起来,实质上是通过降低人的道德地位、缩小人的权利范围来提升动物的地位、赋予动物与人相同的权利。在实践目标上,强势权利论主张废除人类一切利用动物的行为,"不全面废止我们所知的动物产业,权利观点就不会满意"[①]。但这种主张与人类拥有的"环境权"是相冲突的。从环境伦理学角度看,人类的"环境权"是指人类既有使用和改造自然、满足自身发展需要的道德权利,也有保护自然环境、维护生态平衡的道德义务。强势权利论把人类对动物保护的道德义务扩大到停止使用一切动物,实质上是把对动物的保护与对动物的使用简单地等同起来,通过贬低人类的"环境权"来实现动物的道德权利,这对人类道德权利来说其实是另一种形式的不平等,这种不平等与强势权利论自身倡导的权利平等观念也是矛盾的。

---

① 雷根.动物权利研究[M].李曦,译.北京:北京大学出版社,2010:331.

第三节 西方动物伦理思想面临困境的原因剖析和发展趋势

一、原因剖析

西方动物伦理思想之所以面临着上述理论和实践困境,从人与自然生命共同体视角分析,主要有以下三个方面的原因。

(一)对伦理基础的认识不一致

也就是对动物是否具有自身的内在价值、动物在自然界中的地位和作用等基础问题看法还不一致,从而对动物是否具有主体意义上的道德权利、人类对动物负有何种道德义务等伦理问题充满着争议,未能形成公认的、相对成熟的动物伦理理论。人类中心主义的动物伦理思想认为动物对人主要是工具价值,不具有自身的内在价值,因而不具有主体意义上的道德权利,相应地,在地球生态系统中,把人作为主体,把动物作为人类可利用的资源,只是利用的方式和对待的态度不同而已;而非人类中心主义的动物伦理思想总体上认为动物除了具有工具价值外,还具有自身的内在价值,因而与人具有平等的道德地位,具有主体意义上的道德权利,相应地,把包括动物在内的自然作为地球生态系统的主体,人类应平等地对待动物,与动物建立相互尊重的伙伴关系。

(二)割裂了人与动物之间的内在统一性

人类中心主义的动物伦理思想和非人类中心主义的动物伦理思想看上去观点迥异,但从其论证逻辑来看,二者却又是基本一致,都体现了主客二元论的思维模式,都将人与动物割裂开来、对立起来,而没有作为一个整体来考量,这既不利于形成相对统一的动物伦理基本理论范式,也不利于把握人与动物作为生命共同体两者之间的伦理关系。在自然生态系统中,人与动物之间通过食物链存在着或多或少、或直接或间接的联系,生命共同体理念进一步表明人与包括动物在内的自然是相互联系、相互依存的内在统一体。人与自然作为生命共同体,既不应以人类为中心,也不应以包括动物在内的自然为中心,而应当把人与包括动物在内的自然作为一个统一的整体来考量两者之间的伦理关系。实际上,在这个生命共同体中,人类既是自身利益的代表,也是自然(包括动物在内)利益的代表,二者利益是一致的、统一的。如果人为地将人与包括动物在内的自然割裂开来,反而不利于化解二者之间的利益或权利冲突,难以实现人与自然的和谐共生。

(三) 忽视动物尤其是野生动物的生态价值

西方学者在研究动物伦理时,往往关注的是动物是否具有理性、能否感受苦乐等,并由此判断动物是否拥有道德地位和道德权利,较少关注动物的生存环境,不考虑动物在其生态系统中的地位和作用,从而也就不能把动物及其物种的生态价值纳入伦理依据,这一方面会造成伦理标准相对单一,不能全面反映某类动物个体或物种与人之间的伦理关系,也不能衡量生态系统中所有种类动物与人之间的伦理关系。比如,辛格的动物解放论只将那些与人具有相似特质,即具有感受苦乐能力的动物纳入道德关怀范围;雷根强势动物权利论的伦理对象则仅限于哺乳动物和鸟类动物。另一方面,会在动物保护实践中遇到一些伦理问题时常常难以回答和处理。比如,对生活在同一个生态系统中的熊猫和蜗牛、大象和野兔,我们是该依据动物是否具有感受痛苦能力给予不加区别的伦理对待,还是该考虑其珍稀程度和生态价值不同而给予不同的伦理关怀,答案不言而喻。实际上,对于这个问题,西方一些学者已经意识到了并提出自己的观点,比如,美国学者沃伦提出了混合标准理论,她认为,对有生命的存在物的道德地位,仅仅依据其生命特征、感受能力、理性意识等内在属性来判断是不够的,还必须依据其社会(生态)关系来判断区别对待的合理性[①]。

由此可见,不能将人与包括动物在内的自然看成生命共同体,从而不能从生态整体观的视角研究人与动物之间的伦理关系,是造成西方动物伦理思想当前面临的理论和实践困境的重要原因。"解铃还须系铃人",在生态文明建设背景下,需要从生命共同体的视角拓展和深化现有的西方动物伦理研究,展望其未来发展趋向,推动西方动物伦理思想走出当前的困境。

---

① 杨通进.环境伦理:全球话语 中国视野[M].重庆:重庆出版社,2007:257-259.

二、发展趋势

(一) 人类中心主义与非人类中心主义动物伦理的界限趋向融合

从哲学基础来看,关于人与动物关系的动物伦理思想都是基于一定的自然观或世界观形成的,动物工具论、动物同情论、动物福利论虽然各自的观点不同,但都是以人类中心主义为哲学基础;同样地,动物解放论、动物权利论的哲学基础是非人类中心主义。而人类中心主义和非人类中心主义一直是西方环境伦理学争论的焦点,至今尚未形成共识。人类中心主义以达尔文的生物进化论为理论基础,把人看作是自然的中心,把人的利益摆在优先位置,强调人是自然的目的,自然界的存在物是为人服务的工具和手段;而非人类中心主义则是以生态学为理论基础,认为人是自然这个生态系统的一部分,完全依赖于自然界而存在,强调人必须把自然作为目的,通过维护自然的利益才能实现自己的生存利益。虽然人类中心主义也强调人与自然的统一,非人类中心主义也试图弥合人与自然的分裂,但两者在本质上仍然都是把人与自然对立起来,并未从根本上找到一条通向人与自然统一的途径。对此,马克思指出,到了共产主义社会,"社会是人同自然界的完成了的本质的统一,是自然界的真正复活,是人的实现了的自然主义和自然界的实现了的人道主义"。① 这也就是说,从未来的发展趋势来看,人与自然在本质上将走向融合,在这种融合状态下,人既是自己利益的代表,也是自然利益的代表;自然就是人,人就是自然,人与自然无所谓中心,人是中心即是自然是中心,自然中心也即是人是中心,人类中心主义和非人类中心主义的对立由此而得到消解,走向融合统一。

从价值取向来看,人类中心主义动物伦理思想与非人类中心主义动物伦理思想的根本分歧在于动物是否具有内在价值,或者说动物是否只具有工具价值。这里的内在价值指的是一种作为目的的、而非工具性的内在价值(也就是《生态伦理:精神资源与哲学基础》一书中总结的第四种意义上的内在价值②),人类中心主义动物伦理思想认为动物不具有内在价值,只具有

---

① 马克思恩格斯文集:第1卷[M].北京:人民出版社,2009:187.
② 何怀宏.生态伦理:精神资源与哲学基础[M].保定:河北大学出版社,2002:303-305.

工具价值(在前面第四章讲到,动物福利论的伦理基础是动物既具有外在价值[或称工具价值]也具有内在价值,但这种内在价值指的是一个存在物因内在属性而拥有的内在价值,不同于作为目的的内在价值);非人类中心动物伦理思想认为动物不仅具有工具价值,而且具有内在价值(动物权利论中的天赋价值与此意义差不多)。罗尔斯顿将内在价值的对象由人类扩展到自然,不但认为自然具有内在价值,而且认为在生命共同体内,内在价值和工具价值是可以相互转化的。罗尔斯顿和马克思都认为内在价值和工具价值在生命共同体内本质上是统一的,作为生命之源的自然系统将内在价值和工具价值紧密地结合在一起。内在价值与工具价值的可转换性、统一性为人类中心主义与非人类中心主义动物伦理思想未来的融合奠定了重要的价值观基础。

从现实需要与理想诉求的结合来看,如前所述,西方动物伦理思想可以分成人类中心主义和非人类中心主义两大类别,两者既有区别又有联系,前者虽然比较符合当今的社会现实,但在理论境界上逊于后者,所要实现的实践目标与人们情感上的理想诉求还有较大的差距;后者虽然在理论上比较彻底,但与社会现实相差甚远,实际操作上也存在诸多困难,尤其是强势动物权利论主张给予动物与人类同等的道德地位,要求废除人类一切压榨和使用的行为,这些诉求"看上去很美",但现实"很骨感"。因此,我们必须在理想诉求和现实需要之间找到一种两者兼顾、具有实际操作性的道德原则和伦理规范。正如马克思指出的那样:"只有在现实的世界中并使用现实的手段才能实现真正的解放。"[①]这就需要一种超越现有的人类中心主义、非人类中心主义争论分歧的新的动物伦理理论,从而也为两者走向融合提供了可能和空间。

(二) 动物伦理思想将呈现多元化共存的发展格局

从动物种类及人与动物关系来看,动物的种类繁多,数量数不胜数,粗略地可以分为爬行类、飞禽类、哺乳类、昆虫类、家禽类、鱼类、食肉类等几大类,当然有的类动物之间互有交叉。不同类别的动物在身体结构、感觉能

[①] 马克思恩格斯选集:第1卷[M].北京:人民出版社,2012:154.

力、行为习惯、稀缺程度等方面差异巨大,每一个动物都是地球生态系统中的一员,在其中的地位和作用也很不相同。再从人与动物的关系来看,虽然人类的生产生活离不开动物,但真正与人类有密切关系的动物,相对于庞大的动物数量来说,还是占很少数的,不同种类的动物对人的价值也不相同,两者之间的界限是多重的、异质的、开放的,因此,人与动物之间的关系也不能一概而论。面对数量如此庞大、差异不一、与人类关系密切程度不同的动物,如何建立人与动物之间的道德原则和伦理规范,确实不是简单的某种理论所能承担的。可能的设想是在一种总的原则下,分门别类、有所区别地考虑不同动物的道德地位、利益问题,这就需要多元化的动物伦理思想加以指导。

从伦理依据和标准来看,长期以来,西方学者对依据什么标准来确立动物的道德地位、考虑动物的利益或权利一直充满争议,不同的理论依据形成不同的动物伦理思想,适应的动物范围和追求的动物利益或权利目标也不同。例如,辛格的动物解放论以动物感受快乐和痛苦的能力为依据,把拥有利益的动物范围限定在农场、鸟类、哺乳类、海洋生物等有感觉能力的动物,追求的权利内容是"平等的考虑";雷根的强势动物权利论以生活主体的天赋价值为依据,把权利主体范围限定为某些高等哺乳动物和鸟类,追求的权利内容是"获得尊重对待的平等权利",沃伦的弱势动物权利论以动物有感知能力进而拥有利益为依据,权利主体范围限定为一切有感觉能力的动物,追求的权利内容是"趋乐避苦"。在前面章节中,我们分析了这种单一的伦理依据和标准具有片面性。对此,沃伦提出了混合标准理论,她认为,一个动物的道德地位不仅与它的感受能力、生命特征、理性或意识等内在属性有关,而且与它的社会关系、生态关系等也有关,所有这些因素都以不同的方式影响着其道德地位[①]。也就是说,判断一个动物是否具有道德地位、拥有多少道德权利的依据和标准将趋向多元化,由此而可能产生的混合标准理论与人们的道德直觉比较相符,可以避免动物解放论、强势动物权利论所面临的理论和实践困境,为人类科学合理地利用动物提供伦理依据和道德

---

① Warren M A. Moral status: obligations to persons and other living things[M]. New York: Oxford University Press, 1997.

空间。

　　从道德的普遍性和特殊性来看,道德的普遍性原则是相对的、有条件的,如果某种道德原则一旦被绝对化了,就有可能会产生悖论,从而最终否定自身。因此,判断一个行为在道德上是正确的还是错误的,不仅要受到道德普遍性的制约,同时还要考虑道德特殊性的要求。例如,按照道德的普遍性原则,如果我们要禁食狗肉,那么就应该也禁食猪肉、牛肉、羊肉等,甚至连肉都不应该吃。但事实上,在现有条件下,不吃肉是不可能的,因此,我们就不应该禁食狗肉。如果按这样的推理逻辑,那么我们就不可能保护任何动物,因为一旦我们想要保护某一种动物,就会遭到类似的反驳和抵制。这里的问题显然就在于把道德的普遍性原则绝对化了。因此,在动物保护实践中,我们不应该把道德的普遍性原则绝对化,一视同仁地对待所有的动物,而是要基于所处的生态系统,根据不同动物自身的特征、物种的稀缺性等特殊性,采取适当的行为和方式有所区别地加以保护,达到既能更好保护动物又能实现生态系统平衡的目标,这就需要更加灵活多样的动物伦理理论的指导。

第七章

构建以生命共同体理念为基石的动物伦理理论

近现代以来，西方动物伦理思想取得了长足发展，形成了丰富的动物伦理理论体系，尽管发展过程充满争议、派别众多，至今尚未形成统一的、公认的动物伦理理论，但却有力推动了西方动物保护运动的发展和社会文明程度的提高。而在我国，虽然古代传统文化中就有许多关于人与动物关系的伦理思想，但由于复杂的历史原因，近现代以来我国的动物伦理理论一直未能发展起来，也导致了我国的动物保护实践发展相对滞后。在当前生态文明建设的大背景下，迫切需要突破西方人类中心主义和非人类中心主义动物伦理思想的局限性，构建生命共同体视域下的中国特色动物伦理理论，以指导和推动我国的动物保护事业发展和生态文明建设。

第一节　基于生命共同体理念拓展动物伦理研究视角

动物伦理学是研究人与动物之间伦理关系以及人对待动物道德规范的一门学科。总体上看,西方现有的动物伦理研究基本上都是从动物个体出发研究动物的福利和权益问题,对动物及其物种在自然生态系统中的地位和价值,以及从生态系统整体考虑人与动物应具有怎样的伦理关系较少涉及,这也使得现有的西方动物伦理思想在当前环境伦理学深入发展和生态文明建设深入推进的大背景下,面临着诸多理论和实践困境。生命共同体理念的提出为拓展动物伦理研究视角、破解西方动物伦理思想面临的理论和实践困境提供了一种新的视域,这种新的视域主要体现在以下三个方面。

一、动物伦理研究由个体拓展到物种和生态系统

回顾西方学者关于人与动物关系和伦理问题的观点和研究,我们可以发现,近代以前,无论是哲学的还是宗教的,基本上都是从灵魂、理性和非理性等角度笼统性地阐述人和动物的关系,对动物类型没有进行具体的细化和划分,当然那时也不存在物种和生态系统的概念。近现代以来,随着科学技术的发展和对动物的了解加深,一些学者开始系统地、逻辑地去研究和论证人与动物的关系和伦理问题,尽管可能观点迥异,比如笛卡尔的动物机器论、康德的间接义务论与辛格的动物解放论、雷根的动物权利论,尽管可能是针对某一类动物的分析,比如辛格、雷根的主要研究对象是哺乳动物、鸟类动物等,但总体上看,这些研究和论证主要是对动物个体的,而不涉及动

物物种,更不涉及生态系统了,辛格和雷根甚至还认为物种不是实体概念,因而不具有动物权利,这也导致他们的观点在理论上大打折扣,在实践上面临诸多困境,甚至有学者认为他们的理论不是一种真正的环境伦理学,至多是一种有害的环境伦理学。

生态学是研究生物之间及生物与其环境之间相互关系的科学,随着学科的发展,其对动物种群的研究愈加深入,特别是奥德姆把包括人类在内的所有生物都纳入生态学研究范围,生态系统逐渐成为现代生态学研究的主流。随着生态学向经济社会各领域的应用拓展,生态学研究进一步拓展到社会生态系统和自然—社会复合生态系统。社会生态系统是人类社会子系统与其环境子系统在特定时空的组合,按照功能特征,社会生态系统由社会要素和环境要素两部分组成,社会要素指的是人类社会,又可分为社会生产群体、社会管理群体和社会败坏群体;环境要素指的是人类的生存环境,又可分为无机环境、有机环境和社会环境,无机环境包括阳光、温度、无机物等理化因子,有机环境包括植物、动物、微生物等生物因子,社会环境包括文化传统习俗、科学技术知识、伦理道德观念、政治法律制度、社会组织状况等人文因子。① 自然—社会复合生态系统是自然生态子系统与社会生态子系统在特定时空有机结合、复合而成的统一体,自然生态子系统由生物群落(包括生产者、消费者、分解者)和无机环境组成,社会生态子系统由人类社会(生产者、管理者、败坏者)和综合环境(无机环境、有机环境、人文环境)组成,自然—社会复合生态系统兼具了自然和社会两个子系统所具有的客观实在性、自然性、社会性和经济性等特点②。由此可见,人是社会生态系统的生物主体,而动物既属于自然生态系统中的生物因子,又属于社会生态系统中的有机环境因子,因此,我们研究人与动物的关系和伦理问题,必须要把它放到自然—社会复合生态系统中去,以全面地考察各生态因子对其产生的影响。

二、动物伦理研究由突出人与动物对立到强调人与动物统一

如前所述,西方学者对人与动物的关系和伦理问题关注已久,相关的论

---

① 叶峻,李梁美.社会生态学与生态文明论[M].上海:上海三联书店,2016:9.
② 叶峻,李梁美.社会生态学与生态文明论[M].上海:上海三联书店,2016:13-14.

述和观点也有很多,有的认为动物缺乏理性和意识,动物是工具、是机器,动物是为人类而存在的;有的认为人类对待动物要有怜悯之心,要善待动物,反对残酷虐待动物;有的认为要关注动物的身体和心理健康,避免使动物遭受不必要的痛苦;有的认为动物能够感受快乐和痛苦,应平等地考虑它们的利益;有的认为动物是生活主体,具有天赋价值,应赋予动物平等的道德权利,等等。所有这些观点大致可分为以人类中心为取向和以自然中心为取向的两类动物伦理思想。从他们的论述和研究中,我们可以看出,不管是以人类为中心还是以自然为中心,都是将人与动物割裂开来、对立起来,而没有作为一个统一的整体来考虑和研究,这也导致了西方的动物伦理研究没有形成相对统一的基本理论范式,从而也就难以形成公认的、相对成熟的动物伦理理论,在动物保护实践上也是存在诸多困境,分歧不断。生态学尤其是现代生态学认为,人与自然生命共同体的各个组成因子既相互依存,又相互制约,发挥着各自的功能和作用,是不可分割、有机统一的整体,由此而产生的生态哲学也主张超越人与自然对立的二元论观念。动物和人类都是地球生态系统中的重要成员,按照生态学的思维和研究方法,应当把人和动物放在这个生态系统中,作为一个整体来研究他们之间的关系和伦理问题,这也为走出目前西方动物伦理理论和实践困境,判断其未来发展趋向提供了一个方法论方面新的视域。

三、动物伦理研究由脱离生态环境到关注生态环境

动物伦理主要是研究人与动物的关系和伦理问题的,而人和动物的关系是历史的、动态的,也是具有区域性质的,不仅总体上要受到人对自然、对动物认识的影响和制约,而且还要受到当时当地的自然状况、科技进步、经济发展、文化传统、风俗习惯、社会制度等多方面因素的影响和制约,因此,研究人与动物的关系和伦理问题,不能脱离其所处的生态环境和经济社会发展背景。目前的西方动物伦理研究更多的是从动物本身的特质出发,以动物是否具有理性、动物是否具有感知能力等作为论证的逻辑起点和判断标准,而对人类和动物生存发展的生态环境和经济社会背景关注较少。而生态学自产生之日起,就强调是一门研究生物之间以及生物与其环境之间

相互关系的科学,特别是现代生态学把生物(包括人类)及其生存环境看成一个不可分割的自然整体,并用生态系统的方式去思考,这是人类认识自然方式的一个重大进步,有助于人类通过揭示人与自然(包括动物)之间相互关系的基本规律,找到度过生态危机、实现人与自然(包括动物)和谐相处的对策。同时,这也启示我们在研究人与动物的关系和伦理问题时,要更多地关注人和动物所处的生态环境和背景,从而更全面、更深入地理解和把握其中的内涵,更好地指导动物保护实践。

第二节 以生命共同体系统观确立动物伦理基础

按照人与自然生命共同体理念的伦理内涵和实践要求,构建生命共同体视域下完整的动物伦理,除了要关注西方动物伦理思想强调的动物个体利益或权利之外,还要关注动物物种及其生态系统的利益或权利,为此,不仅要拓展研究的视角,还要对其伦理基础也相应地予以拓展,形成个体和整体相结合的伦理依据和标准,以全面考察和恰当处理人与动物的伦理关系。

一、动物个体:工具价值和内在价值

西方学者研究动物个体的利益或权利问题时,主要以动物是否具有理性或意识、是否具有感受苦乐能力、是否具有工具价值或内在价值等作为伦理依据判断动物是否应该得到道德地位和道德关怀,形成若干代表性思想流派。其中,动物是否具有理性或意识已在很大程度上得到了现代科学的验证,随着人类对动物认识的深化,将其作为动物机器论的伦理依据已站不住脚。而动物对人具有经济、科学、消遣、审美等工具价值和不依赖人而存在的内在价值,目前已基本形成共识,这也是西方动物福利论、动物解放论、动物权利论等代表性思想流派的伦理依据。虽然这些伦理依据在逻辑上存在各自的缺陷,但对判断和衡量人对动物个体的道德关怀比较符合人类认

知,相对客观具体。因此,可以借鉴西方动物伦理思想发展成果,将动物对人的工具价值和自身固有的内在价值作为构建生命共同体视域下人与动物个体伦理关系的基础,并从我国目前发展阶段和公众动物伦理意识等国情出发,重点建立动物个体福利的相关理论和伦理规范。

二、动物物种及其生态系统:生态价值

生态价值是自然生态系统的一种整体性价值,是生态因子及生态系统所具有的外在价值(工具价值)和内在价值的统一。对自然生态系统来说,每个动物物种都具有生态价值,这种价值主要表现为保护生物多样性、维护生态系统平衡,这体现了动物生态价值的绝对统一性;动物的生态价值还具有相对差异性,既表现为不同种类动物在同一生态系统中的生态价值有所不同,也表现为同一种类动物在不同生态系统中的生态价值有所不同。一般来说,野生动物尤其是濒危野生动物的生态价值要比家养动物更为显著。动物物种具有的生态价值,为研究动物物种及其生态系统的利益或权利问题提供了价值基础。应从生命共同体理念出发,汲取我国古代"天人合一"等生态思想智慧,把生态价值作为伦理基础、纳入伦理依据,建立生命共同体视域下动物物种及其生态系统的伦理理论,为加强动物特别是野生动物物种保护、维护生态系统平衡、实现人与自然和谐共生提供理论指导和行为规范。

当动物个体的自身利益与生命共同体的整体利益发生冲突时,应坚持整体利益优先,把动物物种及其生态系统的保护放在首要位置,使动物种群的数量保持在合理区间,维护食物链及生态系统的平衡和稳定,这既有利于维护生命共同体的整体利益,也符合环境伦理的整体主义原则。"一件事情,当它倾向于维护生命共同体的完整、稳定和美丽时,就是正确的;反之,就是错误的。"罗尔斯顿认为,"无论从微观还是宏观角度看,生态系统的美丽、完整和稳定都是判断人们的行为是否正确的重要因素"[1]。

---

[1] 罗尔斯顿.环境伦理学:大自然的价值以及人对大自然的义务[M].杨通进,译.北京:中国社会科学出版社,2000:307.

第三节 针对生命共同体差异性构建多元化动物伦理体系

在地球生物圈中,动物种类繁多、数量巨大,不同种类动物之间的差别明显,在身体结构、种群数量、生活习性等方面各不相同,各种动物的感觉能力、与人类之间的远近关系、对自然生态环境的作用和影响等也不相同,因此,难以建立一种单一的、普遍的、适用于所有动物的动物伦理规范。具体实践中,应当基于生命共同体理念,坚持共性和个性相结合,根据不同种类动物的自身特性及其所生活的生态系统特征,分门别类构建多元化、系统化的动物伦理体系。这里,就人与野生动物和驯养动物的伦理关系以及对不同珍稀程度动物保护的伦理义务作一阐述。

一、人与野生动物和驯养动物的伦理关系

根据是否驯化或圈养,可将动物大致分为野生动物和驯养动物,这两类动物与人类的远近关系、对自然生态环境的生态价值等不同,因此,与人之间伦理关系的重点也有所不同。

对野生动物来说,动物伦理重点是保护物种安全,维护生态系统平衡。绝大部分野生动物都生活在远离人类的自然界中,是地球生物圈中的重要成员,由于野生动物及其物种具有生态供给、生态调节、生态生产力、生态文化服务等方面的重要生态功能,野生动物数量的减少尤其是物种的灭绝就会破坏生态系统食物链,降低生态系统自我修复能力,影响生态系统乃至地球生物圈的稳定性。当这些影响超过生态阈值时,就会威胁到整个生态系统的平衡和稳定,从而直接或间接地威胁人类的生存。因此,构建野生动物的动物伦理应该主要以其生态价值为伦理依据,在保护野生动物个体生命的同时,更要注重保护野生动物尤其是濒危野生动物物种的安全。通常这两者在内在要求上是一致的,保护了野生动物个体的生命,也就保护了野生动物物种的安全;当这两者矛盾的时候,要把保护野生动物物种的安全作为底线要求,以维护生态系统的平衡稳定和持续发展。

对驯养动物来说,重点是以反虐待为基础,保障动物个体的基本福利。驯养动物与人类的关系比较密切,与人类的生产生活直接相关。驯养动物除了具有对人的工具价值和自身固有的内在价值外,其物种对地球生态系统也具有一定的生态价值,但相对于野生动物而言,其生态价值没有那么显著。因此,构建驯养动物的动物伦理应该主要以其工具价值或内在价值为伦理依据,更多关注生命个体的利益或权利,现阶段重点是反对虐待动物、反对肆意伤害动物生命,保障动物个体的基本福利。当然,受不同国家和地区政治、经济、文化、风俗等多种因素的影响,具体的福利标准可能有所不同,但基本内容应包括生理、环境、健康、心理、行为等方面的福利。

二、人对不同珍稀程度动物的保护义务

这主要是针对野生动物而言的,一般来说,珍稀程度越高的野生动物,其在生态系统中的地位越重要,生态价值越高,就需要采取越严格的保护措施,人类对其的保护责任就越大,这也是野生动物保护等级程度划分的重要依据。比如,大熊猫之所以被称为"国宝",就是因为其珍稀程度高。又比如,在自然生态系统中,一般而言,大象比野兔的重要性和稀缺性相对更加突出,因此大象的生态价值更高,保护大象的义务优先于保护野兔的义务。当然,野生动物的珍稀程度有时是相对的、动态的,其生态价值也会发生变化。比如,在日本的北海道,20世纪初野生梅花鹿曾经是濒危物种,随着采取严格保护措施,其数量快速增加,逐渐变得不再稀缺。由于梅花鹿喜欢啃食林木幼苗和农作物,给当地的森林更新和农业生产造成了不良影响,因此从20世纪90年代开始,野生梅花鹿反而被作为有害动物加以控制。与之形成对比的是,在我国,目前野生梅花鹿仅有1 000多只,再加上栖息地呈分割状态,面临着物种灭绝的风险,被确定为极度濒危的一级保护野生动物[①]。由此可见,野生梅花鹿在我国的生态价值要比在日本的北海道高得多,因而采取的动物保护策略和对其的保护义务就有所不同。

---

① 蒋志刚.从人类发展史谈野生动物科学保护观[J].野生动物,2013(1):43-45.

第八章

生命共同体视域下动物伦理的理论特质和基本内涵

动物伦理既具有共时性又具有历时性,同时又与一个国家或地区的经济社会发展阶段、文化传统、风俗习惯等密切相关,因而中西方动物伦理也就具有不同的理论特质。生命共同体视域下的中国特色动物伦理在理论来源、构建原则、基本内涵等方面具有鲜明的时代特征,充分体现了守正创新的突出品质。

第一节　生命共同体视域下动物伦理的理论源泉

构建生命共同体视域下的动物伦理理论,既要切实增强文化自信,从我国古代的动物伦理思想中汲取智慧和营养,也要以开放的心态和合作的态度,学习借鉴西方长期以来形成的动物伦理理论成果,其理论来源主要包括以下三个方面。

一、马克思主义自然观

习近平总书记在哲学社会科学工作座谈会讲话中指出,当代中国哲学社会科学区别于其他哲学社会科学的根本标志,就是坚持以马克思主义为指导,必须旗帜鲜明地加以坚持。构建中国特色动物伦理理论,同样也要坚持马克思主义为指导,具体来说,主要坚持马克思主义自然观为指导。这不仅是由我国的国情所决定的,也是马克思主义自然观的科学性和实践性所决定的。

马克思主义自然观是马克思、恩格斯关于人与自然关系的一系列观点和论述的总称,它是以朴素自然观和机械论自然观中的积极成分为基础,吸收黑格尔辩证法和当时的科学技术成果等形成的,它的基本特征体现在四个方面:(1)体现了自然史与人类史、自然环境与社会环境的统一;(2)人是"能动的存在物",具有能动性,但人的能动性的发挥不是无限的、绝对的,体现了能动性和受动性的统一;(3)体现了人的内在尺度和自然的外在尺度的统一;(4)体现了自然主义和人道主义、共产主义的统一。马克思主义生态自然观的主要内容包括以下两个方面。

(一) 人与自然的关系

关于人与自然关系的思考在马克思主义思想体系中占有举足轻重的地位,贯穿于马克思主义理论形成的全过程。马克思从历史的角度考察了人与自然之间辩证统一的关系:一方面,人来源于自然界,自然在人类认识和改造自然之前就已经存在了,人是自然界发展到一定阶段的产物,人类的生存与发展依赖于自然界,"人靠自然界生活。这就是说,自然界是人为了不致死亡而必须与之处于持续不断的交互作用过程的、人的身体"[①]。另一方面,自然界是可以被人认识、感知和实践的,人类通过对象性的活动,使原始的"自在自然"转变为"人化自然"。"这种生产是人的能动的类生活。通过这种生产,自然界才表现为他的作品和他的现实。"[②]但马克思同时指出,这并不意味着人可以随意地改造自然、肆意地破坏自然、无限制地征服自然,而必须遵循、顺应自然规律,促进人与自然的和谐发展。

(二) 人类社会与自然的关系

马克思在阐述人的自然属性的同时,还注重阐述人的社会性,强调人通过社会实践使自身进入到自然当中,并通过社会实践来改造自然,赋予自然新的图景。马克思指出,人类社会与自然的形成和发展过程,归根结底就是自然的人化过程和人的自然化过程,自然的人化过程是以人的尺度来改造自然的过程;而人的自然化过程是以物的尺度来规范人的社会实践活动的过程,这里的物的尺度指的是自然规律,这也就是说人在认识自然、改造自然的过程中,必须通过认识和把握自然规律,来指导和改变人的社会实践活动,并使之符合自然规律。

马克思主义自然观蕴含着丰富的生态伦理思想,具体到人与动物的关系上,主要体现在两个方面:一方面,人和动物之间存在着实质性差异。与动物权利论等学派竭力消除人与动物之间主体性界限、掩盖它们功能性分工截然不同的是,马克思承认并阐述了人与动物之间的实质性差异,这种差

---

① 马克思恩格斯文集:第 1 卷[M].北京:人民出版社,2009:161.
② 马克思恩格斯文集:第 1 卷[M].北京:人民出版社,2009:163.

异主要体现在动物与人在生产内容、方式、衡量尺度等方面的不同,在生产内容上,动物只生产自身,而人再生产整个自然界;在生产方式上,动物是受肉体需要支配的,而人能不受肉体需要影响而进行真正的生产;在生产尺度上,动物只是按照它所属的那个种的尺度和需要来构造,而人却懂得按照任何一个种的尺度来进行生产,并且懂得处处都把固有的尺度运用于对象;因此,人也按照美的规律来构造①。另一方面,在整个生态系统中,人与动物是相互依赖、和谐共生的辩证关系,人类应该保护动物,从理论领域来说,植物、动物、石头、空气、光等等,都是人的意识的一部分,是人的精神的无机界;从实践领域来说,这些东西也是人的生活和人的活动的一部分,人在肉体上只有靠这些自然产品才能生活,不管这些产品是以食物、燃料、衣着的形式还是以住房等等的形式表现出来②。

总之,在人与动物的关系上,一方面,马克思主义自然观不支持人类中心主义的观点,认为人和动物都是从自然而来,都是自然的一部分,两者之间相互依赖,存在着客观的联系,不能孤立、对立地看待,动物也是人类社会实践活动的对象之一,是"人化"的动物,需要在人的社会实践活动中把握和处理好两者的关系;另一方面,马克思主义自然观部分地支持非人类中心主义的观点,肯定自然和动物本身的价值,赞成人的社会实践活动必须尊重自然客观规律,不能为了人的自身利益而肆意地伤害动物的利益。同时,马克思主义自然观超越了非人类中心主义的局限性,基于人与动物之间的实质性差异,承认人类立场的适当优先性,兼顾人类中心主义和非人类中心主义的实践诉求,维护人和动物的共同利益,促进人与自然的和谐发展。

二、我国优秀传统文化中的动物伦理思想智慧

中国传统文化中包含着丰富的动物保护思想,主要体现在儒家、道家、佛家诸多学者的言论和著作中,"天人合一"、尊重生命、关爱动物等是它们的共同思想特征,相对来说,儒家更加突出"仁爱之心、爱有等差",道家更加

---

① 马克思恩格斯文集:第1卷[M].北京:人民出版社,2009:162-163.
② 马克思恩格斯文集:第1卷[M].北京:人民出版社,2009:161.

突出"道法自然、尊道贵生",佛家更加突出"慈悲为怀、护佑众生",体现出各自不同的特色。

(一) 儒家的动物伦理思想

儒家的动物伦理思想主要体现在四个方面:一是"天人合一"。这是从整体上理解儒家思想,也是理解儒家动物伦理思想的出发点,这里的"天"是指万物存在和发展的根本规律,"天人合一"意味着人与自然息息相通、共生共存。无论是"唯天下至诚,为能尽其性;能尽其性,则能尽人之性;能尽人之性,则能尽物之性;能尽物之性,则可以赞天地之化育;可以赞天地之化育,则可以与天地参矣"(《中庸》),还是"天地与我并生、而万物与我为一"(《庄子·各物论》),都强调要把人的发展变化与自然的发展变化联系起来,重视人与自然中其他物种的平衡、和谐。二是仁爱之心。这是儒家思想中最核心也是最基本的思想。"质于爱民,以下至于鸟兽昆虫莫不爱。不爱,奚足谓仁?"(《春秋繁露·仁义法》)强调人要以一颗仁爱之心来对待自然万物。"君子之于禽兽也,见其生,不忍见其死;闻其声,不忍食其肉。是以君子远庖厨也"(《孟子·梁惠王上》)、"钓而不纲,弋不射宿"(《论语·述而》)等,都说明人要尊重动物的生命,以同情心、恻隐之心来对待动物。三是爱有等差。这也是儒家不同于主张"众生平等"的佛家和"类无贵贱"的道家的地方。"君子之于物也,爱之而弗仁;于民也,仁之而弗亲。亲亲而仁民,仁民而爱物"(《孟子·尽心上》)强调人对动物与对父母、对其他人要施以不同的爱,体现了儒家的弱势人类中心主义思想。四是杀伐以时。这也是儒家动物伦理思想的一个鲜明特征。"断一树,杀一兽,不以其时,非孝也"(《礼记·祭义》)、"不麛不卵,不杀胎,不夭牝,不覆巢,此便是合内外之理"(《朱子语类》卷十五)等说明人可以利用动物,但要遵循自然规律,不能随意地、过度地利用动物。

(二) 道家的动物伦理思想

道家的动物伦理思想主要体现在三个方面:一是类无贵贱。道家反对以人类为中心的动物伦理思想,提倡温和的生物平等主义,认为自然中的万物都是平等的,没有贵贱之分,相应地,人和动物也是平等的,人不应该奴役动物、虐待动物。代表性的观点有:"天地万物,与我并生类也,类无贵贱"

(《列子·说符》)、"以道观之,物无贵贱"《庄子·秋水》等。二是尊道贵生。道家认为,人应该尊重生命、爱护生命,不仅要避免伤害动物还应避免伤害树木,在道教的戒律中不杀生是最基本的要求。代表性的观点有:"道教五戒,一者不得杀生"(《洞玄灵宝六斋十直》)、"不得杀伤一切物命。若人为己杀鸟兽鱼等,皆不得食。若见杀禽畜命者,不得食"(《老君说一百八十戒》)等。三是道法自然。这里的"道"指的是天地万物生成的原理,老子强调,"人法地,地法天,天法道,道法自然",也就是说人要顺应天地万物的本性,依据自然法则去对待它们,而不能把自己的意志强加给它们。对于动物,要像尊重自然法则一样尊重它们的天性,让它们能在自然中自由自在地生活。

(三) 佛家的动物伦理思想

佛家的动物伦理思想主要体现在三个方面:一是慈悲为怀。《大智度论》指出,"慈悲是佛道之根本",大慈就是把欢乐给予一切大众,大悲就是把一切大众从苦难中救拔出来,普度众生。佛家慈悲的对象不仅仅是人,还包括动物等在内的一切生命体。"扫地要惜蝼蚁命,飞蛾扑火纱罩灯"等说明,人要尊重、爱护动物的生命。二是因果业报。佛教认为,每一个物种都是自然界必不可少的组成部分,都有其自身价值,发挥着不可忽视的作用,在"因缘"的作用下,人的任何活动都会得到应有的报应,因此,人没有权力将自己的意志强加到动物身上。佛教强调,所有的生命都在地狱、饿鬼、畜生、人、天、阿修罗六道里轮回转换,人可以转世为动物,动物也可以转世为人,这体现了人与动物等众生平等的思想。值得注意的是,人和动物在转世的具体途径上存在着差别,比如,对动物来说,如果有善报才可能转世到人道;对于人来说,因有恶报才会转世到畜生道,恶报小的人可能转世为狮子、老虎等高级的动物,恶报较大的人可能转世为低级的动物,这说明在六道里,人道比畜生道要高,有些动物的道德地位比其他动物要高,这体现了佛教的动物伦理思想仍具有一定的人类中心主义色彩。三是戒杀与护生。佛教主张善待和尊重生命,教导人们时刻以"慈悲为怀",要求其信徒不能杀害包括人、动物等在内的一切生命;同时,鼓励人们去做一些符合菩萨精神的积极"护生"行为,包括素食、环保、生态保育等。

综上所述,我们可以看出,我国古代传统文化蕴含的动物伦理思想十分丰富,总体上看,还是非人类中心主义的思想占据主流,相对于人类中心主义框架下西方传统的动物伦理思想,在理念层面上显得更强一些,与非人类中心主义框架下西方近现代动物伦理思想有许多契合的地方。同时,我们也应看到,我国传统文化中的动物伦理思想也有一些人类中心主义的成分,大多数宗教意味浓,主观的直觉想法多,客观的逻辑推理少,一定程度上影响了其后来的发展和传播。尽管如此,这些动物伦理思想构成了我国传统哲学中不可忽视的重要组成部分,也为我们在新时期构建生命共同体视域下动物伦理理论提供了宝贵资源。

三、西方动物伦理理论的发展成果

西方动物伦理思想源远流长,近现代以来得到了极大的丰富和发展,取得了丰硕的研究成果,这些成果既体现了连续性和延展性,也体现了继承性和创新性,当前尽管各种流派的西方动物伦理思想面临着这样或那样的理论困境和实践难题,但依然为我们开展这方面的研究提供了广阔的思考空间,为构建生命共同体视域下动物伦理理论提供了有益的借鉴和启示。

(一)动物伦理思想发展不能超越经济发展水平、脱离文化传统

从西方国家动物伦理的发展历程来看,经济发展水平是影响动物伦理理论和实践发展的重要因素。通过梳理分析,不难发现,动物伦理理论和实践走在前列的国家往往都是当时经济社会发展水平领先的国家,最先参与到动物权益保护中去的往往都是社会中上层阶级人士。其中的原因可能在于两个方面:一方面,经济发展水平一定程度上决定着人们的生活质量和消费观念,生活质量高了,对食物安全和质量的要求就高,推动着一个国家在动物防疫、检测、饮食、运输、居住环境等方面的动物福利制度渐趋完善;另一方面,随着经济发展水平和生活水平的提高,人们享受的福利就越来越多,在这种情况下,人们才有精力和金钱来关注、提高动物福利,这在伴侣动物身上体现得比较明显。一般来说,伴侣动物享有的福利依赖于饲养主的经济条件,如果饲养主经济条件不好,他就可能缺乏保障伴侣动物饮食和健康的物质条件,因而也就不会过多地去关注伴侣动物的福利。因此,一定程

度上可以说,动物的福利状况取决于人的福利状况。

比较中西方动物伦理思想的历程可以看出,近现代以来,西方动物伦理理论和实践都得到了很大的发展,而我国在理论和实践方面都显得相对滞后,其中的原因是多方面的,经济发展水平和伦理文化传统不同应该是两个重要的因素。从经济发展水平来看,随着工业革命的发展和科学技术的进步,欧美国家的财富不断增加,人们的生活水平大大提高,温饱已不再是人们担心的问题,社会福利制度日趋健全,人们有更多的精力开始关注动物福利。而我国是世界上人口最多的发展中国家,目前还处于社会主义初级阶段,尽管改革开放以来经济取得了快速发展,但人均生活水平还不高,还有相当一部分人刚刚脱离贫困、解决了温饱问题,各方面的社会福利制度还不够完善,因此,在这种情况下,与动物权益相比,人的权益就显得更加重要。从伦理文化传统看,在我国现阶段,虽然近年来人们的动物保护意识不断增强,但是动物福利、动物权益的理念尚未深入人心,在许多人的眼里动物还是处于被其支配的"物"的地位,对动物的认识也仅仅停留在资源利用层面,因而不可能真正地从内心去尊重动物的情感、尊严和内在价值[①]。

(二) 应分门别类地制定不同种类动物的道德原则和伦理规范

动物是个很宽泛的概念,种类繁多,不同种类动物的自治性、主体性差别很大,其稀缺程度、生活习性以及与人类的关系等各不相同,人类负有的实际义务也是有所区别的,因此,很难建立一种单一的、普遍的适用于所有动物的动物伦理理论,正如杨通进博士所指出的"一种恰当的动物保护伦理不仅应当是多元主义的,而且应当是情景主义的"[②]。由此可见,我们应坚持共性和个性相结合,分门别类,建立一种既符合动物伦理理论发展趋势,又有利于我国动物保护运动发展的动物伦理理论。比如,对野生动物,人类应负有的道德义务主要表现为不干涉,那么我们制订的动物伦理规范,应是尽量不干涉它们的自由,不打扰他们的生活,并通过建立自然保护区,保护其必要的生存环境,让它们在其中自由自在地生活并实现自我繁衍。一旦野

---

① 常纪文.WTO与中国实验动物福利保护制度的建设[J].荆门职业技术学院学报,2002(5):16-25.

② 杨通进.环境伦理:全球话语 中国视野[M].重庆:重庆出版社,2007:269.

生动物的栖息地遭到了破坏,那么,应当在不损害人的基本利益的前提下,努力地恢复或重建它们的栖息地,让它们重新在其中自由生活,并加强对濒危动物的保护,使它们的种系得以延续。对农场动物或驯养动物,人类应负有的道德义务主要是满足它们的基本需要,避免遭受不必要的痛苦,使它们在生理上、精神上处于一种康乐状态。为此,我们可以制订以"五大自由"原则为主要内容的动物伦理规范,以保护它们的福利。

(三) 努力实现人与动物之间的和谐相处、互利共生

尽管西方动物伦理思想源远流长,思想派别和内容也十分丰富,但总体上还是呈现出由人类中心主义到非人类中心主义的发展趋势。非人类中心主义价值理念的最重要贡献在于它用一种独特的方式打开了一个看待人与动物关系的全新视界,为我们反思人类中心主义价值观带来的危害,反思人在自然界中的地位和作用以及人与自然的关系,反思人类为追逐自身利益对自然界造成的破坏,打开了一扇窗,敲响了警钟。随着时代的进步、人类文明程度的提高和西方动物伦理思想的深入发展,人类中心主义和非人类中心主义之间的界限逐渐淡化,最终走向融合。从我国来看,中国传统文化中的动物伦理思想总体上是非人类中心主义占据主流,在理念层面上与现代西方的动物伦理思想殊途同归,儒家、道家、佛家等总体上都强调"天人合一",注重追求人类与动物和谐相处的平衡,而不是像人类中心主义和非人类中心主义那样从人与自然对立的角度去论述人与动物的关系。因此,我们应充分借鉴西方的动物伦理发展成果和我国传统文化中的动物伦理思想,打破人类中心主义和非人类中心主义的界限,以人与动物和谐相处、互利共生为出发点和落脚点构建生命共同体视域下的动物伦理理论。

第二节　生命共同体视域下动物伦理的构建原则

一、以习近平生态文明思想为指导

生态文明是 20 世纪中叶以后首先在西方兴起的,它是人类在对传统文

明形态特别是对工业文明深刻反思的基础上形成和发展起来的一种新型文明形态,是指"人类遵循人、自然、社会系统和谐发展这一客观规律而取得的物质和精神成果的总和,是以人与自然、人与人、人与社会和谐共生、良性循环、全面发展、持续繁荣为基本宗旨的文化伦理形态"①。党的十八大以来,以习近平同志为核心的党中央从中华民族永续发展千年大计的战略高度,坚持问题导向,把握时代特征,顺应人民美好生活向往,全面推进新时代生态文明建设,在此基础上形成了习近平生态文明思想,其理论框架主要包括生态自然观、生态历史观、生态发展观、生态民生观、生态治理观、生态安全观等方面,构成了习近平新时代中国特色社会主义思想的重要内容和突出亮点,深刻体现了守正创新的哲学思维和理论品质。

(一)生态自然观

生态自然观是习近平生态文明思想的理论基础和支撑,集中体现在"人与自然是生命共同体"这一基本理念上,深刻揭示了人与自然之间的本质特征,蕴含着两个方面的要义:一是人与自然是命脉相连、不可分割的有机整体。习近平总书记指出:"山水林田湖是一个生命共同体,人的命脉在田,田的命脉在水,水的命脉在山,山的命脉在土,土的命脉在树。"②这充分体现了自然界对于人类生存的重要意义,自然是生命之母,人因自然而生,"生态环境是人类生存最为基础的条件"③,我们要"像保护眼睛一样保护生态环境,像对待生命一样对待生态环境"④。二是人与自然相互依存、共生共荣,而不是主宰与被主宰、征服与被征服的关系。人类诞生后通过实践活动利用自然、改造自然,使自然符合人类的需求,但是工业文明以来,随着科学技术的迅猛发展,人类利用自然、改造自然的能力得到了极大提高,以致人类错误地认为自己是自然的主宰,可以肆意地征服自然,满足人类无休止的欲望,导致一系列生态危机事件的发生,威胁着人类自身的生存发展。对此,习近

---

① 杜向民,樊小贤,曹爱琴.当代中国马克思主义生态观[M].北京:中国社会科学出版社,2012:273.
② 中共中央文献研究室.习近平关于社会主义生态文明建设论述摘编[M].北京:中央文献出版社,2017:47.
③ 习近平.论坚持人与自然和谐共生[M].北京:中央文献出版社,2022:150.
④ 中共中央文献研究室.习近平关于社会主义生态文明建设论述摘编[M].北京:中央文献出版社,2017:8.

平总书记多次引用恩格斯一段警醒的话,"我们不要过分陶醉于我们人类对自然界的胜利。对于每一次这样的胜利,自然界都对我们进行报复"①,并指出"人与自然是一种共生关系,对自然的伤害最终会伤及人类自身"②。

(二) 生态历史观

习近平总书记以深邃的历史眼光,把自然生态环境上升到人类文明发展的高度,在深刻总结古今中外经验教训的基础上,鲜明地提出"生态兴则文明兴,生态衰则文明衰"③这一生态历史观。从世界文明史来看,古埃及文明发源于尼罗河下游地区,古巴比伦文明主要发源于幼发拉底河和底格里斯河流域的美索不达米亚平原,这些地方都曾是森林茂密、田野肥沃、水量丰沛,但却因为当地居民大量侵占湿地和砍伐森林,造成生态环境衰退特别是严重的土地荒漠化,导致古埃及、古巴比伦两大文明的衰落。从中华文明史来看,虽然说数千年延绵不断,一定意义上得益于我们自古以来就有重视人与自然关系的优良传统④,但一些地方在发展过程也曾出现过严重的生态环境问题,古代一度辉煌的楼兰文明曾经是一块水草丰美之地,由于屯垦开荒、盲目灌溉导致孔雀河改道而衰落,已被埋葬在万顷流沙之下;塔克拉玛干沙漠的蔓延,湮没了盛极一时的丝绸之路;黄土高原、渭河流域等也曾是森林遍布、山清水秀,由于毁林开荒、乱砍滥伐造成生态环境遭到严重破坏,加剧了这些地方的经济衰落。古今中外的这些事例,深刻揭示了人类文明兴衰演替背后的生态环境因素,人类尊重、顺应和保护自然,其文明就能兴盛;反之,人类将遭受到自然界的惩罚和报复,其文明就会衰落。

(三) 生态发展观

发展是党执政兴国的第一要务。实现什么样的发展、怎样发展一直是我们党探寻的主题。习近平总书记站在人类发展史的高度,把握时代特征

---

① 马克思恩格斯选集:第3卷[M].北京:人民出版社,2012:998.
② 中共中央文献研究室.习近平关于社会主义生态文明建设论述摘编[M].北京:中央文献出版社,2017:11.
③ 中共中央文献研究室.习近平关于社会主义生态文明建设论述摘编[M].北京:中央文献出版社,2017:6.
④ 黄承梁,燕芳敏,刘蕊,等.论习近平生态文明思想的马克思主义哲学基础[J].中国人口·资源与环境,2021(6):1-9.

和发展趋势,从我国发展中面临的突出问题出发,创造性地提出了"两山论"、生态生产力观等核心理念,有效破解了经济发展与生态环境保护之间的"二元悖论",构成了独特的生态发展观。一是"两山论"。其完整表述为:"既要绿水青山,也要金山银山。宁要绿水青山,不要金山银山,而且绿水青山就是金山银山。"[1]"既要绿水青山,也要金山银山"强调要统筹兼顾生态环境保护和经济发展,在发展中保护、在保护中发展,从整体上维护经济社会系统与自然生态系统的动态平衡,努力实现人与自然和谐共生。正如习近平总书记指出的,"经济发展不应是对资源和生态环境的竭泽而渔,生态环境保护也不应是舍弃经济发展的缘木求鱼"[2]。"宁要绿水青山,不要金山银山"意味着当经济发展和生态环境保护发生冲突和矛盾时,必须把生态环境保护放在优先位置,坚决守护作为人类可持续发展基础的绿水青山,"绝不能以牺牲生态环境为代价换取经济的一时发展"[3]。"绿水青山就是金山银山"突破了将生态环境保护与经济发展对立起来的传统思维和错误观念,指出绿水青山本身就蕴含着金山银山,如果遵循自然规律,保护好、利用好绿水青山,就可以将其蕴含的生态价值转化为经济价值,将生态优势转化为发展优势。二是生态生产力观,即"保护生态环境就是保护生产力,改善生态环境就是发展生产力"[4]。生产力通常理解为人类在生产实践中形成的利用自然、改造自然的能力,通常由劳动者、劳动资料、劳动对象等基本要素构成。一般地,生态环境为人类生产实践活动提供各种自然要素,包括作为劳动资料的土地、作为劳动对象的矿藏和森林等,因此,人类社会生产力的发展离不开自然生态环境。"没有自然界,没有感性的外部世界,工人什么也不能创造"[5]。当然,自然生态环境对人类社会生产力发展能够提供的资源是有限度的。如果人类肆意地利用自然、改造自然,破坏生态环境,一旦超

---

[1] 中共中央文献研究室.习近平关于社会主义生态文明建设论述摘编[M].北京:中央文献出版社,2017:21.
[2] 中共中央文献研究室.习近平关于社会主义生态文明建设论述摘编[M].北京:中央文献出版社,2017:19.
[3] 中共中央文献研究室.习近平关于社会主义生态文明建设论述摘编[M].北京:中央文献出版社,2017:21.
[4] 中共中央文献研究室.习近平关于社会主义生态文明建设论述摘编[M].北京:中央文献出版社,2017:4.
[5] 马克思恩格斯选集:第1卷[M].北京:人民出版社,2012:52.

过自然生态系统的承载阈值,不仅会遭到大自然的报复,而且还会大大增加修复生态环境所花费的人力、物力和财力成本,有时甚至花再大气力也难以恢复原有生态,造成"环境的不可逆性"①。此外,我们可以在保护的基础上通过改善和优化生态环境,因地制宜发展生态农业、生态工业、生态旅游等生态友好型产业,提高生产力发展和人民群众收入水平。

(四) 生态民生观

面对人民群众对良好生态环境的新期盼新需求,习近平总书记坚持以人民中心的发展思想,从维护人民群众根本利益、保障和改善民生出发,提出了一系列生态民生观,极大地拓展和丰富了民生概念的内涵,体现出三个方面的特征:一是突出生态环境的公共性和普惠性。在古典福利经济学体系里,公共产品一般多是指教育资源、医疗服务、就业机会等,而不包括免费即可获取的空气、水源、景观等。随着工业文明发展造成的生态环境问题的日益严峻,新鲜的空气、干净的水源、不受污染的土壤、优美的景观等生态环境,作为一种特殊的公共产品,其公共属性和普惠属性愈发地显现出来,并且没有替代品,用之不觉、失之难存。因此,习近平总书记深刻指出,"良好生态环境是最公平的公共产品,是最普惠的民生福祉"②,"绿水青山是人民幸福生活的重要内容,是金钱不能代替的"③。二是突出生态环境的共建共享。正因为生态环境的公共产品属性,往往容易发生"公地悲剧"现象,这一方面需要各级政府承担主体责任,发挥规划引导作用,切实抓好生态环境保护和治理;另一方面,生态环境与每个人的生存发展息息相关,我们"每个人都是生态环境的保护者、建设者、受益者"④,生态文明建设需要全社会的共同参与,要把美丽中国建设转化为全体人民的自觉行动。三是突出环境正义的价值取向。环境正义的核心问题是能否公平地占有、分配和使用自然资源,以及能否公平地分担生态环境保护的责任,主要包括代内环境正义和

---

① 潘家华,等.生态文明建设的理论构建与实践探索[M].北京:中国社会科学出版社,2019:52.
② 中共中央文献研究室.习近平关于社会主义生态文明建设论述摘编[M].北京:中央文献出版社,2017:4.
③ 中共中央文献研究室.习近平关于社会主义生态文明建设论述摘编[M].北京:中央文献出版社,2017:4.
④ 习近平.论坚持人与自然和谐共生[M].北京:中央文献出版社,2022:12.

代际环境正义。代内环境正义方面,要通过建立科学的自然资源管理制度和生态补偿机制来保障同代人之间自然资源占有、分配和使用的公平正义,解决不同地区、不同行业、不同人群之间的生态利益矛盾。代际环境正义方面,习近平总书记指出,生态文明建设功在当代、利在千秋,其目的不仅是要满足当代人对优美生态环境的需求,也要保障后代人生存发展的根基,给子孙后代留下天蓝、地绿、水净的美好家园。

(五) 生态治理观

目前,我国生态环境保护和治理中存在的突出问题,主要与制度不完善、体制不健全、执法不严格、监管不到位、惩处不得力等有关。对此,习近平总书记着眼于推进生态治理体系和治理能力现代化,作出了一系列重要论述,形成了生态治理观,主要包括三个方面内容:一是必须依靠制度和法治。生态文明建设重在建章立制,要加快建立健全自然资源资产产权和用途管制、国土空间开发保护、资源有偿使用和生态补偿、环境损害赔偿等制度,制定完善环境保护法、大气、水和土壤污染防治法等法律法规,尽快立起生态文明制度的"四梁八柱",用最严格的制度、最严密的法治保护生态环境,将生态文明建设纳入制度化、法治化轨道。同时,要严格监管执法,抓好制度和法律法规的落实,不能作选择、搞变通、打折扣,"对破坏生态环境的行为,不能手软,不能下不为例"[①]。二是必须严格考评和追责。要把生态环境放在经济社会发展评价体系的突出位置,"再也不能以国内生产总值增长率来论英雄了"[②],建立健全体现生态文明要求的考核办法和奖惩机制,使之成为鲜明导向和重要约束。要严格落实生态环境保护责任追究制,"对那些不顾生态环境盲目决策、造成严重后果的人,必须追究其责任,而且应该终身追究"[③]。三是必须树立系统观念。长期以来,我国在生态环境保护上存在各自为政、多头管理的问题,这种治理方式同自然生态环境的系统性、协同性相冲

[①] 中共中央文献研究室.习近平关于社会主义生态文明建设论述摘编[M].北京:中央文献出版社,2017:107.

[②] 中共中央文献研究室.习近平关于社会主义生态文明建设论述摘编[M].北京:中央文献出版社,2017:99.

[③] 中共中央文献研究室.习近平关于社会主义生态文明建设论述摘编[M].北京:中央文献出版社,2017:100.

突。习近平总书记指出,"如果种树的只管种树、治水的只管治水、护田的单纯护田,很容易顾此失彼,最终造成生态的系统性破坏"①。要用系统论的思维方法看问题,算长远账、算整体账、算综合账,不能再是头痛医头、脚痛医脚,必须统筹推进山水林田湖草一体化生态保护和修复,达到系统治理的最佳效果。

(六) 生态安全观

生态安全是人类生存发展的基础条件,是经济社会持续健康发展的重要保障,直接关系到人民群众的民生福祉和切实利益,关系到我国第二个百年奋斗目标的实现和中华民族的永续发展。习近平总书记高度重视生态安全,提出了一系列重要观点和论述,概括起来主要体现在三个方面:一是把生态安全纳入总体国家安全观。生态安全在国家安全体系中处于基础性地位,没有生态安全,其他领域的安全将难以保证。习近平总书记创造性提出总体国家安全观这一概念,并将生态安全纳入其中,要求加快建立健全以生态系统良性循环和环境风险有效防控为重点的生态安全体系,强调要"构建科学合理的城镇化推进格局、农业发展格局、生态安全格局,保障国家和区域生态安全,提高生态服务功能"②。二是筑牢国家生态安全屏障。习近平总书记多次强调要从国家生态安全和中华民族永续发展的高度,抓好大江大河、青藏高原等重点流域和地区的生态环境保护。对长江流域,他指出,长江是我国重要的生态宝库,要把生态环境修复摆在压倒性位置,共抓大保护、不搞大开发,使母亲河永葆生机活力。对地处"世界屋脊""地球第三极"的青藏高原,他强调,保护好青藏高原生态就是对中华民族生存和发展的最大贡献,一定要算大账、算长远账,坚持生态保护第一,守护好世界上最后一方净土。对被誉为"中华水塔"的三江源地区,强调必须保护好,来不得半点闪失。三是积极维护全球生态安全。工业文明发展带来的生态危机已超越了国界,演变成为全球性问题,威胁着全人类的生存和发展,成为世界各国共同面临的挑战。中国将积极承担应尽的国际责任和义务,加强与世界各国在生态环保领域的交流合作,共同应对气候变化等全球性生态挑战,推动

---

① 中共中央文献研究室.习近平关于社会主义生态文明建设论述摘编[M].北京:中央文献出版社,2017:47.
② 习近平.论坚持人与自然和谐共生[M].北京:中央文献出版社,2022:32.

构筑尊崇自然、绿色发展的生态体系,共同保护和改善地球生态环境,为维护全球生态安全作出应有贡献。

二、以尊重生命、和谐共生为价值导向

生命共同体理念要求人类站在共同体的角度,重新审视人与自然之间的关系,切实改变工业文明时代疯狂掠夺自然、造成全球性生态危机的生产生活方式,努力构建人与自然和谐共生的生态文明新形态。体现在人与动物关系上,就是要构建一种以尊重生命、和谐相处、共生共荣为核心价值导向的新型动物伦理。这种新型伦理关系的基本内涵至少包括以下三个方面。

(一) 尊重动物生命和天性

包括动物在内的所有生物都拥有"生命意志"[1],生命是平等的、神圣的,人类应把爱的原则扩展到一切生命,以敬畏的态度对待动物生命,以改善人与动物的关系,实现人类自身的"善",不能为了满足自己的私利或贪婪的欲望而给动物造成无谓的伤害和不必要的痛苦。同时,动物大多有喜爱自由的天性,有适合它们自己的生活方式,人类不应干涉它们的自由天性和生活习性,尽可能地让它们在大自然中自在的生活,按照自己的生命周期生育繁衍,保持它们的身心健康和持续发展。"那些荒野中生存的生命,有自在生存的权利,人类应与其一起走向和谐的未来"[2]。

(二) 人与动物共同享有生存和发展权

在人与自然生命共同体中,所有生命体都应享有生存和发展的权利。对于人而言,包括动物在内的自然界是人作为生命体生存的前提条件,同时人作为"能动性的存在物",有追求全面发展的权利,以成为完整意义上的"人",如果人的生存和发展权受到威胁,那么动物的生存和发展权也就无法保障;对于动物而言,如果其生存和发展权受到威胁,那么就面临着物种灭绝的危险,无论是从维护食物链的完整,还是从保护生物多样性、保持生态

---

[1] 施韦泽.敬畏生命:五十年来的基本论述[M].陈泽环,译.上海:上海人民出版社,2017:26.
[2] 孙江,何力,梁知博,等.和谐社会视野下的中国动物福利立法研究[J].辽宁大学学报(哲学社会科学版),2009(5):136—141.

系统平衡来说,人类的生存和发展也就失去了基础。当然,在实践中,人类不能够也不必要保障每一个动物个体甚至是动物物种享有平等的生存和发展权,但是具体到某一生态系统,人类必须保障绝大部分动物物种尤其是关键物种持续地生存、繁衍,以维护该生态系统的平衡稳定。

(三) 人与动物共生共荣

在人与自然生命共同体中,人与包括动物在内的自然不仅相互依存,而且相互之间通过改善对方的生存状态而改善自身的生存环境,协同进化、共同繁荣。一方面,人的生存状态改善了,生活质量提高了,通常就不会掠夺式地开发利用包括动物在内的自然资源,这有利于改善动物个体和物种的生存环境,同时人的文明程度一般会随着生存状态的改善和生活质量的提高而提高,因而对动物的怜悯之情和道德关怀程度也会随之提高,这有利于减少虐待和伤害动物的行为,从而更好保障动物的福利和利益;另一方面,在自然—人—社会生态系统中,动物既是植物的消费者,又是人类的食物来源(目前动物仍是大多数人的重要食物来源),此外,还是人类获取生产资料、寻找心灵慰藉、开展科研教学和艺术创作等的源泉(姑且不论动物权利论要求的废除一切利用动物的行为),如果动物生存状态改善了、动物种群繁荣了,不仅可以通过影响植物的生长而改善自然生态环境,从而有利于人类更好生存和发展,还可以提高人类的生活质量,促进人的全面发展。

三、以维护人与自然生命共同体生态安全为底线

生态安全是指一个国家或人类社会生存和发展所需的生态环境处于不受或少受破坏与威胁的状态,也就是生物与生物、生物与环境、人类与地球生态系统之间保持着正常的功能与结构[①]。工业革命以来特别是20世纪以来,人类活动所带来的全球性环境问题和生态危机日益严峻,已威胁到人类的生存和发展,也威胁到人与自然生命共同体的生态安全。从动物生态学的角度来看,保护动物特别是野生动物既是维护生态安全的重要内容,也是维护生态安全的有力抓手。动物保护通常是指人类社会通过采取各种保护

---

① 冯江,高玮,盛连喜.动物生态学[M].北京:科学出版社,2005:463-464.

措施和手段，挽救濒危灭绝的物种或使动物个体免受伤害，使动物得以安全地生活和繁衍后代，从而有利于保护生物多样性，维护生态系统平衡。按照动物生态学的观点，生物圈中的每一种动物都有其各自的生态位，维护着各自生态系统的平衡和稳定。但由于人类活动的影响，这种平衡往往会被打破，主要表现为动物大量地被人类捕杀，或者动物的生存环境受到人类的破坏，从而导致一些野生动物的生存受到威胁甚至灭绝，破坏了生物多样性。而生物多样性可以实现较长的食物链、更多的共生关系，有利于维护生态系统和生物圈的稳定性，一般地，生物多样性越丰富，生态系统的自我调节能力就越强，稳定性也就越高。此外，由生物多样性衍生而来的空气净化、水土保持、科研价值、观赏价值等生态系统服务功能也是生态安全的指标之一，因此，如果全球范围内的生物多样性，特别是遗传基因多样性、物种多样性遭到严重破坏，就可能导致生态安全的崩溃。

第三节 生命共同体视域下动物伦理的基本内涵

一、遵循生态系统规律

人和动物是地球生态系统中的重要组成部分，是息息相关的生命共同体，因此，人类在与动物相处、干扰动物栖息地或利用动物时，应充分考虑、严格遵循生态因子之间的相互作用规律和生态系统的演替规律，以保护生物多样性、维护生态系统平衡，实现人—自然—社会生态系统的和谐发展、可持续发展。这些生态规律主要包括物物相关、相生相克、能量物复、负载定额、时空有宜、协调稳定等规律①。物物相关规律是指生态系统中的各种因子不是孤立存在的，而是相互联系、相互作用的，一种生态因子的变化，必然会引起其它生态因子不同程度的响应，从而会引起整个生态系统忽大忽

---

① 中国自然保护纲要编写委员会.中国自然保护纲要[M].北京：中国环境科学出版社，1987：12-14.

小的变化，这就要求人类在利用某种动物尤其是关键物种和基础物种动物时，要考虑到这种行为对其他种类动物、生态环境、区域生态系统乃至地球生态系统的影响，尤其是对生态系统产生的不可逆转的消极影响。相生相克规律是指在生态系统的食物链中，某种物种与另一物种之间的相互依存关系，或者是某一物种与另一外来物种之间的此消彼长关系，如果消灭某种物种或引进某种外来物种，必然会引起与其相生相克物种的发展变化，从而会影响甚至是威胁到整个生态系统的平衡，这就要求人类要控制约束自己的行为，不能随意地灭绝生态系统中的某一动物物种或者引进原来没有的动物物种，否则就可能导致与此相生相克的另一动植物种群数量激增或者急剧减少甚至灭绝，从而危及该区域生态系统甚至是地球生态系统的平衡。能量物复规律是指生态系统的能量流动和转化定律，具体包括能量守恒定律和能量衰变定律或能量逸散定律，能量守恒定律是指在生态系统中能量既不会消失，也不会凭空产生，只是以一定的当量比例从一种形式转化为另一种形式；能量衰变定律或能量逸散定律是指能量在转换、流动的过程中存在衰变、逸散的现象，即有部分能量由浓缩的有效形态转变为稀释的不可利用的形态。这种能量物复规律是通过生态系统中的食物链或食物网体现出来的，因此，人类在利用某种动物时，要考虑到这种动物对整个食物链或食物网的影响，不能打破生态系统的能量物复规律，否则就会危及整个生态系统的平衡稳定。负载定额规律是指生态系统维持稳定性的自我调控能力是在一定的限度内，这个限度成为生态阈值，如果外界的干扰和破坏超过生态阈值，那么生态系统的自我调控能力就会降低或消失，从而导致生态系统的平衡遭到破坏甚至是崩溃，因此，人类在利用某种动物或干扰动物栖息地时，要充分考虑到生态系统平衡的生态阈值，合理地调控某种动物的数量及其对生态系统的影响，以确保生态系统的自我调控能力保持在生态阈值范围内，以稳定生态系统的平衡稳定。时空有宜规律是指任一区域的生态系统都具有自己的独特性，其中的动植物生活生长规律也会随着季节气候的变化而变化，人类在这一区域从事利用动物活动时，要考虑到该区域生态系统的空间特征和季节气候，控制好利用的度和方式，以达到可持续利用、维护生态系统平衡的目的。设置禁渔期或禁猎期就是遵循这一规律的体现。

协调稳定规律是指针对某一区域生态系统的实际情况,通过适当的人工干预手段以维持生态系统的协调稳定。一般地,一个生态系统的动植物种类越多,食物链和食物网越复杂,那么这个生态系统抵御外界干扰的能力就越强,生态系统的稳定性就越高。因此,人类应通过制定合理的政策和适当的法律手段加强动植物物种保护,以提高生物多样性水平,维护自然生态系统的平衡稳定。在某些情况下,可以根据区域生态系统的特殊性,通过消灭某种原有的动物物种,或者引入某种新的动物物种,以更好地维持该区域生态系统的平衡稳定。

二、尊重动物生命和天性

按照生态文明的本质要求,人与包括动物在内的自然是平等的关系,而不是主从关系,更不是征服与被征服的关系。而在现实中,目前还远不能做到动物与人平等,即使是按照现代西方的动物伦理思想观点,动物与人享有平等的道德地位,但这种平等也只是一种道德上的考虑,而非事实上的平等,更不用说动物与人拥有相同的道德权利,实现起来是何等之难。即便如此,人类必须树立尊重动物的理念仍是生态文明最起码的要求,这种尊重至少应包括敬畏动物生命和尊重动物天性以下两个方面的内容。

(一) 敬畏动物生命

人与动物都是地球生态系统的重要组成部分,构成相互依赖、相互作用的生命共同体。施韦泽指出,所有生物(包括动物)都拥有"生命意志",人类应像敬畏自己的生命那样敬畏所有拥有"生命意志"的生命,把伦理中爱人的原则扩大到爱一切生命;如果我们能够摆脱偏见,不疏远其他生命,并与周围的生命做到休戚与共,那我们就是道德的。从我国古代传统的动物伦理思想来看,"天地生生之德"是其理论前提,"生生"即孕育、养育生命,"天地以生物为心,亘古至今,生生不息,人物则得此生物之心以为心。"(《朱子语类》卷28),这表明生生是宇宙的最高法则,人类也由此获得了自己行为的最高法则,即生生之心[①]。因此,人类应将敬畏生命的理念内化于心,认识到

---

① 姜南.近现代西方与古代中国动物伦理比较及启示[J].天津师范大学学报(社会科学版),2016(3):6-12.

所有的生命都是可贵的,以尊敬和谦卑的态度对待动物的生命,以改善人与动物的关系,实现人类自身的"善"。但这种"善"并不是说人类不能杀生,而是说在杀害动物时,不能给动物造成不必要的痛苦,不能造成动物的物种灭绝,也不能破坏生态环境及生态系统的平衡和稳定。同时,人类不能为了满足贪婪的欲望或自己的私利而越过伦理道德约束去伤害动物生命;如果是为了人类的基本生存利益而不得不去伤害某些动物的生命时,也要控制好程度和方式,避免给动物造成无谓的伤害和不必要的痛苦。

(二)尊重动物天性

动物与人一样都是自然界的存在物,有着自己的天性,有适合它们自己的生活方式,比如说爱爬树、爱跑、爱跳、爱叫等。这种天性更多地表现为喜爱自由,它们在自由活动中可以感受快乐,因此,过多地干涉动物自由会给它们带来肉体上和精神上的痛苦,如果人类过多地干涉它们的生活习性,使之向有利于人类利益的方向发展,这种做法在道德上是错误的,也会影响它们的生活质量。这些在野生动物身上表现得更为明显,人类应按照我国古代道家的"道法自然"原则,不应过多地干涉它们的自由天性,不应过多地干扰甚至是破坏它们的栖息地,尊重它们本应享有的生存空间和生存环境,尽可能地让它们在大自然中自由地驰骋,尽情享受自由的愉悦,使它们能够按照自己的生命周期生育繁衍,这有利于保持它们的身心健康,也有利于保护生物多样性、维持生态系统平衡。对于农场动物、伴侣动物、饲养动物、娱乐动物等来说,保持相对的自由也是非常必要的,人类不应使它们遭受不必要的痛苦,应创造条件让它们有更多的机会与自己的同伴或者其他动物接触,给予它们充足的水、食物和充分的活动空间,尽可能地让它们按照自己的习性生活和繁殖。

三、科学合理利用动物

当前,生态危机的显现很大程度上来自于人类对动物的不当利用和过度利用。但是在现实条件下,对动物的利用甚至必要的牺牲又是不可避免的。在人和自然之间的矛盾真正解决之前,人类在利用动物时,要遵循科学、合理、适度的原则,这是促进人与动物关系和谐的一种必要途径。对何为科学、合理、适度的原则,国内外学者尚没有给出一个确切的度的标准。目前值得借鉴、切实可行的途径就是西方动物福利论中关于实验动物的3R原则,即减少(Reduction)原则、替代(Replacement)原则、优化(Refinement)原则。比如说,在日常饮食中,按照减少原则,尽量多吃素食,少吃肉食,即使是吃肉食,也要反对奢侈浪费,在衣着中尽量不穿或少穿用动物皮毛做的衣服;如果按照替代原则,就是要通过吃蔬菜水果代替吃肉以维持生命营养,通过穿环保类的衣物代替穿用动物皮毛做的衣服以达到驱寒保暖的作用,在实验中用非动物代替动物以使动物免受或少受痛苦;而优化原则就是在不得不利用动物的时候,要通过提高技术、优化方法等达到高效地利用,同时在利用的方式和手段上应充分顾及动物的感受,施以必要的人道关怀,最大可能地降低动物痛苦。总之,通过实施3R原则,可以有效地减少动物利用,避免大量地、残忍地利用动物,改善动物的生存状况,尽力保护动物天性,从根源上改善人与动物的关系。因此,可以说,减少、替代、优化利用是对动物的另外一种保护方式。

四、实现人与动物共生共荣

纵观人类文明发展史,我们可以看出,人类社会总体上走的是一条依靠消耗自然资源而获得发展的路子,在农业文明时代,人类是依靠土地资源来发展农业经济,推动社会发展;在工业文明时代,人类依靠开发利用煤炭、石油、矿石等以及动植物等自然资源,加快工业化进程,推动经济社会发展;在后工业文明时代(也可以说是信息文明时代),虽然人类自身的智力资源和信息资源在经济社会发展中的关键作用日益突出,但自然资源仍然是不可或缺的重要因子。工业化以来的发展实践表明,人类肆意地掠夺和破坏大自然,大自然也会以特有的方式(如前所述的全球性环境问题和生态危机)来报复人类,威胁人类的生存。因此,加快向生态文明转型已成为当今各个国家和地区的广泛共识。而建设生态文明,就必须要调整人与自然的关系,改变人是自然的主宰的传统观念,树立人与自然共生共荣的生存理念,通过人的自觉和自律约束人类自身的行为,在生态可承载的限度内满足人的物质和精神需求,实现人与自然的和谐相处、协调发展。

人与动物的关系是人与自然关系的集中体现,既然实现人与自然共生共荣是建设生态文明的内在要求,那么实现人与动物共生共荣也就是其中的应有之义。"共生"原本是一个生物学概念,最早是由德国生物学家德贝里于1879年提出来的,是指生物之间相互依存的一种互利关系,假如两种生物之间构成"共生"关系,那么双方都能从这种关系中得到益处,如果一方消失了,那么另一方也就不能生存。"共荣"是"共生"的进一步延伸,是指生物物种之间、生物与环境之间通过改善对方的生存状态而改善自身的生存,形成某种协同进化的机制,促进双方的共同繁荣。从生态学的角度看,共生共荣是生态系统本身蕴含的内在特征,也是维护生态系统平衡和稳定的必然要求。

这里说的人与动物共生主要包括两层含义:一是人与动物共同享有生存和发展权。在地球生态系统中,生存和发展是所有生命体都应享有的权利,一方面,人作为生命体,需要与包括在内的自然界不断地进行物质循环、能量流动和信息传递,以维持自身的生命,这是人存在的前提条件,同时人作为具有"能动性的存在物",还应拥有追求全面发展的权利,以成为真正意义上的"人",因此,人必须享有基本的生存和发展权,如果人的生存和发展权受到威胁,那么动物的生存和发展权也就无法保障;另一方面,动物也应享有生存和发展权,如果动物的生存和发展权受到威胁,那么其作为物种就面临着灭绝的危险,无论是从维护食物链的完整,还是从保护生物多样性、维护生态系统平衡来说,人类的生存和发展也就失去了基础。二是人和动物以相互依存、相互开放的方式形成生命共同体。从生态学的角度看,地球本质上是一个生命系统,其中的每个生态系统及地球自身的现状都是生命活动调节、控制和维持的结果,因此,人类必须要按照生命运动的规律来调节和控制自身与动物的关系,在实践中既要保障自身的生存和繁衍,也要保障动物等其他生命体的生存和繁衍。

这里说的人与动物共荣主要包括两个方面的含义:一方面,人的生存状态的改善和生活质量的提高,有利于动物物种的生存和繁衍。人的生存状态改善了,生活质量提高了,就不会掠夺式地开发利用包括动物在内的自然资源,这有利于改善动物物种的生存状态和生存环境,同时人的文明程度一般会随着生存状态的改善和生活质量的提高而提高,因而对动物的怜悯之情和关爱程度也会随之提高,这有利于减少人虐待、残杀动物的行为,保障动物的福利和利益;另一方面,动物生存状态的改善和动物物种的繁荣也有利于人的生存和发展。在人—自然—社会生态系统食物链金字塔中,动物是植物的消费者,又是人类的食物来源,同时还可以供人类抵御寒冷、慰藉心灵、开展科学研究和教学甚至提供艺术创作源泉,如果动物生存状态改善了、动物物种繁荣了,就可以通过影响植物的生长而改善生态环境,维护生物多样性和自然生态系统平衡,进而可以提高人类的生活质量,促进人与自然和谐共生。

第九章

西方动物保护的
实践做法和经验启示

近现代以来,西方国家在动物伦理理论得到长足发展的同时,在动物保护立法、动物保护文化传播、动物保护组织发展等实践方面也取得了显著的成效,两者之间相互影响、相互促进,产生了一些有益的经验启示。

第一节 西方动物保护的立法实践

在近代以来 200 多年的历史中,以英、美等国家为代表的西方动物保护立法引领着世界范围内的动物保护立法潮流,充分体现了西方动物伦理思想的发展历程和成果,有力推动了西方动物保护运动的发展,对改善动物生存和福利状况乃至自然生态环境发挥了重要的保障和推动作用。

一、典型国家和组织的动物保护立法实践

西方关于动物法的思想最早可追溯到古希腊、古罗马,古希腊和古罗马的法律均将动物视为人的财产或财物,这一法律理念和实践一直延续到今天。现代意义上的动物法起源于 19 世纪的英国,1822 年英国制定的《禁止残酷和不当对待牲畜法案》(又称《马丁法案》)是世界上第一部从国家层面专门为保护动物颁布的法律。随着近现代以来西方动物伦理思想的发展繁荣,西方的动物保护立法也得到了极大的发展,并且对世界上其他地区产生了广泛的影响和带动作用。截至目前,世界上已经有 100 多个国家和地区制定了形式多样、内容广泛的动物保护法或者动物福利法。这些动物保护法分为国际法和国家法两大类:国际法通常以条约或公约形式出现,目前,与动物保护有关的国际条约和公约有近百个;国家法是指一个国家为保护和合理利用本国动物资源,由国家立法机关制定的具有强制力、约束力的法律法规。这里,以几个典型国家和组织为例对西方动物保护立法作一概览。

(一) 英国动物保护立法实践

英国是西方近现代以来动物保护立法的先行者。世界上第一个反虐待动物法律记载在 1641 年英国在北美的马萨诸塞湾殖民地法典《马萨诸塞自由法规》中，该法典是北美地区最早的关于个人自由权的成文法，其中第九十二条规定："对人们喂养的以供人类使用的动物，任何人不应以任何残酷的手段对待"，这一规定开创了保护动物福利的先河。1822 年，由英国人道主义者、国会议员理查德·马丁（Richard Martin）提出的《禁止残酷和不当对待牲畜法案》获得了国会通过，尽管该法令当时仅适用于大的家畜，猫、狗和鸟类被排除在外，不过它规定虐待动物本身即可以构成犯罪，因此，它被称为世界动物立法史上的一个里程碑。

19、20 世纪是英国动物保护立法的鼎盛时期。1849 年制定了《防止虐待动物法》，明确殴打、虐待、酷刑折磨动物，甚至连不良对待、过分使用动物等行为均属于犯罪。之后，经过数次修订和改进，于 1876 年颁布了《防止残酷对待动物法》。1911 年制定的《动物保护法》规定了动物保护的基本要点，明确了动物福利的内容不仅包括动物身体健康的需要，还包括心理健康的需要，此外，还规定了残酷虐待驯养动物导致动物遭受不必要痛苦、未能给予动物合理的关照和监督而导致动物遭受不必要痛苦等行为均属于犯罪。这部《动物保护法》不仅对英国的动物保护运动发展产生了有力的促进作用，而且还对西方国家的动物福利立法产生了深远的影响。

2006 年，英国议会通过了《动物福利法》，进一步统一了英国 20 多部规范农业动物和非农业动物的法规。该法的一个重要内容是明确了残害动物、让动物服毒药、使用动物来咬斗、给狗剪尾巴等行为都属于犯罪，另一个重要内容是有关促进动物福利的规定，其中的第九条规定：一个人如果没有采取在各种情形下合理的步骤，以确保他负责看管的动物的需要得到必要满足，即属犯罪。这里的动物需要包括获得适当环境、获得适当食物、能够展示动物正常行为、与其他动物共同生活或分开生活以及免受疼痛、痛苦、伤害和疾病等需要，这些规定充分体现了动物福利的"五大自由原则"。

此外，在英国，有关驯养动物的法律还有《表演动物（条例）法》《宠物动物法》《动物寄宿场所法》《骑马商业场所法》《狗繁殖法》《动物遗弃法》等。

有关农业动物的法律主要是 2000 年实施的《英格兰农业动物（福利）条例》，旨在规定用于食用、皮毛和其他农业动物的福利事项，该法适用于各类动物，包括哺乳动物、鱼、爬行动物等。有关实验动物的法律有《动物（科学程序）法》《动物健康法》《动物保护（麻醉）法》等。在动物屠宰方面，根据欧盟有关动物屠宰法令 93/119/EC，英国通过了《动物福利（屠宰或宰杀）条例》，在其国内实施欧盟的法律规定。在动物运输方面，有 2006 年实施的《动物福利（运输）法令》。

（二）美国动物保护立法实践

美国在联邦一级和州一级都有动物福利立法。在联邦一级，联邦政府没有对于驯养动物的法律管辖权，但涉及跨州事宜或海外贸易等方面的立法权除外。19 世纪以来，联邦政府制定了三部重要的动物福利法律：(1)1877 年制定的《二十八小时法》是美国第一部保护动物福利的联邦法律，适用于农业动物的运输。该法规定，除航空和水上运输以外，使用铁路运输和普通运输工具的所有人、租赁方和信托方，从美国的一州运输动物至另一州，不得连续 28 小时将动物关在运输车或其他运输工具中而不让它们饮食和休息，且应该用人道方法让动物上下车。该法不适用于那些具有能给动物提供饮食、空间和休息机会等条件的运输车辆。明知并蓄意违法者可被判处民事处罚的罚款。(2)1958 年通过、1960 年生效的《人道屠宰法》，旨在避免给动物带来不必要痛苦并提倡改进屠宰方法。该法规定，必须用人道方式在屠宰前人道对待动物、在屠宰时人道屠宰动物。具体地说，该法要求屠宰动物需要首先迅速有效地击昏动物，然后才能在其没有知觉的情况下宰杀。该法不适用于禽类的宰杀，而且仅适用于由联邦机构检查的屠宰场。(3)1966 年制定的《动物福利法》经过了数次修改，它主要保护用于实验的动物，以实现如下基本目标：确保将用于研究或展示目的的动物或宠物得到人道对待；确保在贸易运输过程中的动物得到人道对待；通过防止被盗动物的买卖和使用来避免宠物的主人遭受宠物失窃。不过，该法将所有农业动物排除在保护范围之外，也将试验用动物中的老鼠排除在外；该法不予规范的行为包括狩猎、钓鱼、宠物主人和他人对于宠物的行为以及在该法提及的注册设施以外的兽医对动物的照顾和医疗行为等。

在州一级，相关的立法和执法机构是管辖家养动物福利保护的机构，目前，美国所有的州都已制定禁止虐待动物的法律。各州的动物保护立法范围较广，主要适用于宠物和农业动物，但一般把野生、实验、娱乐、工作等类动物排除在外。这些法律规定虐待动物属于犯罪行为，在大多数州被定为轻罪，但有23个州的法律规定了至少一种形式的虐待行为属于重罪。由于这些法律属于刑法，因而虐待动物的行为如要定罪，就必须证明违法者具有犯罪意图，这给此类法律的执行带来了不少难度。综合起来看，各州禁止虐待动物法律的内容主要包括：虐待动物犯罪人需要做心理健康检查或心理治疗；法官可以判处犯罪人对受虐待动物的主人作出经济赔偿；当局可以没收犯罪人所有的动物；禁止犯罪人今后再拥有动物；允许当局报告虐待动物事件。此外，各州的法律还有一些类似的除外条款，如规定禁止虐待动物法不适用于农业动物或动物实验活动等。

(三) 德国动物保护立法实践

德国是欧盟国家中动物保护理念比较先进的国家。比较有代表性的几部法律是：1987年制定的《动物保护法》、1998年制定的《动物福利法》，特别是1990年8月20日生效的《德国民法典》修正案20条增加了A款的规定："动物不是物。它们受特别法的保护"；2002年6月22日，德国通过基本法修正案对该法20A条款稍加修改，虽然只增加了"和""动物"两个词，但意义却非同小可，修改后的20A条认为动物与人类同样有受到国家保护的权利。媒体称这意味着在德国基本法上，动物从此与人平等，令人震惊。

德国的《动物福利法》可以称作动物福利立法中的典范之作，共分13章，在第一章就明确规定了"本法旨在保护动物之生命，维护其福利。任何人不得无合理之理由导致动物的痛苦或受伤害"。整部法律层次清晰、内容详尽，呈现出以下几个方面特点：一是广泛性、综合性。保护范围涉及农场、伴侣、实验、娱乐、野生等几乎所有大类动物，对动物的饲养、运动、生育、运输、屠宰等各个环节保护都作了详细、明确的规定。二是对涉及动物保护的相关人员提出了较高要求。对从事动物饲养、实验等工作的人员提出了较高的知识和技术要求，特定环节和岗位的工作人员还需具备相应的专业知识技能，取得相关授权，以更好地实现动物保护目标。三是制度安排和体制设计比较完善。该法详尽规定了保护动物的监督管理机构及其职责,形成了一系列有效的制度安排,使得该法能得到有效实施。四是对违法行为的追责和处罚清晰明确。例如,对那些没有充分理由而杀死脊椎动物,或者虐待脊椎动物而使其遭受巨大痛苦的犯罪者,除判处不超过3年的监禁或罚款之外,还规定该犯罪者在1至5年内不得饲养、经营动物。

(四) 瑞士和瑞典动物保护立法实践

瑞士是动物福利立法的典型国家,1978年制定的《瑞士动物福利法》是瑞士动物保护法律体系中最重要的法律,其立法宗旨是保护动物及其福利,适用对象是脊椎动物,具有三个显著特点:一是综合性强,涵盖了动物饲养、动物国际贸易和运输、对动物的手术及屠宰等多个方面,同时用兜底条款规定了禁止使用动物的其他做法;二是操作性强,监管机构的职责明确,在监督管理机构的设置方面极为严谨和完善,各负其责,层层制约;三是预防性强,明确了虐待动物罪的犯罪主体包括个人、法人和商事企业,这些主体也适用《行政刑法》的相应规定,加大对犯罪行为的惩罚力度,起到了较好的预防作用和教育作用。瑞典是在维护动物权利方面走在最前列的欧盟国家,突出体现在制定的《维持动物权法》,该法对家庭动物的居住条件规定得非常细。例如,规定猫的居住面积不应低于0.09平方米;要用特制的笼子运猫,定期带猫检查身体,甚至还规定猫享有行动自由。1997年,瑞典制定了更加细化的《牲畜权利法》。

(五) 欧盟动物保护立法实践

欧盟国家的动物保护立法可以分为两类:一类是欧盟作为一个整体签订和颁布的有关动物的法律法规,包括欧盟成员国签署的国际公约和由欧洲议会及其他欧盟机构根据欧盟建盟条约授权制定的法规;另一类是欧盟各成员国自己制定的有关动物的国内法律法规,主要包括动物保护的基本法律、综合性法律,以及其他法律对动物保护的附带性规定。上面梳理了几个典型的欧盟国家的动物保护立法实践,下面,再从整体上梳理一下欧盟作为一个组织在动物保护立法方面的一些做法:

欧盟的动物保护立法对象比较广泛,主要包括:普通农业动物和家禽、小牛、猪等具体的农业动物、观赏娱乐动物、实验动物、野生动物(包括贸易和栖息地保护)以及动物运输、动物屠宰过程中的动物福利事项。1979年，欧盟制定了《保护屠宰用动物欧洲公约》，要求在宰杀活猪、活羊、活牛等动物之前，先要用电棒将其击晕，让动物在没有知觉的情况下走向生命终点。1991年的《关于运输途中保护动物的理事会指令》、1998年的《关于保护农畜动物的理事会指令》规定了相关的动物福利。值得一提的是，2006年1月实施的欧洲食品法，对猪应享有的福利作了详细规定，并要求其他国家的猪肉必须符合这些规定才允许进入欧洲市场。这些规定包括：禁止将怀孕的母猪关养在铁隔栏里；用高纤维的食物喂养母猪以满足它咀嚼的需要，甚至还要为母猪提供稻草、蘑菇等物品以满足它探测周围环境的需要；猪在宰杀时必须隔离，不能被其他猪看到等。此外，对家庭动物，根据《申根协定》中的有关规定，欧盟国家的猫、狗等家庭动物在随主人出行时可以与主人一样，可以自由地出入《申根协定》签约国家。目前，除了英国、爱尔兰和瑞典以外，欧盟全境都实行了这一新规定。但是这种自由仅限于欧盟的边界以内。欧盟官员表示，来自其他国家的家庭动物不仅应该按时接种疫苗，而且至少要在离开本国之前3个月进行疫苗有效性的检查。这些国家的游客如果带着家庭动物来旅游，必须将其留在检疫站的笼子里隔离一段时间。

综观西方国家的动物保护立法实践，我们可以发现有两个方面的共同特点：(1)动物保护立法的范围不断扩大，保护的动物种类不断增加。各个国家和地区法律规定的动物保护范围与本国的国情有很大的关系，大多数国家和地区主要是保护脊椎动物的福利，只有极少数国家和地区顾及无脊椎动物和昆虫的福利。欧洲国家和美洲国家(主要指美国和加拿大)动物福利法的一个较大区别就是欧洲国家立法的动物保护对象包括农业动物，而美洲国家则将农业动物排除在外。[①] (2)动物保护立法的主题和目的在不断变化。总体来看，在19世纪，西方国家的动物保护立法主题是反虐待，主要关注虐待动物现象，立法目的是保护动物生命，减少动物遭受不必要的痛苦；在20世纪，西方国家的动物保护立法主题是动物福利，更多地关注动物的生活状态和生存环境等，立法目的是满足人类行为所影响动物的基本需要，有效地制约对动物资源的过度开发和利用，同时要求在利用动物时尽量

[①] 曹菡艾.动物非物：动物法在西方[M].北京：法律出版社，2007：166-167.

避免或减轻对动物的伤害。动物保护立法主题的变化一定程度上也反映了人类社会文明的进步。①

二、西方动物保护立法实践的生态维度评析

(一) 动物保护立法在保护生物多样性、改善生态环境方面发挥了重要作用

西方国家在制定众多内容详细的反虐待和动物保护(福利)法、改善非野生动物的生存和福利状况的同时,也制定了许多野生动物保护方面的法律法规,例如,英国的《野生哺乳动物(保护)法》《野生动植物和乡村法》《濒危动植物法(进出口)》《鹿法》《海豹保护法令》等;美国的《濒危物种法》《海洋哺乳动物保护法》《猩猩(大猿)保护法》《鲸保护法》《野鸟保护法》《候鸟保护法》《犀牛和老虎保护法》《国际海豚保护法》《海龟保护法》《非洲大象保护法》《亚洲大象保护法》《秃鹰和金鹰保护法》《大西洋金枪鱼保护法》等;澳大利亚的《野生动物保护(进出口管理)法》《南极海洋生物资源保护法》《南极条约(环境保护法)》《大堡礁海洋公园法》等。这些法律对保护野生动物物种、维护生态系统生物多样性发挥了重要作用。据调查分析,《濒危物种法案》实施后由于规定明确、执法严格而取得了显著成效,使得227个濒危物种免于灭绝,90%以上的濒危物种数量趋于稳定或者保护状况改善②。

西方动物保护立法对改善生态环境的促进作用,主要体现在对野生动物栖息地的保护上。栖息地的丧失和破碎化是野生动物物种濒临灭绝的重要原因。动物保护法通过设置各种类型的自然保护区,尽量减少人类活动对野生动物栖息地的干扰和破坏,从而达到保护野生动物及其物种的目的。据统计,目前,世界上各种类型的自然保护区已超过10万个,总面积占全球面积的12%。为便于规范管理和交流信息,世界自然保护联盟(IUCN)根据要实现的目标把各种类型的自然保护区(IUCN提出"保护地"这一概念)划分为六类:一是严格的自然保护区/荒野保护区;二是国家公园;三是自然遗迹保护地;四是物种或栖息地保护地;五是陆地和海洋景观保护地;六是资源管理保护地。

---

① 刘宁.动物与国家:现代动物保护立法研究[M].上海:上海三联书店,2013:152-153.
② 王昱,李媛辉.美国野生动物保护法律制度探析[J].环境保护,2015(2):65-68.

国家公园这一概念起源于美国,现已发展到225个国家和地区,并衍生出"国家公园和保护区体系""生物圈保护区""世界遗产"等相关概念。截至20世纪末,225个国家和地区建有国家公园和保护区30 350个,总面积达到1 323万平方公里,占地球表面积的8.83%。其中,美国建有国家公园和保护区369个,总面积33.7万平方公里,占美国国土面积的3.6%[①]。以黄石国家公园为例,该公园1872年建立,占地80万公顷,定位是"人民的权益和享乐的公园或游乐场",禁止私人开发该片土地,并从1886年开始持续30年派出国家骑兵队进驻公园,加强巡查以禁止偷猎、放牧等行为,有效地保护了公园内的野生动物及其栖息地。实践证明,栖息地不仅对保护野生动物至关重要,而且对保护生物多样性也具有不可替代的作用,通过立法保护野生动物栖息地,不仅保护了野生动物,也间接地保护和改善了生态环境。

(二) 动物保护立法的宗旨还有待进一步拓展和完善

西方国家动物保护立法更多关注的是动物个体的生命健康和福利状况,其基本宗旨是从人类中心主义的角度出发,通过制定反虐待和动物福利方面的法律法规,保护动物生命,减少动物遭受不必要的痛苦,满足动物的基本生活需要和福利,目的是改善动物的生活状态和生存环境,以利于人类更好地利用动物,开发动物资源;而较少地关注动物物种及其生态系统的多样性保护,在立法宗旨上未能从非人类中心主义的立场出发,把动物看作是生态系统中的重要成员,与人类构成生命共同体,从而通过制定相关的动物(尤其是野生动物)保护法规,为保护生物多样性、维护生态系统平衡提供法律支撑和保障。这里,值得一提的是美国的《濒危物种法》和澳大利亚的《环境保护和多样性保护法》,《濒危物种法》明确提出立法的目的是保护和恢复受威胁的动物和植物物种以及其生态系统,为此,还同时颁布了《岸堤资源法案》《荒野保护法》《湿地保育法》等野生动植物栖息地保护法案,加大对濒危动植物的保护力度;《环境保护和多样性保护法》是为数不多的专门为保护生物多样性制定的法律,它是澳大利亚管控野生动植物进出口的法律依据,也是澳大利亚在野生动植物保护方面最重要的法

---

① 林森.野生动物保护若干理论问题研究[M].北京:中国政法大学出版社,2015:104.

律。但类似这样明确提出保护生物多样性、维护生态系统平衡立法宗旨的毕竟还是少数。

第二节 西方动物保护的文化传播

西方动物保护理论与实践的发展推动着动物保护文化的兴起繁荣,同时,动物保护文化的传播又有力促进了动物保护理论尤其是动物保护实践的发展。西方动物保护文化的传播途径主要有动物伦理教育和动物文学、戏剧、电影、绘画等表现形式,其中以文学和电影为主体。这里,重点梳理分析西方动物文学、动物题材电影蕴含的动物伦理思想,同时对西方动物伦理教育发展作一简要描述。

一、西方动物文学发展述评

近代以来特别是20世纪以来,随着工业文明和科学技术的飞速发展,伴随而来的是愈演愈烈的生态危机和人类情感的缺失。人们开始重新审视现代文明以求寻找生态危机和情感问题的思想文化根源,生态思想逐步兴起。人们在审视自然、反思自身的同时,也将关注的视野延伸到了与人类共同生活在同一片天空下的其他生命身上。随着对动物道德关怀的逐渐加深,动物保护运动的不断扩大,越来越多的人开始关注动物的生存现状,并通过文学手段反映出来,于是出现了动物文学。

动物文学一般是指以拟人化的动物及其生活环境、行为特征、生存方式和逻辑思维为题材的文学作品。其主要特征体现在三个方面:一是体现了强烈的荒野意识。动物文学的作者将观察世界的视角由人与人、人与社会的"人类"世界,转向人与动物、动物与动物的"荒野"世界,希望在荒野中找回人类失落的精神价值,寻求拯救自然生态、拯救人类自身的途径。正如梭罗所说"只有在荒野中才能保护这个世界"。二是体现了非人类中心主义的观念。引导人们尊重动物、关爱动物,树立非人类中心主义的观念,并从动物世界中反思人在自然界中的位置以及人与动物的关系。三是体现了独特的文学形式和语言。我国"动物小说大王"沈石溪将之总结为：严格按照动物的特征规范描写动物角色的行为；沉入动物角色的内心世界，把握动物的心理特点；动物主角应是个性化的而不是类型化的，反映动物主角的性格命运；作品的思想内涵不应是象征人类社会的某些习俗。

在漫长的文学长廊中，动物文学大体经历了三个发展阶段：第一阶段是渔猎时代的动物神话；第二阶段是农耕时代的动物童话、动物寓言；第三阶段是近现代的动物小说。从动物小说来看，18至19世纪的代表作品主要有：英国奥维达（Ouida）的《佛兰德斯的狗》、奥列文（Olive）的《鲍博，胜利之子》、塞维尔（Sewell）的《黑骏马》和加拿大桑德斯（Saunders）的《美丽的乔》，等等，这些小说取得的巨大成功，引导一代又一代读者去认识、理解不会说话的动物；20世纪以来，以欧美国家为代表的动物小说持续繁荣发展，引发了人类对动物、对自然乃至整个生态系统的关注和思考。这一时期的西方动物小说根据地域可划分为三个类别：一是加拿大动物小说。代表作家主要是罗伯茨（Roberts）、西顿（Seton）、莫厄特（Mowat）等，代表作品主要有《红狐狸》《动物英雄》《与狼共度》等，这些写实动物小说成为世界文坛的一道美丽"风景"；二是英国、美国和法国动物小说。这几个国家的动物文学联系紧密，写作风格具有一定的承袭性，代表作家有美国的杰克·伦敦（Jack London），英国的吉卜林（Kipling）、伯格斯（Burgess），法国的吉约（Guillot）、黎达（Lida），代表作品有《荒野的呼唤》《白牙》《最后的狼》《格里卡和他的熊》等。三是欧美其他国家动物小说。主要包括奥地利、捷克、挪威、芬兰等国家优秀的动物小说，最具有代表性的作家和作品是奥地利亚当森（Adamson）的"爱尔莎系列"小说。

下面，以加拿大和美国的动物文学为例作一些介绍和分析。

（一）加拿大的动物文学

加拿大动物文学源远流长，其发展大致可分为三个阶段：一是土著加拿大人创作的动物文学；二是19世纪末至第二次世界大战期间，欧洲裔加拿大人创作的动物文学；三是"二战"后加拿大人创作的动物文学。最具代表性的作家是罗伯茨、西顿、莫厄特三位。

罗伯茨(1860—1943)是加拿大现实主义动物文学的主要奠基人之一,被称为"加拿大动物文学之父"。他的代表作品主要有:《红狐狸》(1905)、《寂静地带的猎人》(1907)、《水中之屋》(1908)、《流放中的国王》(1910)、《陌生的邻居》(1911)、《野性的亲缘》(1911)、《几个动物故事》(1921)、《荒野智慧》(1922)、《动物故事续集》(1922)、《动物故事第三集》(1936)等。罗伯茨既注重对动物实际生存状况的描述,也注重对自然环境的描写,他用写实的手法再现了动物生活的各种场景,给读者展现了一幅丰富多彩的动物世界。在他的作品中,动物们富有智慧,不再任人摆布,生存本领令人惊叹,是与人类一样的自然生灵,充满着对动物之"爱"的赞美和动物"人性"的宣扬。

西顿(1860—1946)是与罗伯茨同时代的另一位加拿大著名动物文学作家,他的代表作品主要有:《沙岗牡鹿的踪迹》(1899)、《灰熊传奇》(1900)、《塔利克熊之王莫纳克》(1904)、《动物英雄》(1905)、《大狼比利》(1919)和4卷本《渔猎动物的生活》(1925—1927)。西顿还是一位造诣深厚的博物学家,他的作品平实、率真,充满幽默感,给每个动物角色都取了名字,为读者们描绘了生动活泼的动物生活画面,动物主角们是有血有肉的生灵,有自己的思想和情感,人类具有的母爱、忠诚、感恩等许多优秀品质在动物身上得到了完美的体现,容易引起读者心灵上的震撼。

莫厄特(1921—2014)是当代加拿大著名的作家之一,也是著名的生态文学家,著作等身、读者众多,写作生涯长达半个世纪,奉献了30多部、52种语言版本的作品。他的动物文学代表作品有:《鹿之民》(1951)、《与狼共度》(1963)、《被捕杀的困鲸》(1972)、《屠海》(1984)等。莫厄特开创性地应用了纪实文学这种全新的文学形式,把动物题材故事放在整个生态环境的大背景下,与人类命运的思考联系起来,这是他对当代加拿大文学的宝贵贡献,也是他受到世界上众多读者欢迎的原因之一[①]。他的动物文学作品中充满着平等、公正和爱,强烈表达了对生命的尊重,充分体现了施韦泽的"敬畏生命"生态伦理思想。

从上述三位作家的代表性作品来看,加拿大动物文学中蕴含着尊重生

---

① 刘捷.加拿大动物文学的流变[J].外国文学,2005(2):79-85.

命、平等对待野生动物、倡导动物与自然和谐共生等丰富的动物伦理思想，并且随着时代的发展和它自身的转变，加拿大动物文学呈现出三个显著特点：第一，反映的生态问题时代性更加明显。早期的加拿大动物文学大多数是以动物为载体反映现实的社会问题，很少涉及生态问题；19世纪末20世纪初，以罗伯茨、西顿为代表的动物文学作家一改以往的写作风格，用写实的手法反映了动物们的真实生存状况，表达了对人类侵入动物生活空间、残酷杀害野生动物的强烈愤慨，体现了具有时代特色的生态意识；20世纪中后期，随着全球性环境问题的日益突出，以莫厄特为代表的加拿大动物文学作家更多地开始关注生态环境，表达了对生态危机的担忧，起到了重要的警示作用。第二，描述的动物生存状态更加真实。早期的加拿大动物文学中的动物角色大多数是虚构的，罗伯茨、西顿的动物文学运用现实主义的写作手法，通过对野生动物的观察，以动物作为文学作品的主角，真实地反映了它们的生存环境和生存状态；莫厄特以亲身经历作为创作源泉，运用纪实性的写作手法，使得他的动物文学作品更具真实感；后来的动物文学作家们继承了莫厄特的写作风格，力求真实地"再现"动物们的生活世界。第三，表达的生态思想更加理性。早期的加拿大动物文学只是为了反映社会问题或说教，很少反映生态伦理方面的思想；罗伯茨、西顿的动物文学作品虽然较为客观地描述了动物的生存状况，也体现了不少的生态伦理思想，但他们对动物的描述、对自然的认识、对人类的评价等带有浓厚的个人感情色彩，有的过于偏激；莫厄特的动物文学作品更多地是将发生在动物身上的事实真实地展现在读者面前，很少带有个人的感情色彩，对人类的评价、对生态问题的反思更为客观、更具理性。

（二）美国的荒野文学

荒野文学诞生于19世纪，盛行于20世纪初，是当时美国特有的以野外生态学观察经验为创作素材、以描述野生动物的生存环境和生存状况为创作内容、以倡导敬畏生命、关爱动物的生态伦理信念为创作宗旨的一种文学流派。在美国，荒野文学作品深受大众喜爱，具有经久不衰的艺术感染力，代表性的作品主要有：梭罗的《瓦尔登湖》(1854)，缪尔(Muir)的《步行千里去海湾》(1916)，杰克·伦敦的《荒野的呼唤》(1903)、《雪狼》(1906)，等等。

这些作品塑造了一系列的荒野生灵形象,从动物的个性、活力、尊严、智力和美德等多方面展示动物们的优秀品质。动物美德是美国荒野文学家们描述最普遍的主题,他们赞同道德进化论的观点,认为动物是纯洁、善良的天使。

美国的荒野文学是美国动物伦理学萌发诞生的基础,也是现代动物解放运动的精神源泉。这些荒野文学作品蕴含的动物伦理思想主要体现在以下几个方面:(1)在价值观方面,荒野文学作家们否认动物仅具有工具价值,认为人和动物的生态价值平等。缪尔指出,大自然创造出动物和植物的目的,很可能首先是为了动植物本身的幸福,而不可能是为了一个存在物的幸福创造出所有其他动植物。(2)在权利观方面,荒野文学作家们认为,动物具有感受快乐和痛苦的能力,因而与人类一样拥有得到善待而不被虐待的道德权利,人类那些给动物造成痛苦的行为是对动物权利的野蛮侵犯。(3)在生命观方面,荒野文学作家们主张尊重生命、珍视生命,认为猎杀动物是违反道德的野蛮行为。(4)在素食观方面,荒野文学作家们认为食用肉类从道德上讲是同类相食的野蛮行为,不但是对动物的残酷虐待,也败坏了人类自身的品德。梭罗认为,把其他动物作为牺牲品用以维持生计实在是一种"悲惨的方式",这种粗野的饮食态度虽然难以克服,但是必须克服。

二、西方动物题材电影评析

1943年美国导演弗雷德·威尔科克斯(Fred Mcleod Wilcox)拍摄的《灵犬莱西之莱西回家》是以现实生活中真实动物为主角的影片,标志了世界上第一部动物题材真人电影的诞生。经过70多年的发展,动物题材电影已成为电影界不可忽视的力量。动物题材电影的产生主要有两个方面的重要基础:一方面是生态伦理特别是动物伦理思想的不断发展,越来越多的人开始更加关注动物的生存状态,从多方面反思和表现动物与人类的关系,影视作为现代文化最主要的传播媒介也随之将视野延伸到了动物身上;另一方面与科学技术的发展密不可分,由于动物题材电影中动物主角的特殊性,造成在拍摄动物题材电影时存在着很多不可操控的因素,因此影片的后期制作和电脑合成技术便成为弥补这种先天缺陷的最佳手段。例如,影片《侏罗纪公园》通过先进的设备、逼真的模型、精良的电脑制作,将灭绝了数万年的动物再现于银幕上与人类共"舞",成就了一部经典的动物题材电影。

虽然以动物为题材的电影越来越多,但它不属于任何一种传统的电影类型,"从表演的介质来看可以将动物题材电影分为两种:一种是真人影片,即主要由演员扮演角色的影片;另一种是动画电影,即各种电脑或者画笔或者木偶等手段制作的人物和场景的影片"。① 这里介绍的主要是非动画动物题材电影,按照常规电影的内容和形式可分为三类:

第一类是动物题材故事片,是指运用影像和声音为手段对动物进行叙事的电影作品,演员主要是由动物出演,有引人入胜的情节、独特的风格和完整的形式。动物题材故事片是动物题材电影中最常见的影片类型,它往往通过戏剧化的手段表达动物在现实生活中的真实面貌或人与动物间的关系等主题内容。动物题材故事片产生初期影片创作的观众目标大多指向儿童,而且影片多由儿童畅销书或是卡通漫画改编而成,如:《灵犬莱西之莱西回家》(1943)、《灵犬莱西之沙场义犬》(1945)、《灵犬莱西之战火历险记》(1946)、《黑神驹》(1979)、《黑神驹2》(1983)等。从早期创作的动物题材故事片可以看出,这时期动物题材电影的主题多为表现人与动物和谐共处的关系(也有一些影片,如《群鸟》(1963)、《大白鲨》(1975)是反映以动物攻击人为主题的影片)。此外,此类影片的常用手法是让儿童与动物配戏,通常是启用童星来饰演影片中的人类角色,从早期《灵犬莱西之莱西回家》(1943)中的伊丽莎白·泰勒(Elizabeth Taylor)、《黑神驹》(1979)中的凯利·里诺(Kelly Reno),到后来《家有跳狗》(1996)中的法兰基·莫尼(Frankie Muniz)、《夏洛特的网》(2005)中的小女孩芬的饰演者达科塔·芬宁(Dakota Fanning)以及新版《灵犬莱西》(2006)中的天才小童星强纳森·梅森(Jonathan Mason)等,无不通过纯真的孩子和可爱的动物的完美组合,讲述着活泼、温馨的银幕故事,并以此打动人心、吸引观众。20世纪90年代开始,动物题材故事片迅猛发展,影片数量大量增加,其中,有些是表现动物对主人忠诚主题的影片,例如:《导盲犬小Q》(2004)、《零下八度》(2006)、《心动奇迹》(2007)、《忠狗八公的故事》(2008)等;有些是反映动物威胁人类生命主题的灾难片,例如:《侏罗纪公园》(1993)、美版《哥斯拉》(1998)、《汉江

---

① 尹鸿.当代电影艺术导论[M].北京:高等教育出版社,2007:218.

怪兽》(2007)等;有些是反映动物励志主题的影片,例如:《小猪宝贝》(1995)、《斑马竞赛》(2005)等;有些是直接展示生态主题的影片,如《哭泣的骆驼》(2004)、《小黄狗的窝》(2005)、《复仇祸害》(2010)等。

第二类是动物题材纪录片,是指以现实生活中真实的动物为创作素材,不经过虚构,直接反映动物们的生活现状。它从现实生活动物本身选取典型,提炼主题,以展现动物的真实为本质,并用真实引发人们对动物生存状态的思考。例如,1994年法国导演雅克·贝汉(Jacques Perrin)的《微观世界》通过纪录片方式为观众讲述了精彩的昆虫世界。2001年由《微观世界》原班人马打造的《迁徙的鸟》,把原属于自然科学范畴的鸟类迁徙现象拍摄成一部充满浓郁人文主义色彩的电影不朽杰作。2005年导演吕克·雅克(Luc Jacquet)拍摄的《帝企鹅日记》为观众展现了生活在南极大陆上帝企鹅们的生存和繁衍的真实故事,虽然只是纪录片,但故事情节曲折,饱含悲伤、欢乐、死亡、再生,讲述了生命只有在艰难中成长起来才能更加适应这个世界的残酷,生命力也才能更加强大。2009年摄制、获得第82届奥斯卡金像奖最佳纪录长片奖的影片《海豚湾》,以直白的方式将人类对动物的掠杀行为展现在观众面前,揭示了人类的冷酷与残忍,该片将动物题材纪录片从对自然的客观审视上升到了主观关注,展示了动物的生存现状,呼吁保护野生动物。

第三类是动物题材以纪录片方式拍摄的故事片,是指结合了动物故事片与动物纪录片的特点,运用纪录片展现真实、客观反映的拍摄手法讲述动物题材故事片。影片不仅具有动物题材故事片的动物演员、高潮迭起的故事情节,同时具有纪录片客观真实的影像效果,加强了动物题材故事片反映现实的作用。例如,1988年法国导演让-雅克·阿诺(Jean Jacques Annaud)拍摄的《子熊故事》,不仅具有故事片的情节,同时具有纪录片的客观真实感。2004年,让-雅克·阿诺以同样的方式拍摄的《虎兄虎弟》,描述了柬埔寨湿热的丛林里相亲相爱的老虎家族,用人文的视角对自然、动物和人类的关系进行了细致深入地剖析。这两部由同一个导演运纪录片方式拍摄的动物题材故事片均为动物题材电影中的经典之作。2007年吕克·雅克创作的《狐狸与小孩》不仅展示了优美的欧洲风光,更是将《小王子》的迷人故事再现于银幕之上,阐释了爱与占有的关系。

纵观动物题材电影的发展历程,从最初表现童真、童趣的故事片,逐渐发展成为具有审美趣味、适合成年人观看的艺术片,影片的主题也从简单地表达忠诚、真情等传统的情感话题升华到对生命和自然的深刻思考,不仅为我们提供了另一种观看动物、观看自然的方式,更促使我们从生态伦理的视角思考人类自身的处境,重新审视人与动物之间的关系,具有很高的电影审美价值,包含着丰富的动物伦理思想和深厚的伦理文化内涵。

三、西方动物伦理教育发展概览

动物伦理教育一般是指运用各种教育手段培养受教育者珍惜生命、爱护动物的伦理意识,促进一个国家或地区动物保护现状的改善和社会文明程度的提高。20世纪60年代以来,随着环境伦理学的兴起和深化,现代动物伦理随之确立,并得到了系统化的发展。随之,动物伦理教育逐步进入西方的高等教育体系中。1986年,英国剑桥大学开设了世界上第一门独立的动物福利课程,之后此类课程渐渐扩展到整个欧洲以及美国、澳大利亚、新西兰、加拿大、墨西哥、巴西等国家和地区。作为动物伦理教育的起源地之一,英国的动物福利课程重点关注动物福利的伦理学基础、科学基础和相关的法律政策等三个方面的主题,这些也是目前国际上动物伦理教育通用的主题[①]。在美国,动物伦理已成为大学生应接受的公共伦理教育,目前有包括哈佛大学、哥伦比亚大学等在内的70多个法学院开设了动物法课程,是世界上开设动物法课程最多的国家。澳大利亚对动物伦理教育也比较重视,以悉尼大学动物医学专业为例,一至三年级在专业实习过程中,老师会系统地讲解实践中如何保障动物福利;三年级时要学习动物行为学、动物福利科学课程;五年级时要选修一门与动物福利相关的课程;大学生毕业后还可以通过各种互联网平台开展动物伦理方面的自我培训。在智利南部的动物医学学院,早在1998年就开展了家畜运输中的动物福利研究,2006年为大学生开设了选修课"动物福利基础",2008年在五年级大学中又开设了"动物福

---

① 刘宇,刘恩山.国内外高校动物福利教育发展历史与前景展望[J].生物学杂志,2013(5):101-104.

利的应用"作为第二门选修课。此外,特木科天主教学院、智利大学、康赛普西翁大学等学校也开设了类似的课程。

总体来看,国外的高校动物伦理教育有以下几个特点,值得借鉴:(1)动物伦理教育是现代高等教育的重要组成部分,在许多高校已作为一种独立的课程,是大学生的必修课或选修课,在医学、动物学、哲学等相关专业更是有系统化的动物伦理教育;(2)动物伦理教育的内容比较丰富,既有伦理学、动物科学等基础理论,又有实践应用案例和相关的法律法规;(3)动物伦理教育的形式比较多样化,既有课堂授课,也有参观实习、网上培训等;尤其注重理论学习与社会实践相结合,在教学中经常穿插一些现实生活中与动物相关的情景让学生评判分析,鼓励学生积极参加动物保护实践活动等。

第三节 西方国家动物保护实践的经验启示

近现代以来,西方国家的动物保护立法实践和文化传播取得了长足的发展和显著的成效,分析其原因,与西方动物伦理思想的迅速法律化、制度化、组织化和普及化有很大的关系[①]。从中可以得出以下几个方面的经验启示。

一、思想与行动相互促进

综观西方动物伦理理论演进和实践发展的过程,我们可以看出,动物保护运动的发展与动物伦理理论的发展是密不可分、相互促进的,动物保护运动的发展离不开动物伦理理论的指导,反过来,动物保护运动的发展也促进了动物伦理理论的普及和深化。

西方动物保护运动的历史较为悠久,现代意义上的西方动物保护运动可以追溯到17世纪末,早期的动物保护运动受洛克等动物同情论思想的影响,其关注的焦点是反对活体动物解剖实验,后来关注的范围越来越广,比

---

① 姜南.近现代西方与古代中国动物伦理比较及启示[J].天津师范大学学报(社会科学版),2016(3):6-12.

如虐待宠物、改善食用动物饲养条件、让动物长期待在动物园、动物马戏表演、实验动物麻醉等等,主要集中于让动物免遭不必要的痛苦。18世纪的动物保护运动受边沁等人思想的影响,主要关注是否应将动物纳入道德关怀范围,但这一阶段强调的仍是动物福利。进入19世纪,动物保护运动更加强调运用法律手段改变人们对待动物的态度和方式,英国政治家理查德·马丁于1822年说服英国议会通过了反对残酷对待家畜的《禁止残酷和不当对待牲畜法案》(也称《马丁法案》),1824年,马丁和其他人道主义者成立了世界上第一个动物保护协会——防止虐待动物协会。法国也在1845年创立了动物保护协会,并在1850年通过了一项反虐待动物的"格拉蒙法律"(以其提议者德·格拉蒙(De Grammont)将军的名字命名),第一次把"在公众场所虐待家畜的行为"纳入刑法,随后又有爱尔兰、德国、奥地利、比利时、荷兰等一些国家通过反虐待动物法案和建立动物福利协会[①]。进入20世纪,两次残酷的史无前例的世界大战,让人们的注意力更多地转向关注人的痛苦,动物保护运动暂时陷入低潮。第二次世界大战后,随着对工厂化、集约化农场养殖方式的批判,动物福利重新成为人们关注的热点问题,动物保护运动也更多地关注农场动物和实验动物的福利。20世纪70年代是动物保护运动的一个分水岭,在此之前,动物保护运动更多地关注动物的福利;在此之后,随着辛格动物解放论和雷根强势动物权利论的提出,西方的动物保护运动也进入了动物权利阶段,它不仅关注动物的肉体和精神痛苦,而且更关注动物的个体价值和道德权利,动物权利的理念也越来越被广泛地接受。

二、立法和教育并重

英国社会改革家塞尔特曾指出,实现动物权利的原则和目标、弥补人类给动物造成的痛苦的途径有两个:一个是教育,另一个是立法;他还指出,教育必须先行于立法。[②] 这种思想在西方动物保护实践中得到了充分体现,也是值得借鉴的有益经验。

综观西方国家的动物保护立法实践,有三个方面有益的启示:一是由"反

---

① 莽萍.绿色生活手记[M].青岛:青岛出版社,1999:181.
② 曹菡艾.动物非物:动物法在西方[M].北京:法律出版社,2007:134-136.

虐待"到"动物福利保护"渐次推进。从美国来看，19世纪至20世纪初期主要是"反虐待法"，20世纪以后主要是"动物福利立法"；从英国来看，1822年制定的第一部动物保护法案《禁止残酷和不当对待牲畜法案》以反对虐待动物为主，之后在近一个世纪的时间里逐步制定了针对不同种类动物的动物福利法，直到1911年制定了综合性的《动物保护法》。二是综合性与专门性法律相互补充。比如，英国除了1876年的《防止残酷对待动物法》和1911年的《保护动物法》等综合性法律外，还制定了保护狗、野兔、宠物以及家禽宰杀等方面的专门性法律。有的规定详细得令人吃惊，比如，对母鸡的生活空间大小都有明确规定，如果达不到标准，该母鸡生的蛋就不得出售。三是执法严格，刚性明确，执行效果较为明显。比如，英国的《动物保护法》规定不仅对驯养动物残酷属于犯罪行为，而且对自己看管下的动物不作为、未能尽到照顾和人道责任的行为也属于犯罪行为，并且一旦触犯法律构成犯罪，就将负刑事责任；该法还赋予法庭没收那些被判定犯有虐待动物罪的人拥有动物的权利。

动物保护问题的实质是人们的价值取向问题。塞尔特认为，教育是人类进步不可缺少的先决条件，不仅孩子们需要学习如何正确对待动物，科学家、文学家、宗教人士等都需要学习如何善待动物，只有让人们接受平等思想，才能渐渐补救人类社会对动物的不公正和错误做法。西方国家不仅在动物伦理研究领域产生了大量的学术思想，而且通过学者们的呼吁使得动物伦理渐渐成为一种社会思潮，同时还十分注重通过各级各类学校、文学、电影等形式加强动物保护文化传播和动物伦理教育，增强公众的动物保护意识，唤起人们尊重生命、爱护生命的内心情感和科学合理利用动物、自觉维护生态系统平衡的道德义务，培养和形成新的动物伦理观和价值观。

三、动物保护组织发挥了关键作用

实践表明，西方国家的动物保护事业发展之所以取得显著成绩，与动物保护组织特别是非政府动物保护组织的发展密不可分。无论是蓬勃发展的动物保护运动，还是越来越普遍、日益完善的动物保护立法，都离不开动物保护组织的身影。动物保护组织在推动动物保护立法和管理政策制定、反对残酷对待动物、救助受伤动物、宣传普及动物保护知识、提高大众动物保护意识等方面发挥了不可替代的重要作用。

(一) 西方动物保护组织发展概况

西方的动物保护组织与动物保护运动、动物保护立法是相伴而生的,相互促进。最早一批的动物保护组织出现在英、美、法等国家,由英国人马丁和其他人道主义者1824年创立的防止虐待动物协会是世界上第一个动物保护组织。此后,各种各样的动物保护组织层出不穷,据不完全统计,目前全球有超过17 000个动物保护组织,仅美国就有7 000多个动物保护组织,会员人数超过1 000多万;英国也至少有943个[1]。这些动物保护组织中,既有国际性的组织,也有一国内的组织;既有政府组织,也有非政府组织(民间组织)。

国际动物保护组织中比较有代表性的有:联合国粮食及农业组织(FAO)、世界动物卫生组织(WOAH)、世界自然保护联盟(IUCN)等。其中,世界自然保护联盟是由联合国教科文组织1948年在法国巴黎建立的,组成人员包括各国的政府官员、非官方机构、科学工作者和自然资源保护专家,该联盟设有物种保护、国家公园和保护区、生态学、环境规划、环境教育、环境政策法律和管理等6个工作委员会。

除了官方的动物保护组织外,还有数量众多的动物保护非政府组织(民间组织),比较有代表性的有:英国皇家防止虐待动物协会(RSPCA)、世界动物保护协会(WAP)、世界自然基金会(WWF)、国际野生生物保护学会(WCS)、国际爱护动物基金(IFAW)、绿色和平组织(Greenpeace)等。这些组织中规模较大的一般都有国际分支结构,最著名的当数英国皇家防止虐待动物协会,它的前身就是1824年成立的防止虐待动物协会,1940年因获得维多利亚女王的赞赏而变更为现在的名字,其会员仅在英国就有46 000名,目前在全世界约70个国家有200多个海外附属组织[2]。该组织的主要工作包括:救助受难宠物,宣传实施家庭动物正确的饲养、绝育方法,推动认养工作;关怀食品动物的饲养、运输及屠宰的动物福利问题;监督实验动物的动

---

[1] See more on world animal net. http://www.worldanimal.net/directory.

[2] Wilkins D. B, Houseman C, Allan R, et al. Animal welfare: the role of non-governmental organisations[J]. Revue Scientifique et Technique (International Office of Epizootics), 2005, 24(2): 625-638.

物试验等,尽可能减少动物的痛苦。其他的如,世界动物保护协会在126个国家有485个会员组织,1971年才成立的绿色和平组织目前在41个国家设有办事处,拥有280多万名会员。

(二) 动物保护组织的主要作用

西方的动物保护组织主要通过以下方式在动物的救助、保护、教育等方面发挥着重要的推动作用。一是游说政府立法并负责监督实施。这是很多动物保护组织的重要工作。从前面的西方动物保护立法实践来看,几乎每一部动物保护立法都有这些组织的影子,有些动物保护组织甚至还直接为政府机构提供咨询和建议。例如,英国政府在制定与动物相关的法规之前,都要先征求英国皇家防止虐待动物协会(RSPCA)的意见;动物保护法律制定后,一般也由RSPCA的动物保护检查员负责监督实施。1822年英国制定的《马丁方案》虽然开创了西方国家动物保护立法的先河,但是法案出台之后的最初几年里,由于缺乏有力的执行机构并没有发挥很好的效果。尽管马丁本人成天在大街小巷逡巡,以督查人们是如何对待动物的,一旦发现有虐待动物的人就立即提起诉讼。但仅凭马丁一个人的力量是远远不够的,受到追究的违法者数量非常少,法案一定程度上形同虚设,面临夭折的危险。1824年,马丁联合牧师亚瑟·布容(Arthur Broome)和议员威廉·威尔伯福斯(William Wilberforce)(也是著名的废除奴隶主义者)组建了民间公益性自治团体"防止虐待动物协会"(SPCA),该协会在全国范围内建立了监察员制度,这些监察员的首要职责就是在各自的区域内巡查动物的处境和遭遇,如果发现有触犯法案者,就通过协会提起诉讼。这种监察员制度的效果比较明显,在SPCA成立的最初10多年里,就起诉了数百起虐待动物案件,特别是1840年英国女王维多利亚赐予SPCA"皇家"头衔后(即皇家防止虐待动物协会,简称RSPCA),协会的影响进一步扩大,协会经费和监察员人数也随之增多,起诉的虐待动物案件也呈上升趋势,1840—1849年为2 177起,1850—1859年为3 862件,1860—1869年为8 846件,1870—1879年为23 767件,1880—1889年为46 657件,1890—1899年为71 657件[①],有力地

---

① 刘宁.动物与国家:现代动物保护立法研究[M].上海:上海三联书店,2013:72.

推动了英国动物保护事业的发展。二是向公众宣传动物保护知识。大多数动物保护组织都将动物保护知识教育推广作为重要的工作内容,有些甚至采取了一些极端方式。例如,善待动物组织(PETA)就组织过多次裸体游行。三是通过媒体曝光不良行为。例如,在与采取工厂化养殖方式的农场主的博弈中,动物保护组织经常会通过安装摄像头记录农场动物遭受的虐待,通过电视台或网络曝光引起公众关注,从而向农场主施加压力。四是通过诉讼扩大影响。例如,美国动物法律保护基金(ALDF)起诉美国农业部制定的灵长类动物心理康乐最低标准一案,虽然诉讼没有取得成功,但却引起了公众对于灵长类动物囚禁条件的关注。又例如,2007 年,美国自然资源保护理事会(NRDC)会同国际爱护动物基金、世界鲸目动物联盟(WCA)等组织,向美国联邦法院起诉美国海军,要求海军在美国南加州海洋水域的海军演习中停止使用声纳试验,因为这种试验能伤害到该水域的濒危动物鲸类,导致鲸时常自我搁浅死亡。法庭接受了动物保护组织的诉讼,并认为海军拒绝采取措施保护试验附近海域海洋生物的做法是违法的,且完全没有必要,于是做出初步决定,要求美国海军不得在南加州附近海域开展这种声纳试验,直至诉讼最终判决为止。五是发起"标签"运动。一些动物保护组织建立动物福利型农产品的认证体系,与其他产品区别开来,增加这类产品的竞争力。例如,RSPAC 建立了"自由食品"认证标签。六是支持科研学术活动。有些动物保护组织通过支持科研或创办专业期刊来宣传动物保护理论,推动动物保护运动发展。例如,动物福利大学联盟(UFAW)支持创办期刊《动物福利》,为动物保护运动增加"科学"成分。

第十章

生态友好型动物保护模式的构建设想和实践案例

　　理论指导实践，实践反过来又影响理论。本章在分析西方基于现有动物伦理理论的几种动物保护模式优缺点的基础上，基于生命共同体理念和中国特色动物伦理理论，提出生态友好型的动物保护模式，并阐述其基本特征、实践原则和主要内涵，并以珍稀动物物种保护、云南亚洲象迁移、长江十年禁渔、中医入药动物保护等为案例加以分析应用。

第一节　基于西方动物伦理的几种动物保护模式

从西方动物保护的实践特别是动物保护立法实践来看,西方的动物保护模式主要有反虐待动物保护模式、动物福利保护模式和动物权利保护模式,其相应的伦理基础分别是动物同情论、动物福利论和动物权利论(包括动物解放论和动物权利论)。这几种动物保护模式特别是反虐待动物保护模式、动物福利保护模式对西方动物保护运动的发展和社会文明程度的提高起到了有力的推动作用,但也存在着各自的一些不足和问题。

一、反虐待动物保护模式

反虐待动物保护模式的伦理基础是动物同情论,它要求人们从人道主义原则出发,以"同情心""善心"来对待动物,禁止对动物施加暴力致使动物遭受无端的痛苦,禁止残忍地折磨、虐杀动物。这种动物保护模式孕育于人类长久以来虐待动物的传统,兴起于17世纪末至19世纪的反对残酷虐杀动物的"仁慈运动",突出表现在英国早期的动物保护立法中。英国最早的动物保护立法也是全世界第一部动物保护法律就是1822年的《马丁法案》,它的全称是《禁止残酷和不当对待牲畜法案》,虽然它的保护对象仅限于马匹等大型家畜,但其立法原意就是反对残忍对待动物;此后,《马丁法案》经历了数次修订,不仅进一步扩大了保护对象,而且还逐步增加了过度驱赶、不当对待、诱饵捕猎、剪猪耳等典型的虐待动物违法行为;1876年英国又制定了《防止残酷对待动物法》,立法的主要内容是规范动物活体解剖行为,这也是世界上第一部规范动物活体解剖的法律,虽然它的出台使动物实验披上了合法化的外衣,但其立法旨意仍是通过实施麻醉减少实验动物的痛苦;1911年,经过近一个世纪的实践发展和整合,英国诞生了第一部一般意义上的《动物保护法》,该法仍是将反对残酷对待动物置于最为重要的位置。由此可见,反对虐待动物是英国早期动物保护立法的鲜明特征,这一立法主旨也得到了西方其他国家的继承和发展,成为19世纪西方动物保护模式的核心内容。

二、动物福利保护模式

动物福利保护模式的伦理基础是动物福利论,20世纪动物福利理论的提出和发展,使得动物福利成为20世纪西方动物保护模式的关键词,动物福利运动以势不可挡的态势在西方发展,也有力推动了以英、美为核心的西方国家乃至全世界范围内的动物福利立法。这种动物保护模式超越了传统的反对虐待动物保护模式,提出了更高的伦理要求,它要求人们在利用动物时,不仅仅要善待动物,而且还要改善动物的活动空间和生存环境,关注动物的身体和心理健康,使动物达到一种康乐的状态。在动物保护立法上,它一方面,吸收和保留了满足动物反虐待等消极需求的内容,另一方面,还提出了满足动物积极需求的内容,目前比较通行的就是农场动物的"五大自由"原则和实验动物的3R原则。

值得指出的是,动物福利保护模式中动物福利并不是一个确切的概念,在具体的福利标准上并没有一个全球统一的、适用于各个国家和地区的刚性标准,它具有历史性和多元性。动物福利的历史性主要体现在时间维度上,它是一个国家和地区经济、社会、传统文化、公众素质等综合发展的结果,其内涵随着时代的发展变化而不断发展进步,比如,以英美为代表的西方国家动物保护立法由反虐待动物发展到关注动物福利经历了一百多年的时间。动物福利的多元性主要体现在空间维度上,同一类动物在不同国家和地区的福利标准往往也是不完全相同的,比如,在实验动物的福利标准上,英国的标准就要比美国严格得多。

三、动物权利保护模式

动物权利保护模式的伦理基础是动物解放论和动物权利论,因其理论基础较为激进,因而这种动物保护模式也较为激进,它要求人们把动物与人放在平等的道德位置,享有与人同样的道德权利甚至是法律权利,要求废除一切形式的动物利用和剥削。这种动物保护模式因其要求往往与人类在相当程度上还依赖动物的现状不相符,所以在现实中不具有可操作性,比如,对生蛋的母鸡来说,动物福利者往往会要求为其增加活动空间以改善其福利,而动物权利者则可能期望废除利用母鸡,而要求人们不吃鸡蛋,这在现实中难以做到。此外,在动物保护立法上,要实现动物的法律权利,面临着动物的法律主体资格、法律监护人和代理人、人与动物的沟通交流等一系列难以解决的现实问题,因而基本上也行不通,这也是目前世界上还没有真正意义上动物权利立法先例的原因。

第二节 基于生命共同体理念的生态友好型动物保护模式

当前,随着环境伦理学的兴起以及生态文明建设的深入推进,现有的西方动物伦理思想存在着难以克服的理论和实践困境,相应地,基于这些理论的动物保护模式也面临着或多或少的理论和实践难题。从我国地大物博、动物种类繁多、生物多样性丰富的国情和生态文明建设的要求出发,未来应以生命共同体视域下动物伦理理论为指导,在借鉴西方国家动物保护模式的基础上,构建生态友好型的动物保护模式。

一、确立生态友好型动物保护模式的必要性

(一)有利于克服西方动物保护模式的弊端

西方的几种动物保护模式有其各自产生发展的社会背景和理论背景,在不同的发展阶段发挥了独特的作用,但也各自存在着自身的缺陷和弊端。反虐待动物保护模式反映了人类普遍共有的同情心理,并且将这种同情心理由人与人之间转移到人与动物之间,在当时的历史条件下极大地改善了

动物的处境和遭遇,一定程度上缓解了人与动物之间的尖锐矛盾,同时也对改变人们的残酷心理,改良当时的社会风气都起到了有力的促进作用,19世纪的反残忍法最终的结果是促进了国民整体道德水平的提高和国家的文明化[①];但是以历史的发展眼光看,反虐待动物是动物保护的底线,也是社会道德进步最起码的要求,已不适应动物伦理理论和人类文明发展的现实要求。动物福利保护模式是在反虐待动物保护模式的基础上发展而来的,是人类对待动物道德态度上的又一次进步,因与动物权利保护模式相比而具有的"温和性""实用性",得到了世界上大多数国家和地区的广泛认可,极大地推动了全球范围内动物保护运动的发展;动物权利保护模式是西方动物伦理思想发展史上的一次飞跃,把动物放在了与人类同等的道德地位上,追求与人类同样的道德权利,其先进而又显激进的理念被西方现代动物保护运动所接受,但它却没有设计出一套能将理论与实践有机结合、具有可操作性的行动策略,而被视为一种理想。总体来看,动物权利保护模式和动物福利保护模式是人类动物保护运动发展到一定阶段的产物,两者之间是理想和现实、最终目标和阶段性目标的关系,它们共同的缺陷都是从动物个体的角度出发,而没有从动物物种及其所在的生态系统的角度来考虑动物的福利或利益,使得它们在面对环境伦理学的质疑和个体或物种谁更重要等问题时就陷入了困境,这就需要我们在生命共同体视域动物伦理理论指导下,构建生态友好型的动物保护模式,以试图解决西方动物保护模式面临的困境。

(二) 有利于改善我国动物保护的现状

改革开放以来,我国的动物保护工作虽然得到了显著加强,但总体上看,目前面临的形势依然不容乐观,虐待、残杀动物的现象在日常的生产生活中时常发生,相关的新闻报道也不时见诸报端,动物普遍没有福利可言,野生动物濒危程度不断加剧,200多种脊椎动物面临灭绝,甚至连一些作为重点保护的动物也难以幸免。其中,有动物保护法律体系不完善、传统的生产生活方式、经济利益驱使等方面的原因,更重要的原因是人们对动物作为一种生命体没有正确的认识,缺乏敬畏之心,动物在大多数国人眼中仅仅是

---

① 刘宁.动物与国家:现代动物保护立法研究[M].上海:上海三联书店,2013:152.

食物或是可以随意利用的工具。要改善目前动物保护的现状,必须通过构建生态友好型的动物保护模式,加强宣传引导和教育,改变人们头脑中根深蒂固的动物观念,培养公众爱护动物的意识,调动公众参与动物保护的自觉性和热情,引导他们正确认识动物的价值和意义,对动物报以敬畏之心,善待动物、保护动物。

(三) 有利于应对生态危机推进生态文明建设

工业革命尤其是 20 世纪以来,人类面临的全球性环境问题日益严重,引发了人类对工业文明发展模式的深刻反思。越来越多的人清醒地认识到,人类不仅要从器物、制度等层面改变现有的生产生活方式,而且要从根本上改变现有的工业文明发展观念,才能走出越陷越深的生态危机泥潭。生态文明是继工业文明之后的一种新的文明形态,其根本目标是追求人与自然的和谐,实现可持续发展。当前,应对生态危机、推进生态文明建设已成为世界上绝大多数国家和地区的共识。动物是地球生态系统中的重要成员,与人类是生命共同体,人与动物的关系是人与自然关系的重要组成部分,处理好人与动物之间的关系、实现人与动物和谐共生,是推进生态文明建设的应有之义。现代环境伦理学的奠基者之一施韦泽指出:"伦理不仅与人,而且也与动物有关。如果我们只是关心人与人之间的关系,那么,我们就不会真正变得文明起来,真正重要的是人与所有生命的关系。"[①]因此,我们要从生态文明建设的高度出发,构建生态友好型的动物保护模式,改变传统的人与动物对立的关系,建立人与动物和谐相处、协调发展的机制,实现人与动物共生共荣,共同建设"地球村"的美好家园。

二、生态友好型动物保护模式的特征、原则和内涵

(一) 基本特征

与西方现有的动物保护模式相比较,生态友好型动物保护模式的主要特征体现在三个方面:一是在保护目标上,以改善动物生存环境、维护自然生态系统平衡为根本目标;二是在保护依据上,在考虑动物具有的外在价值

---

① 谢小军.社会文明需要动物伦理教育[J].科技日报,2014-06-27(8).

(工具价值)和内在价值的同时,注重考虑动物具有的生态价值,而不只是简单地考虑是对人类是有益或有害;三是在保护策略上,坚持个体和整体相结合,坚持分类规范保护的原则,在注重保障动物个体福利和利益的同时,注重从动物物种及生态系统整体出发,区分不同种类动物的生态价值,采取侧重点有所不同的保护措施。

(二) 实践原则

1. 不干扰原则

对于那些与人类生产生活不直接相关、不对人类健康、安全等根本利益构成威胁和伤害的动物,特别是野生动物,人类尽量"袖手旁观",不要去干扰它们、伤害它们,尊重它们的生活习性,保护其生存的空间和环境,尽量减少人类生产生活对野生动物栖息地的侵占和破坏,给它们留下足够的栖息地和应享有的自然环境,让它们能够按照自己的天性自在生活、自行繁衍。人类在这方面的经验教训数不胜数,由于人类不断地侵占和破坏野生动物的栖息地,或者过度地接触和干扰野生动物,甚至是滥捕滥食野生动物,不仅给野生动物造成巨大伤害,有的甚至造成物种灭绝,也给人类自身带来生态环境恶化、外源性传染病等诸多问题和风险。相关研究发现,在已确认的335 种急性传染病中源于野生动物的比例达到43%[①]。

2. 最小伤害原则

对于驯养动物来说,它们有的是人类伴侣,有的用于人类科学研究实验,有的为人类提供劳役或观赏娱乐服务,还有的成为人类食物,一般而言,它们都不会对人类健康、安全等根本利益构成威胁和伤害,人类应该给予它们道德关怀,善待它们;如果因为携带某种病毒并传染给人类,威胁人类生命健康时,人类可以从保护自身安全出发对它们进行捕杀,但也要控制好方式和程度,避免给它们造成无谓的伤害和不必要的痛苦。对于野生动物来说,只有当它们对人类的健康、安全等根本利益构成威胁和伤害时,人类出于自我保护才可以对这些动物进行限制甚至牺牲动物的生命,但也要基于科学理性和道德责任将伤害控制在最低限度内,而不能因为盲目"恐惧"将它们"赶尽杀绝"。实际

---

① Jones K E, Patel N G, Levy M A, et al. Global trends in emerging infectious diseases [J]. Nature,2008(451):990-993.

上,人类还可以通过现代科技手段,发挥理性智慧,尽可能避免野生动物伤害到自身的根本利益,从而实现保护野生动物的目的。2021年广受关注和好评的云南亚洲象迁移事件就是这方面鲜活的典型成功案例。

3. 共同保护原则

从国内看,加强动物保护、建设生态文明需要全社会的共同参与。当前,应深入学习贯彻习近平生态文明思想尤其是生命共同体理念,加强野生动物保护、生物多样性保护等知识的宣传教育,增强全社会动物伦理意识,让尊重生命、善待动物、保护动物成为人们的自觉行动。从国际看,整个人类是命运共同体,动物是地球生物圈的重要成员,保护野生动物是全球面临的共同挑战,也是世界各国的重要责任。应按照人与自然生命共同体可持续发展的要求,推动世界各国通过立法等手段共同打击野生动物捕杀、交易和消费行为,联手保护野生动物及其栖息环境,保护生物多样性,共同建设美好的地球家园。

(三) 主要内涵

粗略地分为野生动物和非野生动物两大类阐述其主要内涵。

1. 野生动物:重点是保护动物物种安全,维护生态系统平衡

野生动物是指所有非圈养或驯化的、自由生活的脊椎动物和无脊椎动物,据统计,目前世界上已知的野生动物种类有21 000多种。作为地球生态系统中的重要成员,野生动物及其物种具有四个方面的生态功能:一是生态供给功能。野生动物可以为人类生存直接提供必需的食物、药材和遗传等资源,从而为生态系统发挥生态服务功能提供了重要的能量和资源保障。二是生态调节功能。主要表现为调节气候、防御虫害、控制疾病、抵御物种入侵以及植物授粉等。三是维护生态系统的生产力和恢复能力。美国生物学家爱德华·威尔逊(Edward O. Wilson)把这种功能称为生物多样性保险原理,如果一个生态系统中,野生动物物种的数量越多,那么这个生态系统就具有更高的生产力和更强的恢复能力。四是生态文化服务功能。远古时代人类把动物作为图腾加以崇拜的影响至今依然存在,在宗教、艺术等方面动物对人类的影响也深远而广泛;此外,某些动物具有的特殊本领为人类社会的许多发明和创造提供了直接的灵感和启示。正因为野生动物及其物种在生态系统中具有这些重要的生态功能,野生动物数量的减少尤其是物种的灭绝对生态系统的影响将是巨大的,主要表现为破坏生态系统的食物链和营养结构,引起生态系统部分调节功能的丧失,降低生态系统的自我修复能力,影响生态系统乃至生物圈的稳定性。当这些影响超过生态系统自身的承载能力时,就会威胁到整个生态系统的平衡和稳定,甚至可能导致生态系统的整体崩溃,从而也直接或间接地影响人类的生存。因此,相对于非野生动物来说,野生动物的生态价值更为显著,野生动物尤其是濒危野生动物物种的生态价值也要高于野生动物生命个体的价值。我们对野生动物的保护策略应是:在保护野生动物个体生命的同时,更加注重保护野生动物尤其是濒危野生动物物种的安全,这两者在内在要求上通常是一致的,保护了野生动物个体的生命,也就保护了野生动物物种的安全,当这两者遇到冲突的时候,要把保护野生动物物种的安全作为底线,以保护生物多样性、维护生态系统的平衡和稳定。

在实践中,保护野生动物尤其是濒危野生动物物种安全的主要途径有以下三个方面:一是树立敬畏生命、敬畏自然的理念,加大宣传教育和引导力度,改变人们食用和消费野生动物的观念和生活方式,严厉打击偷猎、滥杀、贩卖野生动物尤其是濒危野生动物的行为,切实保护野生动物个体的生命,防止野生动物物种的灭绝;二是加强对野生动物生境的保护,设立更多的野生动物自然保护区,改善周边的自然生态环境,通过建立生态走廊尽量使保护区连接起来形成网络,人类尽可能地不进入、不干扰、不污染野生动物的生存环境和活动空间,让野生动物生活在近乎原始的自然状态,按照它们的天性自由地繁衍生息;三是在尊重生态规律的前提下,适度、审慎地开展人工干预,对于一些濒危野生动物,可以通过人工繁殖帮助其延续物种的繁衍,但也要控制繁殖的数量,不能超出其自我繁衍的数量范围,并尽可能地放归自然,让它们按照自己的天性生活;对于一些外来入侵的物种,要建立严密的监测预警体系,观察它们的分布区域、活动情况、繁衍速度及对周边生态环境的影响,对危及原有野生动物物种生存的有害入侵物种,要及时采取有效措施加以遏制,减少其产生的恶性影响,维护原有生态系统的平衡和原有野生动物物种的安全。

2. 非野生动物：重点是以反虐待为基础，保障动物个体的基本福利

非野生动物通常包括农场类、役用类、实验类、观赏娱乐类、伴侣类动物（其中，有些是通过圈养或驯化野生动物转变而来的，作者认为也应划为野生动物），相对于野生动物来说，它们与人类生产生活的联系更为直接一些，与人类的接触和关系也更为密切一些。如前所述，非野生动物除了具有西方动物伦理思想强调的工具价值和内在价值外，也具有生态价值，但对于地球生态系统来说，非野生动物物种的生态价值没有野生动物那么显著，因此，对它们的保护重点也有所不同。对于非野生动物而言，按照西方动物伦理思想的观点，我们应该更多地关注它们作为生命个体的利益和权利。具体来讲，对非野生动物的保护重点和内容主要取决于两个方面：一方面，与一个国家或地区的经济发展水平、文化传统、民族风俗、公民动物保护意识等因素相关。一般地，一个国家或地区的经济发展水平越高，公民的受教育文化程度越高，公民的动物保护意识就越强，对动物生命和利益的关注度也就更高。近现代以来，西方的动物保护运动和动物保护立法首先从英、美等国家兴起，就充分说明了这一点。另一方面，不同种类的动物或同一种类的动物在不同的环境和条件下，人类应重点关注和保障的动物利益也有所不同。比如说，按照西方动物伦理思想的观点，对农场动物重点是保障其享有"五大自由"；对实验动物重点是遵照 3R 原则来对待和处置，等等。

从我国现阶段来看，综合考虑目前的经济发展水平、文化传统、民族风俗、公民动物保护意识等因素，作者认为，对非野生动物，保护重点应是以反虐待为基础，保障动物个体的基本福利。以反虐待为基础，一方面是因为反虐待作为动物保护的基础性内容，已成为世界上绝大多数国家和地区的普世性观念，我国不应也不能例外；另一方面，这也是提高我国国民文明素质、推进生态文明建设的迫切需要。生态文明作为一种新型的人类文明形态，不仅体现在物质层面的进步，而且更深层地体现在精神层面的进步，要求人类不仅在人与人之间同时也要在人与自然的关系上体现出人的仁爱与悲悯情怀，这种对于人性的期待与提升是生态文明中"文明"的真正道德意蕴所在。保障动物个体的基本福利，一方面，是国际上通行的做法，世界上已有一百多个国家或地区制定了形式不同（有的称为动物福利法，有的称为动物保护法,有的还称为反残酷对待法)、保护范围和标准不同的动物福利法;另一方面,也是应对国际动物福利贸易壁垒、保障食品安全和公共卫生安全的迫切需要。如前所述,动物福利标准具有历史性和多元性,各个国家或地区由于政治、经济、文化、宗教、风俗习惯等多种因素的影响,具体的福利标准有高有低,但基本的动物福利应包括生理福利、环境福利、健康福利、心理福利、行为福利等五个方面。我国目前在这方面还没有迈出实质性的一步,但随着经济发展水平的不断提高、生态文明建设的深入推进以及公众动物保护意识的逐步增强,相信在不远的将来就会迎来动物福利立法的那一天。

第三节 生态友好型动物保护模式的实践案例

党的二十大报告指出,中国式现代化是人与自然和谐共生的现代化。野生动物是生态系统中的重要成员,是生物多样性的重要组成部分。生态友好型动物保护模式在注重保护动物个体的同时,强调要保护动物特别是野生动物种群及其栖息地,不仅有助于保护生物多样性、维护自然生态系统平衡,也有助于推进生态文明建设、促进人与自然和谐共生,关系到人类自身的生存与发展。下面,以几个珍稀动物物种及其栖息地的保护、长江十年禁渔、中医入药动物保护等为例说明生态友好型动物保护模式。

一、朱鹮物种保护

朱鹮旧称朱鹭或是红鹤,属于鹳形目鹮科,是亚洲东部特有种,被誉为"东方宝石",是我国Ⅰ级重点保护动物,被世界自然保护联盟(IUCN)列入濒危物种。2000年,IUCN将朱鹮保护等级从"极危"调整为"濒危"。2010年,中国科学院院士、动物学和鸟类生态学家郑光美先生在考察朱鹮保护工作时称赞"朱鹮保护是拯救濒危物种的成功典范",对其他濒危物种的保护工作具有借鉴意义。

（一）朱鹮的生物学特性

成年的朱鹮在非繁殖期体羽白带点粉红色，繁殖期看到头颈部、上背都是铅灰色。头裸出部朱红色，顶端呈鲜红色，嘴长而下弯，后枕部有矛状冠羽。根据历史记载，朱鹮过去广泛生活在我国、朝鲜、韩国、日本和俄罗斯，后受气候变化等诸多要素影响，特别是人类活动的影响，比如森林乱砍滥伐，使得朱鹮生境破碎化和栖息地丧失；对河流湖泊等水体的开发以及水田耕作方式的变迁也使得朱鹮的觅食区域减少甚至消失；在农田大量使用农药、工业排污量增加等行为导致朱鹮食物减少且品质降低，朱鹮体内容易富集有毒有害物质，会降低繁殖成功率甚至个体死亡；狩猎、过度放牧以及土地资源开发等人为因素的影响也会使朱鹮生态环境进一步恶化。

文献记载表明，1963年后俄罗斯境内就没有朱鹮的踪影；朝鲜半岛最后一次记录朱鹮是在1979年；日本是在1981年佐渡岛捕捉过5只野生的朱鹮进行笼养，野生朱鹮在日本宣布灭绝，2003年最后一只朱鹮"阿金"身亡，意味着日本朱鹮灭绝。国际组织把朱鹮生存的最后希望聚焦在中国。1978年，中国科学院动物研究所的专家团队们在全国范围探寻朱鹮的踪迹，历时3年经过13个省份（市）、行程50 000多公里的调查，1981年5月终于在陕西汉中洋县八里关镇的姚家沟发现了全世界仅有的7只野生朱鹮，包括4只成鸟和3只雏鸟。从保护濒危野生动物物种出发，在保护策略上采用就地保护方式，洋县当时成立了朱鹮保护小组和朱鹮保护观察站等，现已升级为陕西汉中朱鹮国家级自然保护区，开展朱鹮就地保护工作。

（二）朱鹮的保护实践

1．加强栖息地保护

朱鹮有很多生活习性，如：白天喜爱在水稻田、河滩、小池塘、浅溪、水库边缘或附近草地等浅水区觅食，有时也会在旱田觅食；因胆小怕人，常常是成对或者小群活动，在宽大的松树、栎树、杨树上建巢；喜爱的食物是小型鱼类、两栖类、虾和泥鳅，有时也吃昆虫和谷类等植物性食物。根据朱鹮的生活习性，保护其生存的空间和环境不受破坏，陕西汉中最先采取的保护措施是"四不准"，即在栖息地不准狩猎、不准砍伐树木、不准使用农药、不准开荒放炮。可是这些严禁措施限制了保护区周边的发展，这里的稻田不再使用农药、化肥,因此当地稻谷产量减少20%以上。保护区经过充分调研,引进项目解决资源保护与社区发展之间的矛盾:一是加强宣传教育,让当地人树立保护朱鹮就是保护自然的理念,减少人为干扰活动;二是修复朱鹮重要栖息地水稻田,启动野生动物损害国家赔偿机制,为朱鹮损害"买单",对不施肥农药的农田进行赔付,给农户吃了一颗"定心丸",提高他们保护这种珍稀鸟类的积极性;三是开展社区共建教育,引导企业和农户发展环境友好型农业,发展绿色农业和有机产品,增加农户收入,提高群众自觉参与朱鹮保护的积极性;四是通过疏通渠道、封山育林、种植树木等方法修复天然湿地,保护区内许多村子的大树上都有朱鹮筑巢,也常看到人们在水田里耕作时,几只朱鹮跟在不远处,蹦蹦跳跳地找泥鳅、昆虫、鱼虾、螃蟹等食物吃,恢复朱鹮在近乎原始的自然状态下生活,呈现了人与鸟儿如画般和谐的风景。

2. 建立朱鹮迁地保护基地

除了野外保护外,保护区还开展朱鹮人工繁育研究,不断攻克技术难关。1981年5月,将在陕西汉中洋县找到的7只野生朱鹮中身体较弱的一只幼鸟送到北京动物园进行人工饲养。1986年,北京动物园建立了朱鹮饲养繁殖中心,8年后该中心成功繁殖出3只朱鹮,并成立了我国第一个人工朱鹮种群基地。1990年,国家林业部在洋县设立朱鹮救护中心,成立了第二个人工朱鹮种群基地。2002年3月,陕西省珍稀野生动物救护研究所在西安周至县楼观台成立了第三个人工朱鹮种群基地。后来陕西安康市宁陕县、陕西铜川市耀州区、河南信阳市罗山县、陕西宝鸡市千阳县、浙江德清和河北唐山陆续成立人工朱鹮种群基地。除此之外,日本新潟县佐渡岛和韩国庆尚南道昌宁县郡也建有人工朱鹮种群基地。

3. 开展野化放归工作

经过20多年就地保护和人工饲养,朱鹮的种群数量虽然有所增长,但仍有濒临灭绝的风险。因为只有一个野生的朱鹮种群分布在洋县以及周边区域,假如遭受爆发式传染性疾病或是自然灾害,容易产生严重后果。美国1907年在俄克拉何马州释放美洲野牛取得成功,这是世界上第一例再引入工程案例。美国夏威夷黑雁是世界上第一个鸟类再引入工程取得成功的项目。再引入就是在一个物种的历史分布区内再次引入该物种并尝试建立可自身维持种群。借鉴美国等国家做法,实施再引入工程—野化放归,不但可以增加朱鹮的种群数量,还能扩大朱鹮的分布区域,降低朱鹮灭绝的概率。最先进行试验的是陕西宁陕县,该县与洋县所在位置相近,生态环境相似度比较高,都位于秦岭南坡,属于北亚热带山地性气候,环境适宜。释放陕西宁陕县笼养的朱鹮是中国的第一个(也是世界上的首个)朱鹮再引入工程。2007年5月31日在陕西宁陕县初次释放26只朱鹮,之后5年里分4批累计释放笼养的朱鹮56只。目前该种群已进入自我维持阶段,在长安河流域经常能发现朱鹮的身影,这表明宁陕县再引入工程取得初步成功。随后,陕西铜川耀州区2013年7月从洋县引入30只笼养朱鹮在耀州区柳林镇驯化并释放,陕西千阳县2014年9月从洋县引入30只笼养朱鹮释放。这些探索性的再引入工程都是在陕西境内完成的。此后,在陕西省进行朱鹮再引入工程,分布区域扩展至河南、浙江德清、山东、江苏盐城、湖南等区域,甚至日本和韩国。从栖息地向历史分布地扩展,为保护朱鹮种群遗传多样性增加了时空基础,使朱鹮基本摆脱了灭绝的风险。这是生态友好型动物保护模式的典型案例,也是尊重自然、顺应自然、保护自然,实现人与自然和谐共生的成功案例。

目前我国境内所有的朱鹮均为陕西洋县(不迁徙)种群的后代,虽然已在河南和浙江等地实施野化放飞的个体,但都还不具备迁徙能力。从历史上看,朱鹮在中国东部为候鸟,重建朱鹮迁徙种群是我国朱鹮保护发展面临的技术瓶颈,目前江苏盐城正尝试做这项研究,为攻克这一技术难关提供了可能。江苏盐城湿地具有大面积且连续的滨海滩涂,正在建设滨海湿地盐城朱鹮野化基地,模拟滨海潮间带湿地生境,通过食物转换和野化训练的方法,逐步恢复朱鹮在滨海滩涂觅食的习性,在条件成熟的情况下实施野化放归,最终的研究目的是在东部沿海滩涂湿地重建朱鹮迁徙种群,这将填补朱鹮研究和野化世界空白。

(三) 朱鹮的生态价值

朱鹮是具有高生态价值的物种,是湿地生态系统的重要组成部分,对维护湿地生物多样性和自然生态系统平衡有着十分重要的作用。保护朱鹮就是保护人类的水源和湿地资源，可以促进人类生活和生产的可持续发展。朱鹮比较挑剔栖息环境，因此被称为"会看风水的仙鸟"，哪里环境好就到哪里去。朱鹮的稀有程度极高，不仅有较高的科研价值，还是自然中的精灵、和平的使者、外交的使者。朱鹮在日本皇室文化中被视为圣鸟，日本皇室重要活动都留有朱鹮的影子。在日本朱鹮灭绝后，1998年时任国家主席江泽民访问日本时，将一对朱鹮"友友"和"洋洋"作为国礼赠送给了日本。"友友"象征中日两国人民的友谊，"洋洋"则表示它的老家是中国陕西洋县。2000年10月时任总理朱镕基访日时将朱鹮"美美"（雌性）借给了日本。2007年11月，中日两国启动朱鹮交换活动，中国向日本赠送2只朱鹮，日本送还中国13只朱鹮，这13只朱鹮（8只雄性，5只雌性）是2000年中国借给日本的朱鹮"美美"（雌性）的孩子，当时中方赠送"美美"时就约定，"美美"生下的幼鸟由中日两国平分，奇数只将归还给中国。目前，日本境内有405只朱鹮，均系中国朱鹮的后代。中国于2008年和2013年还分别赠送2只朱鹮给韩国，韩国投入人民币约2 700万元兴建了牛浦朱鹮复原中心，目前韩国境内的朱鹮达到359只，都是中国赠送的4只朱鹮的后代。朱鹮作为"国礼"赠送给日本、韩国，使两国已经灭绝的朱鹮种群重新得到恢复。

保护朱鹮带动了周边地区生态环境质量的提升和生态系统功能的逐步完善，以朱鹮为主题的生态旅游业也得到了发展。比如，陕西洋县已建成以朱鹮为主题的AAAA级景区4个、湿地公园6个；浙江德清下渚湖湿地公园、湖南南山国家公园为公众提供朱鹮元素生态文化产品等，有效提升了生态旅游品牌的知名度。在日本佐渡，朱鹮观光旅游繁荣，慕名前往者络绎不绝。

经过40多年的保护，朱鹮从重新发现，到保护、繁衍、复兴，过程虽然历经艰辛，种群数量却不断增加，从稀少的7只到目前"鹮族兴旺"的9 000多只，这是极小种群濒危物种保护拯救的有益探索与实践，形成了"就地保护为主、易地保护为辅、野化放归扩群、科技攻关支撑、政府社会协同、人鹮和谐共生"的生态友好型动物保护模式，成为中国濒危物种拯救的成功范例，不仅为全球珍稀濒危物种保护提供了"中国方案"，也践行了习近平总书记"绿水青山就是金山银山"的生态文明理念。

二、江苏盐城湿地珍禽国家级自然保护区

江苏独特的地理位置和丰富的湿地资源孕育了多种多样的野生动物，现有天然分布的陆栖脊椎动物 614 种，其中国家一级重点保护野生动物 42 种、二级重点保护野生动物 112 种。江苏省高度重视野生动物保护及其栖息地生态修复，创建了以野生动物为主的国家级自然保护区 3 个，划定了野生动物集中分布区 48 个，进一步丰富了生物多样性，有力推进了生态文明建设。但对照人与自然和谐共生的现代化目标，目前在野生动物及其栖息地的保护方面仍存在一些问题和不足。这里以江苏盐城湿地珍禽国家级自然保护区（以下简称盐城珍禽保护区）为例进行深入剖析，对加强野生动物及其栖息地保护提出对策建议。

（一）盐城珍禽保护区野生动物资源和保护现状

盐城珍禽保护区位于黄海之滨，是我国面积最大的海涂湿地自然保护区，拥有世界上独一无二的辐射沙脊群和潮间带湿地，是全球九大鸟类迁徙路线之一的东亚—澳大利西亚鸟类迁徙路线上重要的栖息地。盐城珍禽保护区重点保护对象是以丹顶鹤为代表的湿地珍稀野生动物及其赖以生存的滨海湿地生态系统。区内生物多样性丰富，有动植物 2 500 多种，其中动物 1 855 种，特别是拥有丹顶鹤、白头鹤、白鹤、东方白鹳、黑鹳、中华秋沙鸭、麋鹿等 38 种国家一级重点保护野生动物和 91 种国家二级重点保护野生动物，其中 17 个物种被列入世界自然保护联盟（IUCN）濒危物种红色名录，在国际生物多样性保护中占有重要地位。这里保有中国境内最大的野生丹顶鹤越冬种群，为数以千万计的迁徙鸟类提供丰富的食物资源，是珍禽濒危候鸟不可替代的自然栖息地。

近年来，盐城珍禽保护区以中央环保督察和自然保护地监督"绿盾"行动为契机，推动 24.9 万亩的种养区域退出、28.8 万平方米的违规建筑拆除；实施引水补湿、互花米草控制等湿地修复工程，累计修复湿地 7.5 万余亩；开展生态旅游和生态友好型农渔生产活动，发展绿色产业，协调推动生态保护和经济发展。盐城珍禽保护区生态环境整体向好，生物多样性更加富集，区内动物数量特别是鸟类数量持续增加。越冬地丹顶鹤人工种群繁育连续 4

年取得突破,种群数量达到248只;从外省引入的20只朱鹮经过环境适应训练放飞自然,首次实现在中国东部沿海湿地野化放归。此外,每年有2 000多万只候鸟迁飞从这里经过,每年11月到次年3月有400~600只丹顶鹤在这里越冬。

(二)野生动物及其栖息地保护目前存在的主要问题

1. 非法捕捞和猎捕时有发生,动物保护意识亟须强化

一是偷捕盗捕。虽然近年来盐城珍禽保护区在保护渔业资源、控制捕捞强度等方面采取了积极措施,但周边的渔民在盐城珍禽保护区内围网捕鱼现象仍然屡禁不绝。在捕鱼的同时常常会将落入网箱中取食的鸟类一起捕住,不仅对渔业资源带来了严重破坏,还对野生动物生存构成威胁。二是驱鸟赶鸟。盐城珍禽保护区内外农业种植和养殖分布较多,农户赶鸟、驱鸟现象时有发生,给鸟类等野生动物正常生存带来了十分不利的影响。三是非法猎捕。在利益驱使下,一些不法分子铤而走险非法猎捕野生动物,加之盐城珍禽保护区内外滩涂地广人稀,监管和发现非法猎捕难度较大。2021年11月,射阳县境内6名偷猎者非法猎捕野生动物100余只,在网络上成为舆论关注的热点事件。

2. 调查监测力量薄弱,动物保护信息化水平较低

一是技术应用滞后。野生动物资源是动态变化的,采用常规的技术手段难以做到对野生动物资源的全面调查和监测。随着信息化、智能化技术的发展应用,野生动物资源的管理保护水平得到了有效提升。然而,目前盐城珍禽保护区在先进信息技术应用方面仍然滞后,尚未将视频网络监测系统及其他动态监测技术与传统管理保护措施有机结合,不能做到全地域、全天候监管,一旦出现野生动物需要救治或不法分子偷猎、偷捕珍稀野生动物的情况,难以对其进行及时处理。二是专业人才缺乏。一方面,缺乏湿地保护、野生动物保护和自然保护区管理等方面的专业人才,难以对湿地生态、生物多样性变化进行连续、系统监测,不能满足新形势下野生动物保护尤其是珍稀野生动物保护的需求;另一方面,缺乏数字信息技术方面的专业人才,信息化系统平台的监测和运行维护能力不强,导致信息技术的普及、应用程度不高。三是资金投入不足。目前,各级财政对野生动物保护资金的

投入较少,难以满足盐城珍禽保护区生态监测、保护修复和野生动物巡查、监管、救护等方面的管理保护需求。

3. 相关法律法规不完善,动物保护综合执法亟待加强

《中华人民共和国野生动物保护法》规定,国务院林业和草原部门主管全国陆生野生动物保护工作,县级以上地方人民政府林业主管部门主管本行政区域内陆生野生动物保护工作,但在实际执法过程中存在两方面突出问题:一是执法权问题。盐城珍禽保护区管理处作为江苏省林业和草原局、盐城市政府共同领导下的正处级事业单位,负责盐城珍禽保护区的具体管理工作。但是管理处既没有独立的执法权,也没有专门的执法队伍,加之专业技术人员不足,无法对猎捕野生动物、破坏野生动物栖息地的行为进行有效的巡查和打击。二是多部门执法问题。盐城珍禽保护区涉及陆地、水域、海域等,保护区执法也相应涉及林草、海洋、边防等部门,存在多部门分散执法、重复执法等问题。此外,保护区在行政区划上跨多个县(市、区),造成执法难度加大,亟须加强统筹协调,提高综合执法效能。

4. 人类生产活动增多,破坏野生动物生存环境

《省政府办公厅关于进一步加强自然保护区管理工作的通知》(苏政办发〔2013〕25号)要求,禁止在自然保护区的核心区和缓冲区内开展任何形式的开发建设活动;在自然保护区实验区内开展的开发建设活动,不得影响其功能,不得破坏其自然资源或景观。但由于是政府规章,缺乏法律效力,影响实际执行效果,一些地方未能统筹好保护和发展的关系,导致自然保护区生态功能和野生动物生存环境受到影响。一是实施海洋工程的影响。港口、导堤等大量海洋工程的实施,严重侵蚀盐城珍禽保护区内缓冲区、核心区的陆地和潮间带滩涂,造成滩涂面积缩小,从而导致近海滩涂生物资源大量减少,特别是盐城珍禽保护区内丹顶鹤栖息地从建区时的连续分布缩小到现在的呈岛屿状分布,适宜的丹顶鹤盐城珍禽栖息地大量丧失,导致越冬的丹顶鹤数量减少。二是改变农业生产方式的影响。盐城珍禽保护区周围农田改变了传统的农业和养殖业生产方式,实施大规模机械化生产,已不能作为鸟类栖息地的后备补充资源。三是发展新能源的影响。盐城珍禽保护区附近大量风电场和光伏基地的建设,侵蚀野生动物栖息地,影响迁徙鸟类的空中通道和飞行活动,造成鸟类撞击死亡,导致鸟类数量减少。

(三)加强野生动物及其栖息地保护的对策建议

1. 加大宣传教育力度,增强人与自然生命共同体意识

一方面,加强普法宣传。充分利用全媒体平台,全方位、多形式宣传《野生动物保护法》《自然保护区条例》等法律法规,提高公众对野生动物及其栖息地保护重要意义的认识。针对保护区内从事捕鱼、猎鸟等活动的特定人群,既要宣传相关法律法规,引导其增强动物保护意识,也要结合执法典型案例,开展有震慑力的警示教育。另一方面,加强科普教育。结合"世界野生动植物日""世界湿地日""野生动物保护宣传月""爱鸟周"等主题活动,加强野生动物保护科普教育宣传,引导公众充分认识野生动物在自然生态系统中的生态价值,切实增强人与自然生命共同体意识。组织开展科普进校园、青少年自然绘画与笔记展、自然教育基地研学等系列活动,进一步提高广大青少年对野生动物保护的意识和兴趣。

2. 健全调查监测体系,提高野生动物保护信息化、专业化水平

一是推广应用现代信息技术。将无人机、大数据、3S(包括遥感、全球定位系统、地理信息系统)等现代信息技术与传统管理保护措施有机结合起来,建立健全野生动物调查监测体系,推进野生动物及其栖息地保护的信息化、智能化。在保护区内人为活动较为频繁的重点区域设立保护点,配备监测设施、通信器械等,加强日常监测,实时监控是否有非法捕捞、猎捕等现象,加强对珍稀野生动物的保护。二是加强人才引进和培养。根据保护区建设管理需要,充实专业技术人员编制,大力引进野生动物保护、生态环境保护以及数字信息技术等方面的专业技术人才,组织资源保护、科研监测、自然教育、综合能力提升等专题培训,着力培养复合型、应用型人才。加强保护区与科研机构、高等院校及相关部门的科研合作,深化滨海湿地生态系统演替、重点物种及其栖息地、重点物种人工繁殖与野化等重大课题研究,加速科研成果转化,推动新技术新成果应用,培养壮大科研人才队伍。三是拓宽保护资金渠道。各级财政加大对野生动物保护的投入,支持保护区引进培养专业技术人才,完善信息化设施设备,常态化开展野生动物调查监测,构建野生动物繁育数据库,推动智慧监测、动态监管。鼓励社会力量参与和捐赠,设立野生动物保护基金,为保护区开展野生动物资源调查、救护、科学研究、科普宣传等提供资金支持。

3. 完善相关法律法规,加强野生动物保护综合执法

一是加快完善相关政策法规。根据国家新修订的《野生动物保护法》,加快修订《江苏省野生动物保护条例》,更新《江苏省重点保护野生动物名录》,进一步细化保护对象,落实部门和地方职责,明晰执法权限,做到守土有责、执法有据;结合国家正在修订完善的《自然保护区条例》,加快制定相应的实施办法,增强自然保护区建设管理的权威性和约束力。二是建立健全联合执法机制。建立联席会议制度,制定部门职责清单,推进部门联合执法,坚持线上线下结合、横向纵向联动,强化对野生动物保护违法行为的一体化监管和高效率执法。深化林业机构改革,增加基层野生动物保护执法力量。三是加大非法猎捕交易打击力度。多部门联合开展打击野生动物非法捕猎、违规交易、制品走私等专项执法行动,加强执法与司法衔接,形成联动效应、发挥震慑作用。公布野生动物救护和举报电话,与12345政务平台建立联动机制,鼓励公众举报野生动物保护违法线索和行为。

4. 统筹好保护和发展关系,改善野生动物生存和栖息环境

一是科学合理开展人类生产活动。坚持生态优先、绿色发展,严格控制在保护区内和周围开展人类生产活动,对确需开展的海洋工程、农业和养殖业生产、风电场和光伏基地等建设活动,要加强对野生动物及其栖息地可能产生影响的环境评价;对保护区内现有在建的项目开展环境影响后评价,尽可能地减少对野生动物的干扰和对其栖息地的破坏。二是持续加强野生动物栖息地保护修复。坚持山水林田湖草沙一体化保护修复,科学推进互花米草治理,深入实施引水补湿、退渔还湿、退养还滩、促淤保滩等生态修复工程,采取污染控制和综合整治等措施,确保野生动物栖息地不减少,改善野生动物栖息地质量。三是深入推动全球滨海区域生态治理合作。巩固扩大全球滨海论坛活动成果,充分利用这一国际合作平台,着力构建新型滨海区域国际治理合作机制,围绕滨海地区生态环境治理、迁徙物种保护等议题,统筹国内国际资源,加强国际科研合作,探索基于自然的野生动物与栖息地保护解决方案,促进人与自然和谐共生。

三、江苏大丰麋鹿国家级自然保护区

(一) 大丰麋鹿保护区基本情况

江苏大丰麋鹿国家级自然保护区(简称大丰麋鹿保护区)位于江苏省东部的黄海之滨,占地面积约4万亩。1986年由原国家林业部和江苏省人民政府联合批准建立。同年,从英国伦敦7家动物园引入39头麋鹿(13头雄性,26头雌性)。1997年12月,经国务院批准由省级自然保护区升格为国家级自然保护区,承担着保护麋鹿、丹顶鹤及其湿地生态系统,恢复野生麋鹿种群的重要任务。

2015年大丰麋鹿保护区区划功能调整获得国家批准,总面积2 666.67公顷,划分为第一放养区1 000公顷、第二放养区666.67公顷、第三放养区即野生麋鹿活动区1 000公顷。其中核心区面积1 656.67公顷(第一放养区354公顷、第二放养区397.67公顷、第三放养区905公顷),占总面积的62.13%;缓冲区面积288公顷,占总面积的10.80%;实验区面积722公顷,占总面积的27.07%。

大丰麋鹿保护区以保护麋鹿及湿地生态系统为己任,积极探索人鹿和谐发展的道路。30多年来,由于有效保护,这片湿地的生态系统已日趋完整,大丰麋鹿保护区的生物圈逐年扩大,生物数量不断上升,鸟类的种类和数量不断增多。2019年7月,中国黄(渤)海候鸟栖息地(第一期)获批入选《世界遗产名录》,大丰麋鹿保护区全境在内,丹顶鹤、黑嘴鸥、震旦鸦雀等珍稀鸟类的栖息数量比建区时增加了数十倍,被列入《中日候鸟保护协定》保护的鸟类有93种,此外大丰麋鹿保护区内拥有兽类12种、两栖爬行类27种、鱼类156种、昆虫599种、植物499种,其中国家一、二级保护动物有54种。

大丰麋鹿保护区在发展过程中得到了社会各界的普遍认可:1995年进入"人与生物圈自然保护区保护网络";1999年被中国科学技术协会定为"全国科普教育基地";2000年被团中央确定为"全国青少年爱国主义教育基地";2001年被联合国湿地保护组织列入"国际重要湿地"名录,作为永久性保护地;2003年被湿地国际(WI)列入"东亚—澳大利西亚鸟类迁徙保护网络成员";2004年被中国生物多样性保护基金会命名为"中国生物多样性保护示范基地";2006年被国家林业局确定为"全国示范自然保护区",被中国野生动物保护协会定为"野生动物科普教育基地"和"中国麋鹿之乡"等;2007年被国家林业局授予"全国自然保护区示范单位"称号,被世界自然基金会(WWF)列入"长江湿地保护网络"成员;2012环境保护部、科学技术部联合授予"国家环保科普基地"称号;2013年被世界自然基金会授予"长江湿地网络试点自然学校"称号;2014年被国家林业局、教育部、共青团中央联合授予"国家生态文明教育基地"称号;2015年中华麋鹿园景区被国家旅游局评定为5A级旅游景区;2016年被中国科学技术协会命名为"2015—2019年度全国科普教育基地",被环境保护部、中国科学院、国家海洋局等7部委联合表彰为全国自然保护区管理先进集体;2019年,在生态环境部、自然资源部、国家林草局联合开展的长江经济带120处国家级自然保护区管理评估中名列第三。

(二) 麋鹿物种保护情况

麋鹿是中国特有的珍稀动物,它起源于长江、黄河中游的平原湿地,至今约有200万~300万年的历史。因其角似鹿非鹿、脸似马非马、蹄似牛非牛、尾似驴非驴,因而得名"四不像"。动物分类学家把麋鹿归为哺乳动物纲偶蹄目鹿科麋鹿属麋鹿种。麋鹿为典型的平原沼泽湿地食草动物,单胎,妊娠期9个多月,实行"一夫多妻制",雄性长角,雌性无角。历史上,麋鹿有5个种,分别为达氏麋鹿(E. davidianus)、晋南麋鹿(E. chinanensis)、蓝田麋鹿(E. lantianensis)、双叉麋鹿(E. bifurcatus)和台湾麋鹿(E. formosanus),而今仅存达氏麋鹿。

3 000多年前,麋鹿发展处于鼎盛时期,几乎遍布大半个中国。商周后,因气候变化、性状与行为特化、栖息地丧失和人类的捕杀,麋鹿开始走向衰落,最终在野外灭绝。到19世纪中叶,世界上仅剩下100多头麋鹿,生活在清朝北京南海子皇家猎苑(今北京市大兴区)。而最后一群麋鹿除部分流落海外,大部分因1894年的洪灾和1900年的战乱,在中华大地上销声匿迹。1894—1901年,英国乌邦寺庄园主第十一世贝福特公爵花重金收购了科隆、巴黎、柏林、安特卫普等地的动物园中仅有的18头麋鹿,集中放养在自己的乌邦寺庄园饲养繁殖,世界现有麋鹿都是那18头麋鹿的后裔。

20世纪80年代,中国开始重视麋鹿的自然保护,通过世界自然基金会(WWF)和英国政府的协助,实施麋鹿回归中国的工程项目。1986年,中国从英国重新引入麋鹿39头,放养在大丰麋鹿保护区。经过30多年的努力,通过实施"引种扩群""行为再塑""野生放归"等系统工程,攻克了麋鹿难产率极高这一世界性难题,为种群复壮积累了丰富的经验。截至2023年5月麋鹿种群数量已增至7 840头(其中野生麋鹿种群数量达3 356头)。

(三)麋鹿保护实践做法

近些年来,大丰麋鹿保护区积极寻求与探索有效保护珍稀物种和合理利用自然资源的切入点,遵循"以科研促保护、以旅游促发展"的原则,践行"以园促区、以园兴区,园区共同发展"的理念,以拓展生态旅游为重点,倾力构筑旅游经济高地,以获得的效益去推动自然保护事业,形成了良性循环发展的可喜局面。

1. 种群保护着重自然恢复

大丰麋鹿保护区坚持自然恢复麋鹿种群,依靠种群自身的调控能力保持种群的可持续发展:一方面,出生率、死亡率等种群发展指标完全处于自然状态,主要依靠种群内部自我调整,没有人类干扰;另一方面,大丰麋鹿保护区未设定种群数量目标,种群发展处于自由状态,种群呈指数模型增长,麋鹿数量由1986年建区时的39头发展到现在的7 840头,其繁殖率、存活率、年递增率均居世界之首,占世界麋鹿总数的70%,野生麋鹿数量已达到3 356头,结束了全球百年以来无完全野生麋鹿群的历史,创立了三个"世界之最",即世界面积最大的麋鹿保护区、世界最大的麋鹿野生种群、世界最大的麋鹿基因库,为人类拯救濒危物种提供了成功的范例,使我国野生动物保护事业进入了一个新的领域。

2. 生态旅游促进人与麋鹿和谐发展

大丰麋鹿保护区在恢复麋鹿种群的同时,也依托生态旅游工作,探索人鹿和谐发展路径。在发展生态旅游过程中,大丰麋鹿保护区注重打造"湿地生态、麋鹿文化"品牌,主张"生态游、绿色游",完善景区软、硬件设施,加大资金投入,先后开发建设了盐城黄海湿地世界自然遗产展示中心、鹿岛观鱼、游客漫步道、生态停车场、生态厕所、麋鹿争王展示区等一大批生态自然特色的旅游项目,大丰麋鹿保护区内未开发其他大型游乐设施,以减少人类旅游活动对麋鹿和生态环境的干扰和破坏。大丰麋鹿保护区开发了适合不同消费群体、不同知识结构,富含麋鹿、湿地文化底蕴和独特欣赏价值的旅游纪念品60多种,进一步活跃了地域旅游商品市场,其知名度和美誉度在海内外不断提高扩大。2018年聚仙湖湿地公园正式投入使用,展示景区特有的湿地文化、麋鹿文化和封神文化,丰富景区景点内容,给游客带来更多优质的景观感受。2019年盐城黄海湿地世界自然遗产展示中心正式向公众开放,以图片、视频、标本、模型相结合的方式向社会展示黄海湿地的独特风貌及盐城市对这片"净土"的保护成效;通过互动设备将麋鹿特性及保护麋鹿和湿地的知识以寓教于乐的方式传递给参观者。国家5A级景区中华麋鹿园2019年提出了绿化、美化、优化"三化"工程,从硬件到软件、环境到氛围再次得到了提升,在其辐射效应下,大丰麋鹿保护区与麋鹿园形成联动发展的良好格局。

3. 科普宣教促进人与麋鹿科学融合

大丰麋鹿保护区结合得天独厚的自然资源,创作了《麋鹿传奇》《鹿野归来》《国家记忆·麋鹿归来》等宣教视频和《神鹿回归》《麋鹿图谱》《走进南黄海湿地》《野生麋鹿诞生记》等书籍以及文件夹、环保布袋、麋鹿印章等科普产品,有效提升了大丰麋鹿保护区知名度,增强了公众保护意识,其中《神鹿回归》荣获"梁希科普奖",《走进南黄海湿地》入选江苏省青少年"百种优秀苏版出版物"。大丰麋鹿保护区连续成功举办了十届独具特色的"鹿王争霸赛现场直播",年均参与人次达60万,将麋鹿打斗求偶的现象搬到荧幕,邀请专家学者走进直播间讲解分析,同时将麋鹿保护成果和大美湿地的风光向社会公众展示,呼吁社会大众关注、保护湿地及野生濒危动物。自2020年起,大丰麋鹿保护区专门开设遗产地研学路线,"麋鹿角的认知""麋鹿小厨师""观鸟小达人"等生动有趣的科普课程吸引众多当地及长三角地区的中小学生前来参与,每年组织研学、冬(夏)令营等自然教育活动超过10次;与大丰区飞达路中学、人民路小学等合作开展科普教育,成为孩子们走出课堂的自然学校。多次与江苏省广电总台、南京电视台合作,承办"六五环境日"

直播活动,记者深入湿地连线一线科研人员与演播室专家,共同揭秘湿地的神秘面纱。承办国家林草局麋鹿野生放归活动,使麋鹿建立野生种群,为麋鹿走出濒危物种名录助力。大丰麋鹿保护区还与国内知名高校建立合作关系,南京大学、中国科学院动物研究所、扬州大学、南京林业大学等均在大丰麋鹿保护区设立研究基地;与江苏省中国画协会合作建立写生基地,使麋鹿与国粹经典碰撞出了火花,留下了一幅幅佳作;与中央电视台、现代快报等建立合作机制,每年对麋鹿产仔、鹿王争霸、湿地修复、候鸟迁徙等内容进行报道,年均报道次数35次、报道时长110分钟;与熊猫频道(Ipanda)签订慢直播协议,把麋鹿生活实时在全球范围呈现。2021年大丰麋鹿保护区在国家生态环境科普基地评估中获得优秀。

大丰麋鹿保护区积极宣传贯彻习近平生态文明思想,切实发挥科普宣教作用,创新科普工作方法,扩大科普知识传播范围,提升科普服务能力,为建设人与自然和谐共生的美丽中国做出了积极贡献。

四、云南亚洲象迁移

(一)亚洲象保护概况

亚洲象,属长鼻目象科,是亚洲现存体积最大的陆生脊椎动物,分布于东南亚和南亚热带地区,主要分布在印度、斯里兰卡、缅甸、泰国、印度尼西亚、马来西亚、老挝、柬埔寨、孟加拉国、中国、不丹、越南及尼泊尔等国家。目前全世界野生亚洲象约有5万只,被世界自然保护联盟(IUCN)列为濒危物种(E),被《濒危野生动植物种国际贸易公约》(CITES)列为濒危物种(附录I)。

在我国,野生亚洲象主要分布在云南的普洱、临沧、西双版纳等地。随着我国政府对野生动物保护工作的高度重视和人民群众动物保护意识的不断增强,野生亚洲象的保护力度也逐渐加大,种群发展呈现出明显变化:一是种群数量实现倍增。野生亚洲象种群数量由20世纪七八十年代的150头左右增长到目前的300多头。二是分布范围不断扩大。20世纪90年代中期,野生亚洲象长期活动范围仅分布于南滚河、西双版纳2个国家级自然保护区,到2020年底,已扩大到云南的3个州(市)、12个县(市、区)、55个乡镇,并且大量活动于自然保护区外,种群扩散已成趋势。

（二）亚洲象迁移处置过程

2021年4月16日，原本栖息在云南省西双版纳国家级自然保护区的15头野生亚洲象从普洱市墨江县进入玉溪市元江县，离开其传统栖息地，一路往北迁移，最远到达昆明市晋宁区。在各级林业管理部门和相关单位、专家学者和当地民众的共同努力下，8月8日象群安全渡过元江老桥，回到其原始栖息地，顺利安全地实现了南归，整个迁移历时110多天，途经玉溪、昆明、红河3个州（市）、8个县（市、区），迂回行进1 300多公里，沿途未造成人、象伤亡。

这场罕见的野生亚洲象长距离迁移，是对有关部门管理水平、处置能力和公众野生动物保护理念、文明素养等方面的一次全方位重大考验。为了让象群顺利回归，实现人象平安，各级政府和有关部门、专家学者和广大群众齐心协力开展了科学、高效的安全防范和应急处置工作，创造了一个保护野生动物、人象和谐相处的生动范本。

1. 加强组织领导

国家林草局第一时间成立了由局领导带队、各有关司局负责人组成的野生亚洲象迁移处置工作指导组，并奔赴云南现场指导；云南省也迅速成立了由林草、应急、公安、森林消防等部门组成的指挥部，沿途州（市）和有关县（市、区）成立以党委、政府领导为指挥长，各相关部门人员组成的现场指挥部，整合电力、交通、通信、教育、宣传等部门力量，组建综合协调、监测预警、技术保障、群众工作、安全管控等专项工作组，形成了国家指导、省级统筹、属地负责的安全防范和应急处置工作体系。云南省级指挥部及时制定"盯象、管人、助迁、理赔"处置思路，出台野生亚洲象群《保护与助迁工作制度》《应急管控方案》和《安全防范常态化工作方案》等管理措施，形成"上下协同、前后衔接、专业支撑、全民参与"的工作机制，科学有序地开展应急处置工作。

2. 发挥专家力量

国家林草局亚洲象研究中心、中国科学院昆明动物研究所、北京林业大学、云南大学等单位的13名专家组成野生亚洲象群应急处置专家组，全过程提供科学指导和技术支撑。云南省野生动植物救护繁育中心、云南野生动物园、昆明动物园、西双版纳亚洲象繁育与救护中心,以及普洱市和西双版纳州的 30 余名专业技术人员组成专业"护象队",精心指导布防工作,引导北移野生亚洲象群向南回归。

3. 强化科技支撑

此次野生亚洲象群的成功迁移,离不开高科技的监测手段和专业化的保护措施。在象群安全防范和助迁过程中,处置团队边工作、边研究、边应用,综合运用多种技术手段,在监测预警技术、防控技术等方面取得了大量成果。在监测预警技术方面,主要采用无人机和红外相机监测技术,克服监测设备快速转移安装、监测预警信息多点双向传导、各种复杂环境下电力和通信保障等技术难题,对象群实施 24 小时全方位立体化监测,实时掌握和研判象群活动路线,通过微信平台或者手机短信发布预警信息,便于群众及时防范避让,有效避免了人象冲突。在防控技术方面,创新性地运用象群迁移线路预判、封堵布控与投放食物相结合的柔性干预技术,多次成功阻止象群进入人群密集区域,成功引导象群折返迁移、渡过元江老桥,顺利回归传统栖息地。整个迁移过程中,出动用于拍摄象群活动的无人机 973 架次,标绘地图 200 多份,布控应急车辆 1.5 万多台次,转移疏散群众 15 万多人次,投放象食近 180 吨。

4. 发动全员参与

在象群途经区域,实施严控措施,车辆劝返、人员居家,工厂暂时停工,夜间拉闸限电,在实践中总结出了"熄灯、关门、管狗、上楼"的现场处置工作口诀,排除人为干扰,确保象群安然通过多个重要关口。沿线群众积极配合,主动给大象"让路",对象群偷吃玉米、踩踏作物、破坏房屋等行为表现出了极大的宽容和耐心,有的还主动捐出自家种植的玉米等食物投喂大象。为了不惊扰象群,沿线地区群众庆祝传统节日时,不点火祈福,不搞庆典,而是通过张贴吉"象"标语等方式表达对野生亚洲象的关爱。当地政府也及时启动野生动物公众责任保险定损赔付工作,承保公司受理象群肇事损失申报案件 1 501 件,评估定损 512.52 万元,有序推进相关赔付工作,切实维护人民群众合法权益。

(三)启示和思考

这次野生亚洲象的成功迁移,成为一次生动的科普之旅、探索之旅、保护之旅,受到国内外和社会各界的高度关注和广泛赞誉。据不完全统计,1 500多家海内外媒体对此进行了报道,相关报道超过3 000篇,报道范围覆盖全球180多个国家和地区,今日头条、微博、抖音等平台话题累计点击量超过110亿次。其中,微博话题阅读量累计超过50亿次,多个话题单条阅读量超过1.5亿次。这些报道正面声音占绝大多数,从一个侧面反映出我国的野生动物保护观念已深入人心,立体、真实地展示了我国在生态文明建设、生物多样性保护方面取得的成效,有效塑造了我国在动物保护方面良好的国际形象。

此次野生亚洲象迁移处置只是我国野生动物保护工作的一个缩影,野生亚洲象保护依然任重道远。虽然30多年来我国野生亚洲象保护取得了明显成果,形成了比较系统的保护机制,民众的野生动物保护意识也不断提升,但此次野生亚洲象群的"长途跋涉"也留给我们更多的启示和思考:象群迁移的背后原因是什么?如何让野生亚洲象真正实现"安居乐业"、从根本上解决人象冲突?

关于此次野生亚洲象迁移的背后原因,目前还没有统一的、公认的说法,大致有这么几种说法和猜想:一是寻找新的栖息地。世界自然保护联盟物种生存委员会亚洲象专家组成员、北京师范大学生态学教授张立认为,在过去的30多年里我国野生亚洲象种群正逐渐恢复,但适宜生存的栖息地减少了约40%,为了生存,野生亚洲象不得不到新的栖息地游荡,这很有可能是造成此次野生亚洲象迁移的原因。二是寻找食物。云南大学生态与环境学院教授陈明勇认为,此次野生亚洲象迁移的原因之一是自然保护区内亚洲象数量不断增长,加上原有栖息地遭到破坏,其所需的食物量难以持续保障,导致其离开原有栖息地寻求食物。三是领头象迷路。《博物》杂志编辑、北京师范大学生态学博士何长欢认为,领头象可能因为比较年轻、经验不足或者身体方面的某些原因而迷路,带着象群"瞎转悠",如果它们走的路周围又没有很大的原始森林,那么就没办法在一个地方停留下来,只能一直往前走。四是地球磁场说。中国科学院强磁场科学中心暨国际磁生物学前沿研究中心研究员谢灿推测,此次亚洲象迁移有可能是因为某次太阳活动异常引起的地球磁暴激发了它们固有的迁徙本能,从而在地磁的指引下进行的季节性长距离迁徙。① 此外,国际爱护动物基金会(IFAW)云南亚洲象项目主管曹大藩表示,此次野生亚洲象迁移应该是个特例,原因很多,无法在短时间内得出一个有针对性的科学结论。

尽管对此次野生亚洲象迁移的背后原因还没有一致结论,但必须清醒地看到,人类的生产生活对野生亚洲象栖息地的侵蚀还没有停止,受城镇化发展、人口增长、道路和电力等基础设施建设的影响,一些亚洲象的历史分布区成为茶叶、橡胶、咖啡等经济作物的种植地,导致保护地孤岛化、热带森林碎片化情况日益严重。同时,随着野生亚洲象种群数量的增长、分布范围的扩大、取食行为的改变等原因,会频繁进入附近居民田地和村寨取食,人和象的活动空间高度重叠,人象冲突时有发生。数据显示,2013—2020 年,我国野生亚洲象平均每年造成人员伤亡超过 10 人,造成经济损失超过 3 000 万元②。

历史上,野生亚洲象曾经遍布我国的黄河流域到云贵高原的大片区域,对它们来说,迁移是一种正常行为,有助于它们寻找新的栖息地和开展种群之间的基因交流。未来,随着我国生态环境的不断改善,野生亚洲象种群数量也会继续增长,象群迁移和扩散现象将会经常出现。对此,一方面,要立足当前,加强对野生亚洲象的研究,构建完善的监测防控体系,及时监测、跟踪其栖息地和食物结构的变化情况,运用合适的技术手段对象群活动进行有效管控,尽量将活动范围控制在适宜栖息地区域内,避免大规模迁移扩散。同时进一步完善安全防范和应急处置体系,及早分析研判其可能迁移的路线,借鉴此次迁移处置的经验,有针对性地提前采取应对措施,不断提升安全防范能力和水平,全力确保人象安全。另一方面,要着眼长远,以习近平生态文明思想为指引,立足生物多样性保护,尊重自然、顺应自然、保护自然,积极创建野生亚洲象国家公园,建立健全统一的保护管理体系,加快建设自然保护区与多条栖息地之间的生态走廊,着力解决保护地孤岛化、碎片化问题,扩大适宜栖息地范围,加强栖息地生态环境保护和恢复,给它们更大更适宜的"家",平衡好野生动物保护和居民生产生活之间的关系,全力减少和预防人象冲突,构建生态友好型保护模式,探索人与自然和谐共生之路。

---

① 卢燕.亚洲象回家[J].绿色中国,2021(17):24-39.
② 张宏羽.一路"象"北的忧与思[J].检察风云,2021(14):66-67.

五、长江十年禁渔

(一) 十年禁渔的背景和意义

大河流域是人类文明的摇篮和中心,也是人与自然和谐共生的生命共同体①。长江流域是我国乃至全球最具代表性的大河流域之一。长江是我国重要的生态宝库,是全球水生生物最丰富的河流之一,流域内共有水生生物4 300多种,其中鱼类400多种,包括180多种长江特有鱼类。近30多年来,由于过度捕捞等人类活动的干扰,长江流域生态系统严重退化,物种栖息地和生物多样性受到严重影响,特别是过度捕捞严重威胁流域水生生物的物种安全,对中华鲟、长江鲟、白鲟、白鱀豚、长江江豚等珍稀、特有物种造成了毁灭性的伤害,处于濒危状态,甚至灭绝。国家一级保护动物白鲟、白鱀豚在21世纪初相继被宣告功能性灭绝;长江鲟已经有20多年未见到自然繁殖的幼鱼;中华鲟每年洄游进入长江繁殖的亲鱼由20世纪80年代初的1 200尾减少到2019年的不足20尾,且已经连续多年未发生自然繁殖;长江江豚是长江流域特有的鲸豚类动物,被誉为"水中大熊猫",种群数量由20世纪90年代初的2 700头减少到2017年的1 012头。被称为长江"三鲜"的鲥鱼、刀鲚和河豚(暗纹东方鲀)已极度濒危或已绝迹;俗称长江"四大家鱼"的青鱼、草鱼、鲢和鳙是我国重要的淡水经济鱼类,其野生种群数量比20世纪80年代减少了90%以上。目前长江流域水生生物中列入《濒危野生动植物种国际贸易公约》附录中的物种已接近300种,列入《中国濒危动物红皮书》的濒危鱼类已达92种。习近平总书记2018年4月在武汉主持召开深入推动长江经济带发展座谈会时指出,长江生物完整性指数到了最差的"无鱼"等级②,强调"长江水生生物多样性不能在我们这一代手里搞没了"。

长江十年禁渔是以习近平同志为核心的党中央从中华民族长远利益出发,为全局计、为子孙谋作出的重要决策。按照党中央、国务院部署,自2020年1月1日起,长江流域332个水生生物保护区和水产种质资源保护区实行

---

① 李琴,马涛,杨海乐.长江十年禁渔:大河流域系统性保护与治理的实践[J].科学,2021(5):7-10.

② 习近平.在深入推动长江经济带发展座谈会上的讲话[J].中华人民共和国国务院公报,2018(20):6-12.

全面禁捕;自2021年1月1日起,长江干流及重要支流(包括"一江一口两湖七河"等重点流域,"一江"指长江干流,"一口"指长江口,"两湖"指通江湖泊洞庭湖、鄱阳湖,"七河"指长江重要支流岷江、沱江、乌江、汉江、嘉陵江、赤水河和大渡河)除自然保护区以外的天然水域实行全面禁捕。实施长江十年禁渔,是贯彻习近平生态文明思想的重要举措,是落实"共抓大保护,不搞大开发"方针的具体行动,也是推进长江生态环境修复的有力抓手,其目的是通过禁止捕捞鱼类,保护长江流域鱼类物种安全,使水生生物多样性逐渐恢复,从根本上修复受损的长江生态系统。

(二) 十年禁渔的机理和作用

1. 维护水生生物多样性是长江流域生态系统健康的重要标志之一

长江流域生态系统具有典型的山水林田湖草生命共同体特征,其中的水生生态系统是流域进行物质循环、净化生态环境的重要组成部分,决定了整个流域生态系统的结构与功能,而水生生态系统的主体是水生生物,没有水生生物的水体就像是"一潭死水",没有生命。同时,长江流域生态系统食物网中最重要且最敏感的组成部分是水生生物,而其中最关键的生物类群是鱼类。因此,实施十年禁渔、恢复水生生物多样性对维护长江流域生态系统的结构与功能健康至关重要,在共抓长江大保护战略中受到高度关注。

2. 十年禁渔是恢复长江流域生态系统完整性和原真性的关键之举

长江流域的上中下游地区构成一个完整的自然—经济—社会复合生态系统,其中的各个组成部分之间联系紧密、相互制约、相互作用。在推进长江大保护实践过程中,除了严格控制污水排放、努力降低水质污染等措施外,十年禁渔是关键之举,也是重要一步。那为什么设计为十年禁渔期呢?这是基于对以往禁渔措施的科学总结和当前生态保护的现实需要。一是有利于鱼类种群恢复繁衍。已有的科学研究和保护实践表明,长江捕捞的青鱼、草鱼、鲢和鳙等主要鱼类性成熟的时间是3~4年,10年的禁渔期将有2~3个世代繁衍,种群数量有望得到恢复。二是有利于洄游鱼类栖息地保护恢复。中华鲟、白鲟等长江流域珍稀和特有的河海洄游鱼类,对长江流域生态环境的要求以及栖息地连通性的依赖度很高,长期生存繁衍需要完整的栖息地和洄游路线,这就要求必须全流域共同治理、全链条协同保护,如果禁渔期短的话难以达到预期效果。三是有利于长江流域生态系统功能恢复。从生态学维度看,十年禁渔保护的不仅仅是长江流域的鱼类,而是整个流域的生态系统。一方面,十年禁渔将极大地促进长江鱼类的繁衍生息,带动长江流域大部分水生生物的恢复发展,从而提升流域生态系统的完整性和生命力;另一方面,十年禁渔将有效地促进长江流域自然资源可持续利用,从而提升流域生态系统的服务功能,为长江经济带高质量发展提供有力支撑。

(三) 十年禁渔取得的阶段性成效

习近平总书记曾指出:"长江'十年禁渔'是一个战略性举措,主要还是为了恢复长江的生态。10年后我们再看效果。"按照党中央、国务院决策部署和农业农村部"一年起好步、三年强基础、十年练内功"的工作要求,在沿江各地和有关各方的共同努力下,截至2022年,长江禁渔工作已取得阶段性成效,禁捕水域非法捕捞的高发态势初步得到遏制,水生生物多样性逐步恢复,呈现向好趋势。主要体现在以下三个方面。

1. 长江江豚种群数量回升、分布范围扩大

据农业农村部2022年长江江豚科学考察显示,长江江豚种群数量达到1 249头,与2017年的科考数据相比增加了23.42%,种群数量出现了止跌回升的历史性转折(2006年第一次科考数量是1 800头,2012年第二次科考数量是1 045头,2017年第三次科考数量是1 012头)。同时,长江江豚的活动范围也有较大幅度的增加,长江中游的湖北武汉,中下游的江西九江,安徽安庆、铜陵,下游的江苏南京、镇江等地江面上时常出现江豚的美丽身影,出现的数量之多、次数之频繁、持续时间之长近10年来罕见。

2. 长江鱼类种类增加、资源量提升

2022年长江流域重点水域监测到的鱼类有193种,比2020年监测到的种类增加了25种,长江干流和鄱阳湖、洞庭湖的生物完整性指数较禁渔前提升了两个等级。持续禁渔有效打击了过度捕捞,长江流域大多数经济鱼类的个体平均重量普遍增加了15%~30%。中国水产科学研究院淡水渔业研究中心的监测数据显示,长江江苏段2021年采集鱼类的体重平均值为140.4克/尾,单个监测点平均采集鱼类达8.2千克,比2020年分别大幅增加了 317.8%、166.9%①。

3. 区域代表性物种资源恢复势头较好

2022年在长江上游监测到的特有鱼类14种，比2020年增加4种；中游的"四大家鱼"、下游的刀鱼等种群数量明显增加。部分物种分布区域明显扩大，长江刀鱼能溯河洄游到历史上的最远水域洞庭湖；在洞庭湖还首次监测到长江鲟；多年未见的鳤鱼在长江中游的湘江、沅江及洞庭湖相继监测到一定数量的种群；胭脂鱼、虎鱼、长吻鮠、子陵吻鰕等珍稀濒危鱼种在上犹江、饶河等水域屡次现身。

总的来看，十年禁渔重要决策实施以来成效初显，长江水生生物资源呈现恢复向好态势，但长江流域水生生物多样性水平总体偏低、珍稀物种濒危状况依然严峻、外来入侵物种种类较多、长江水系连通性和水生生物生境状况较差等现状尚未根本性改善，仍需要增强紧迫感责任感，坚定不移实施长江十年禁渔，统筹推进长江流域系统性保护，实施重要栖息地修复行动，加强外来物种防控，加大珍稀濒危物种保护力度，持续提高长江流域水生生物完整性指数。

（四）十年禁渔面临的现实困境和持续推进建议

长江十年禁渔是一项系统工程，具有时间跨度长、涉及区域广、牵涉利益群体多等特点。尽管实施以来取得了阶段性成效，但也面临着退捕渔民生计保障可持续、禁捕治理法规制度不完善、执法装备和人员力量不足、跨区域跨部门协作机制和利益补偿机制不健全等现实问题，迫切需要从理论和实践上加以破解，构建完善有效的长效机制，以保障长江十年禁渔持续推进。

从维护长江流域水生生物多样性、改善长江流域生态环境角度来看，需要解决好两个事关长远可持续发展的关键问题：一是长江流域珍稀物种保护恢复问题；二是长江流域水生生物完整性指数提升问题。

1. 长江流域珍稀物种保护恢复问题

长江十年禁渔实施以来，虽然长江流域水生生物多样性呈现恢复向好趋势，但在珍稀物种保护方面依然存在几个方面的问题：一是珍稀物种规模和基数仍然较小。以长江江豚为例，随着长江大保护战略的深入推进和长

---

① 汤建鸣."长江十年禁渔"背景下江苏渔业现代化发展路径探析[J]. 江苏农村经济，2023（2）：35-37.

江十年禁渔决策的全面实施,长江江豚自然种群的衰退趋势虽然得到有效遏制,2022年种群数量恢复到1 249头,但离2006年第一次科考时的1 800头还有较大差距。二是珍稀物种自然繁殖停滞。以中华鲟为例,虽然人工保育种群进一步扩大,但已多年没有发现野外自然繁殖发生。三是珍稀物种的栖息生境质量不高。

下一步应从三个方面持续发力,进一步加强长江流域珍稀物种保护,恢复种群数量:一是开展珍稀物种全生活史保护。针对珍稀物种全生活史存在的薄弱环节,整合相关力量,采取务实措施,力争在保护上取得突破性进展。实施"陆—海—陆"中华鲟仿生活史接力保种计划,开展自然繁殖实验,防止其野外种群灭绝。实施长江鲟自然种群重建计划,加大监测力度,采取增殖放流等方式,促进长江鲟恢复自然繁殖。二是提升珍稀物种保护技术水平。构建行政管理部门统筹协调、专业科研力量协同配合、重大科研专项平台支撑的珍稀物种保护研究体系,加强研究机构和团队建设,加大政策扶持力度,全面提升长江流域珍稀物种保护研究水平。三是加强珍稀物种栖息地保护。实施珍稀物种栖息地保护修复工程,推动中华鲟、长江鲟、长江江豚等珍稀物种拯救项目落地。依托长江江豚主要分布区加强栖息地保护,扩大迁地保护水域的规模和范围,加快突破全人工繁育技术,着力构建迁地保护群体可持续补充长江江豚自然种群的常态化机制。实施川陕哲罗鲑历史栖息地种群重建行动计划。

2. 长江流域水生生物完整性指数提升问题

长江流域水生生物完整性指数评价体系是以长江鱼类等主要水生生物指标为主,包含与水生生物生存密切相关的生境指标,分为极好、好、一般、差、极差、无鱼6个等级评价结果,从而综合反映长江水域系统的健康状况[①]。正如习近平总书记在深入推动长江经济带发展座谈会上的重要讲话中指出的那样,目前长江流域水生生物完整性指数到了最差的"无鱼"等级,造成这种状况的原因错综复杂,主要是过度捕捞、涉水工程建设、航运发展、湖泊围垦、水域污染和外来物种入侵等多种因素长期作用的综合结果。一

---

① 农业农村部.关于印发《长江流域水生生物完整性指数评价办法(试行)》的通知[EB/OL].(2022－03－24)[2023－08－20]. http://www.moa.gov.cn/nybgb/2022/202202/202203/t20220324_6393832.htm.

是过度捕捞。这是造成鱼类资源变动的重要原因之一。长期的过度捕捞使长江流域水生生物资源大幅减少,生物多样性降低,生境受到严重破坏,一些优质或者特有物种濒临灭绝。比如,鲥曾是长江流域重要的捕捞鱼类,历史最高捕捞量达到 1 577 吨,由于过度捕捞,破坏了鲥的补充群体,目前已连续 20 年在长江流域没有见到鲥种群的踪迹[①]。此外,过度捕捞还使得长江流域鱼类面临小型化、低龄化的突出问题:一方面,由于过度捕捞,导致"四大家鱼"等大型经济鱼类被银鱼、鲫等小型鱼类所取代,形成以小型鱼类为主的种群结构;另一方面,一些大型经济鱼类往往还没有到性成熟的年龄就被过度捕捞,导致这些鱼类种群无法繁衍壮大,形成以低龄鱼类为主的种群结构。二是涉水工程建设。研究表明,水利工程建设是导致全球近三分之一的淡水鱼类面临灭绝威胁的主要原因[②]。近几十年来,长江流域兴建了大量的桥梁、水利枢纽、节制闸、排灌涵洞等涉水工程,这些工程特别是水坝的修建导致长江流域绝大多数江段的连通性受到显著影响,给需要进行大范围迁移的鱼类造成了难以逾越的障碍,栖息地生境破碎化,繁殖洄游通道被阻断;同时,涉水工程的修建可能导致河流的自然径流和水温改变,打破原有的河流生态系统平衡,使其结构和功能出现退化,进而影响鱼类种群的生长和繁殖。以胭脂鱼为例,它是长江上游重要的经济鱼类之一,其繁殖需要洄游到上游金沙江段产卵,然后回到中下游生活,葛洲坝水利枢纽工程的建设切断了其生殖洄游通道,造成上游的野生胭脂鱼种群目前已很难看到其踪迹[③]。三是航运发展。长江是货物运输的"黄金水道",据统计,改革开放以来长江水系水路运货量新增 37 倍,在流域货物运输和经济发展中发挥了重要作用[④]。航运的快速发展在促进长江流域经济社会发展的同时,也破坏了长江流域生态环境,对水生生物造成的影响更为突出:一方面,航道疏浚、加固河岸、挖槽、炸礁等航道整治工程不仅干扰了鱼类等水生生物的正常活动,还会严

---

① 董芳,方冬冬,张辉,等.长江十年禁渔后保护与发展[J].水产学报,2023(2):243-257.
② Su G H, Logez M, Xu J, et al. Human impacts on global freshwater fish biodiversity [J]. Science,2021,371(6531):835-838.
③ 谢平.长江的生物多样性危机:水利工程是祸首,酷渔乱捕是帮凶[J].湖泊科学,2017(6):1279-1299.
④ 陈宇顺.长江流域的主要人类活动干扰、水生态系统健康与水生态保护[J].三峡生态环境监测,2018(3):66-73.

重破坏河床结构,造成水生生物栖息地丧失;另一方面,随着航运量的不断增长,长江流域船舶密度也在不断加大,使得鱼类等水生生物活动的自然生态空间缩减,船舶航行中的噪声会对鱼类的正常活动产生影响、螺旋桨击伤鱼类的概率也会增加,一旦发生船舶溢油、漏油事件,还会污染鱼类等水生生物赖以生存的水体,进而影响鱼类的生长繁殖。四是湖泊围垦。在长江中下游江湖复合生态系统中,河道为适应流水繁殖的洄游性鱼类提供了必要的水生态环境;而湖泊丰富的饵料资源为鱼类等水生生物繁殖和栖息提供了良好的育肥条件。然而,自20世纪50年代以来,因人类大规模的围湖造田、岸带开垦,长江中下游地区湖泊面积减少了三分之一,1000多个湖泊消失,通江湖泊由102个到如今只剩下洞庭湖和鄱阳湖[①]。大规模的湖泊围垦不仅降低了湖泊调蓄洪水能力,还阻断了洄游性鱼类的洄游通道,缩减了鱼类活动空间和繁殖肥育场所,破坏鱼类等水生生物栖息地和水域生态环境,导致鱼类等水生生物资源大幅减少。五是水域污染。据有关统计,长江流域的城市污水、工业废水、农业废水、生活污水及船舶污水排放量约占全国的40%,部分地区的高污水排放量和低污水处理率使得长江水域污染日益加剧,鱼类生存环境不断恶化[②]。近年来,长江流域水生态环境虽然有所改善,但鄱阳湖、洞庭湖等重要湖泊水体富营养化尚未得到有效控制,其水质仍为Ⅳ类及以下[③];长江中上游地区以及岷江、乌江、沱江等部分支流水质污染仍然比较严重。水域污染不仅会影响长江鱼类的生存,造成鱼卵鱼苗死亡,破坏鱼类生长繁殖,直接导致鱼类资源加速衰减;还会降低底栖生物、浮游生物等鱼类饵料的生物量,间接导致鱼类资源持续减少。六是外来物种入侵。这是影响长江流域生物多样性的主要因素之一。长江流域江河纵横交错,气候温暖湿润,河流栖息地的异质化程度高,为外来鱼类的入侵提供了良好基础。与土著鱼类相比,外来鱼类在争夺生存空

---

① 刘飞,林鹏程,黎明政,等.长江流域鱼类资源现状与保护对策[J].水生生物学报,2019,43(S1):144-156.

② 郜志云,姚瑞华,续衍雪,等.长江经济带生态环境保护修复的总体思考与谋划[J].环境保护,2018(9):13-17.

③ 中华人民共和国审计署办公厅.长江经济带生态环境保护审计结果 2018 年第3号公告[EB/OL].(2018-06-19)[2023-08-20].http://www.audit.gov.cn/n9/n1580/n1583/c123511/content.html.

间、食物饵料等方面更具有优势,从而造成土著鱼类资源大幅减少,甚至濒临灭绝[①]。据统计,长江流域外来鱼类数量由历史记录的 19 种上升至目前的 30 种,外来鱼类入侵已对流域内 27.7%的土著鱼类生存发展造成了威胁[②]。

  针对上述问题,在采取长江十年禁渔战略性举措的同时,需要系统谋划,综合施策,着力提升长江流域水生生物完整性指数水平。一是加强水生生物资源监测评估。建立完善长江流域水生生物科学调查与监测评估体系,系统调查流域内水生生物的种群数量、分布范围以及潜在威胁因素,持续监测评估水生生物资源和完整性演变趋势,为加强长江流域水生生物全面保护提供基础支撑。同时开展专项调查,全面掌握长江流域水生生物保护物种的野生种群、关键栖息地和人工保育现状,对珍稀濒危物种强化跟踪监测,及时采取保护措施,加大保护恢复力度。二是加强水生生物保护区建设管理。建立水生生物自然保护区是保护长江流域濒危水生生物的有效措施。目前长江流域已建立 332 个水生生物保护区,其中自然保护区 53 个、种质资源保护区 279 个,面积达 2.16 万平方公里,已进入"数量型"向"质量型"转变的发展阶段[③]。应从空间布局、保护对象等方面进一步优化水生生物保护区设置,加强保护区建设管理,恢复水生生物栖息地,促进其繁衍进化,更好发挥保护区生态服务功能。同时,在一些水域生态环境良好、生物资源相对丰富的干流江段或支流区域建立专门性的珍稀物种自然保护区,形成迁地保护、就地保护、遗传多样性保护等构成的全流域水生生物多样性保护体系。三是加强外来物种入侵监测防控。对长江流域外来物种分布进行调查,系统研究外来物种的种群变动趋势和扩散规律,监测评估外来物种可能带来的入侵风险,采取生物、物理、化学等措施加强风险防控与治理,严禁引入放流不符合生态安全要求的水生物种,有效保护长江流域本土水生生物物种尤其是特有和珍稀物种的安全。四是切实减少人为活动对水生生物的

---

  ① 郦珊,陈家宽,王小明.淡水鱼类入侵种的分布、入侵途径、机制与后果[J].生物多样性,2016(6):672-685.
  ② Liu C L, He D K, Chen Y F, et al. Species invasions threaten the antiquity of China's freshwater fish fauna[J]. Diversity and distributions,2017,23(5):556-566.
  ③ 朱传亚.长江流域水生生物保护区现状研究[D].武汉:华中农业大学,2022.

影响。针对长江流域涉水工程建设特点,加强工程建设期间和运营后的生态环境影响评估和监测,特别是对水生生物栖息地和生长繁衍的影响加强后评估,有针对性地采取防范措施,切实降低涉水工程建设对长江水生生物安全的影响。严格控制围湖造田、岸带开垦,加大工业废水、农业废水、城市污水、生活污水、船舶污水等治理力度,保护鱼类等水生生物的栖息地,改善其生境和活动空间,为促进水生生物生长繁衍、维护水生生物多样性提供良好的水域生态环境。五是推进全流域生态环境保护。鱼类等水生生物,特别是一些洄游类鱼类的长久繁衍生息还依赖于整个流域良好的生态环境和生态功能。比如,被称为"中国淡水鱼之王"的白鲟,属于河海洄游型鱼类,处于长江流域生态系统食物链的顶端,对流域上、中、下游栖息地的连通性以及生态环境的依赖性极强,它的灭绝表明需要对长江流域进行系统性的保护。同样的,中华鲟也属于河海洄游型鱼类,它的长期生存繁衍也需要完整的洄游路线和栖息地。这些启示我们,要坚持共抓大保护、不搞大开发,统筹考虑长江流域山水林田湖草生命共同体的各个生态要素,加强全流域生态环境综合治理和保护修复,保持水文节律的自然性,保护水生生物重要栖息地,恢复生态系统的原真性和完整性,力争早日实现长江流域生态环境明显改善、生态功能有效恢复、水生生物资源显著增长、栖息生境和洄游路线得到全面保护。

六、中医入药动物保护问题

(一) 我国动物入药的历史与功效

中药资源包括药用植物、药用动物和药用矿物资源。我国现有的中药资源共 12 807 种,其中,动物药 1 581 种,占现有中药资源的 12.3%。动物药是指用动物体的某一部分或动物的整体、动物体的加工品、动物体的生理或病理产物等供药用的一类中药[1]。动物药在我国中医药领域中的应用历史悠久,早在 4 000 年前的甲骨文中就有关于药用动物麝、犀、蛇等的记载;西汉时期马王堆汉墓出土的我国第一部方书《五十二病方》记载了 54 种动物

---

[1] 张燕.谁之权利? 如何利用?:伦理视域下的动物医疗应用研究[D].南京:南京师范大学,2015:13.

药,占其所记载药材的22.3%;东汉时期的我国第一部本草著作《神农本草经》中收录动物药67种,占其收录药材的18.4%;唐代的官方药典《新修本草》收录药物850种,其中动物药128种;宋代的唐慎微在《经史证类备急本草》中记载的动物药达315种;明代李时珍的药学巨著《本草纲目》记载的中草药1 892种,其中动物药461种,占比达24.4%;清代的赵学敏在所著的《本草纲目拾遗》增补动物药122种。总体来看,历代本草类著作记载的动物药共计600多种。随着动物药研究的深入发展,现代中药典籍中记载的动物药种类日益丰富,最新一版(2013年)的《中国药用动物志》记载的动物药1 619种,目前收录品种最全、种类最多的动物药著作《中国动物药资源》收载的药用动物共2 215种。

在古代,主要根据动物的习性特点、表面特征或药用部位对动物药进行分类,《五十二病方》最早对动物药进行分类,主要分为兽、禽、鱼、虫4部;唐代的《新修本草》把动物药分为人、兽、禽、鱼、虫5部;而《本草纲目》则按照有无脊椎、从低等到高等,将动物药分为虫、鳞、介、禽、兽、人6部,不同部类的动物又进一步细分。目前,主要根据动物胚层形成、细胞分化、体腔有无、骨骼性质、附肢特点等,以种为基本单位,将动物划分为门、纲、目、科、属、种等若干个等级,其中与药用动物关系密切的有原生、多孔、腔肠、扁形、线形、环节、软体、节肢、棘皮、脊索等10个门,主要分布在软体、节肢和脊索动物门,其次是环节和棘皮动物门。

从传统的中医角度看,动物药的功效主要体现在两个方面:一是滋阴壮阳,可滋补人的精血,为"血肉有情之品",以鸟兽类及水生动物为主;二是攻坚破积、破血逐瘀,具有通经活络、祛风止痒、消痈散结等功效,为"行走通窜之物",以动物骨甲和虫类药为主。比如,麝香具有活血通络、消肿止痛、开窍醒神之功效,药用价值高,居四大名贵动物药材之首;羚羊角具有平肝舒筋、散血下气、辟恶解毒等功效,用于治疗高热、抽搐以及肝火上扰而引起的头晕、头痛等疾病;取自于黑熊胆汁的熊胆粉具有清热、明目、平肝的功效,等等。科学研究表明,与植物药相比,动物药富含生物活性物质,具有较强的生物活性,对神经系统、血液系统、心血管系统、免疫系统等方面的一些重病、顽疾有独特的疗效。清代的唐容川在《本草问答》中指出,"动物之功利,优甚于植物,以其动物之本性能行,而且具有攻性"。"乌鸡白凤丸""安宫牛黄丸""片仔癀""六神丸"等著名中成药处方中都含有动物药。在此次抗击新冠疫情中,广东省用于预防治疗的"肺炎1号方"中就使用了蝉蜕、土鳖虫等动物药。

(二)动物入药面临的现实与伦理困境

尽管动物药在中医药应用中具有难以替代的作用和重要性,构成了我国中医药宝库中的重要组成部分,但是动物药使用也面临着一系列现实矛盾和伦理困境。

1. 动物药大规模使用与入药动物尤其是野生动物资源减少的矛盾

动物药的广泛使用,加之长期过度捕猎,以及经济快速发展与城镇化进程加快导致野生动物栖息地大面积缩小,使得入药动物资源日益减少,有重要药用价值和经济价值的野生动物资源锐减,有的趋于灭绝,成为濒危动物。《国家重点保护野生动物名录》包含的野生动物共有257种,其中药用动物138种,属于一级保护的42种,属于二级保护的96种;《中国濒危动物红皮书》收录的药用动物53种;《濒危野生动植物种国际贸易公约》(2017版)列入的药用动物共140种,其中附录Ⅰ包含43种,附录Ⅱ包含87种,附录Ⅲ包含10种。濒危动物的种类迅速增多,物种灭绝的速度越来越快,导致近20年来各版《中国药典》中收载的动物药数量不断减少,收载比例已由2000年的9.47%下降到2020年的7.77%,虎骨、犀牛角等动物药目前已被明令禁止使用,我国33种紧缺常用中药中,动物药占25种[①]。因此,保障入药动物尤其是野生动物资源的可持续利用,恢复濒临灭绝物种生存的活力,保护动物多样性,已迫在眉睫。

2. 动物药替代与制取困难、疗效降低之间的矛盾

为了解决入药动物资源减少,特别是入药野生动物濒临灭绝问题,学界和实践工作者都提出替代的思路和方法,即用人工制作的药品替代天然的动物药品,这虽然值得提倡和鼓励,但在现实中既存在认识上的误区,也存在代用中的困境。一方面,从认识上讲,主要是认为动物药替代就是用人工

---

① 吴晓淳,贾晓斌,马维坤,等.珍稀濒危动物药材人工替代研究与产业化[J].中国中药杂志,2022,47(23):6278-6286.

制品完全代替天然动物药,整个过程都不需要利用入药动物,实际并不如此,动物药替代并不能完全摆脱对动物的利用,只是利用的手段和方式有所不同。以《中国药典》中的动物药牛黄为例,目前有天然牛黄、人工牛黄、体外培育牛黄三种。天然牛黄取自于牛身上的胆结石经干燥制成,人工牛黄、体外培育牛黄虽然不是直接来源于牛身上的牛黄,但原料仍来自牛、猪等动物。制作人工牛黄的原料包括牛胆粉、胆红素、猪去氧胆酸、胆酸、胆固醇等,其中,牛胆粉是由牛的胆汁加工而成,胆红素是提取牛或者猪的胆汁加工而成,猪去氧胆酸是提取猪的胆汁加工而成,胆酸是提取牛或羊的胆汁或胆浸膏加工而成,胆固醇是提取牛、羊或猪的脑加工而成。同样的,体外培育牛黄中的去氧胆酸是提取牛的胆汁加工而成,胆酸是提取牛、羊的胆汁或胆浸膏加工而成。另一方面,从替代品制作过程和应用效果看,还存在动物药活性成分复杂带来的提取和制备困难、代用品药效降低和副作用增大、过度使用导致代用动物种群数量减少和资源匮乏等问题,目前还不能从根本上予以解决。

3. 动物药促进中医药事业发展与有违动物伦理之间的矛盾

一方面,动物药是我国中医药事业的重要组成部分,也是中医药产业不可或缺的重要资源,历经数千年的发展锻造了具有中国特色的中医药文化,为中华民族和人类的健康事业作出了积极贡献。另一方面,随着西方动物伦理理论的发展和动物保护运动的兴起,动物能否药用、为人类谋福利存在着诸多争论,人类中心主义伦理思想认为动物应服从人类利益、为人类所用,动物药用有利于人类健康,具有道德上的正当性;而非人类中心主义伦理思想认为动物与人类地位平等,人类应尊重动物生命和权利,动物药用不具有道德上的正当性。2012年发生的归真堂"活熊取胆"事件将这一争论推上了风口浪尖,引起了广泛关注和舆论风波,也对动物药用产生了巨大冲击。以中国医药协会为代表的支持方理由有三个方面:一是活熊取胆行为在我国并不违反法律法规,养殖黑熊有利于保护野生黑熊物种、改善生态环境;二是无管引流技术是一种人性化的提取胆汁技术手段,对黑熊几乎不造成痛苦和伤害;三是受我国医药科技发展水平限制,目前人工合成的熊胆粉尚难以完全替代天然生成的熊胆粉,活熊取胆行为是对药用动物资源的合理利用,有利于促进我国医药经济发展。以亚洲动物保护组织为代表的反对方认为,活熊取胆方式过于残忍,会对黑熊身体和心灵造成双重伤害,人类不应该把自身的健康利益建立在动物的痛苦之上,对这种虐待动物的行为必须加以抵制;同时他们还认为,通过这种方式提取胆汁制成的熊胆粉,不应该用于保健、美容等功能。由该事件引发的活熊取胆行为是否侵犯了动物利益和权利?养殖黑熊个体不受到伤害的局部利益与野生黑熊物种不遭灭绝的整体利益哪一个更重要?在目前还没有完全可替代天然熊胆粉制品的情况下,人类是该不伤害动物、放弃动物药对人类健康的重要作用?还是以伤害动物方式来实现动物药对人类健康的利益?等等问题,是动物入药在当前面临的伦理困境。

(三) 入药珍稀濒危动物资源的保护策略

在中医预防治疗疾病中,珍稀濒危动物药发挥着独特的作用。麝香、虎骨、熊胆粉等传统名贵动物药都来源于重点保护的珍稀濒危动物,随着其资源的日益枯竭,其在临床上的应用也受到了严重限制。在此背景下,如何保护珍稀濒危药用动物资源、推动其可持续发展和利用是亟待解决的难题,需要采取一系列综合性保护措施。

1. 完善相关法律法规

新中国成立以来,我国颁布了一系列动物保护和利用方面的法律法规和行政规章,1962年国务院发出《关于积极保护和合理利用野生动物资源的指示》,要求各级政府切实保护野生动物资源,在此基础上合理加以利用;1973年对外贸易部发布了《关于停止珍贵野生动物收购和出口的通知》,1975年全国供销合作总社又发出《关于配合有关部门做好珍贵动物资源保护工作的通知》,等等,这些对当时保护药用动物资源起到了积极的推动作用。1987年国务院颁布了《野生药材资源保护管理条例》,这是我国制定的首部中药资源保护专业性法规,该条例不仅确立了野生药材资源保护和采猎相结合的原则,还规定对野生药材物种按稀有程度实行分级(一级、二级、三级)保护制度。根据这一条例,国务院相关部门陆续制定了《国家重点保护野生药材物种名录》(收载野生药材物种76种,其中一、二级保护动物18种)、《国家重点保护野生动物名录》等,细化了相关物种名录和保护要求。

1993年国务院发出《关于禁止犀牛角和虎骨贸易的通知》,随后卫生部取消了《中国药典》中虎骨、犀牛角等相关药品标准,同时删除了所有处方中的虎骨和犀牛角成分,加强对犀牛、东北虎、华南虎等药用珍稀濒危动物的保护。2001年国家林业局公布了《国家保护的"三有"陆生野生动物名录》,2008年国家药监局出台了《含濒危药材中药品种处理原则》,全面加强对药用野生动物资源的保护。近年来,我国关于药用动物资源保护的法律法规进一步完善,制定了《海洋自然保护区管理办法》《森林和野生动物类型自然保护区管理办法》《水生动植物自然保护区管理办法》等,按史上"最严标准"修订了《环境保护法》《野生动物保护法》等,不仅加强珍稀濒危动物物种的保护,还加强对药用野生动物栖息地和生态系统的保护;为加大对破坏野生动物资源的惩罚力度,新修订的《刑法》还对危害野生动物行为专门规定了刑事处罚条款。国际方面,早在1980年我国就加入了《濒危野生动植物种国际贸易公约(简称CITES)》。《濒危野生动植物种国际贸易公约(2017年版)》收载了140种原产于我国的药用野生动物,其中附录Ⅰ包含43种,附录Ⅱ包含87种,附录Ⅲ包含10种。

2. 研制珍稀濒危动物药替代品

中药替代品是指与被替代的中药在性味、功能、归经等方面相同,且具有相似临床疗效、药理效应,可基本替代原中药品种的药物。近年来,随着中药市场需求量的增加,珍稀濒危动物药资源日渐稀少,开展其人工替代品的研制,可有效缓解珍稀濒危药用动物资源的供求压力,也是中药领域的研究热点和亟须解决的科学难题。我国目前在人工牛黄、人工麝香、人工虎骨等研制方面已取得了显著成效,基本实现了产业化发展。综合相关研究,目前珍稀濒危动物药人工替代品研制的主要途径有三种:一是基于生物种属亲缘关系。生物在长期的生存发展和演化过程中,类群之间存在或近或远的亲缘关系,亲缘关系相近的生物种群由于遗传上的联系,通常具有相似的生理生化特性和活性化学成分。因此,可以基于"品种相近,性效相似"原则,从亲缘关系相近的非珍稀动物种群中寻找珍稀濒危动物药替代品,有利于处理好珍稀濒危动物药资源保护与利用的关系。比如,科学研究显示,与虎亲缘关系相近的豹骨、猫骨,在组织结构、氨基酸和微量元素含量等方面与虎骨相似或相近,可作为虎骨的替代品;与羚羊亲缘关系相近的山羊角,在蛋白质种类构成等方面与羚羊角相似,可作为羚羊角的替代品,现已成功运用于羚羊清肺丸、回光汤、紫雪散等中成药中,临床应用效果较好。二是基于药理药效相似。现代研究表明,性味、功效相似的动物药往往具有相似的药理活性,其临床作用部位、机制等也具有相似性,因此,在珍稀濒危动物药材缺乏时,可用性味、功效、归经等相似且药用资源丰富的其他动物药进行替代。比如,犀牛角味酸、性寒,具有凉血止血、清热解毒、定惊安神等功效,但由于大量捕杀和环境破坏,野生犀牛急剧减少,既不利于保护生物多样性,也难于满足药用需求,我国1993年开始就明令禁止使用犀牛角;而水牛角性寒、味苦,具有清热解毒、凉血、定惊等功效,与犀牛角具有相似的结构成分和药性,逐渐成为其重要替代品,临床应用效果较好。此外,鸡胆、猪胆替代熊胆、灵猫香代替麝香、猪蹄甲代替穿山甲等等,都取得了较好的药用效果。三是基于人工合成方式。随着酶工程、类器官、生物转化、细胞组织培养等现代生物技术的发展,为珍稀濒危动物药替代使用提供了新的技术手段,基于人工合成方式制作珍稀濒危动物药替代品成为未来的发展趋势,使珍稀濒危动物药从传统的自然获取方式逐步转向现代的产业化生产方式。人工合成熊胆粉、人工合成麝香就是其中成功的案例。人工合成熊胆粉是根据熊胆的化学成分,通过体外培育生物转化方法,将鸡胆粉转化为熊胆粉,制成的人工熊胆粉在镇静、利胆等方面的药效与天然熊胆粉相似,有望替代天然熊胆粉。人工合成麝香的化学成分、临床疗效、药理作用等与天然麝香相似,被国家批准为中药一类新药,彻底改变了传统的猎麝取香方式,为我国野生麝类资源保护和可持续发展作出了巨大贡献。

3. 开展药用动物驯化养殖

在野生动物药资源枯竭、动物药替代品尚未研制成功的情况下,以驯化养殖野生动物替代野外捕杀野生动物,既有利于增加动物药特别是珍稀濒危动物药供给、缓解野生动物资源有限与人类用药需求无限之间的矛盾;也有利于处理好野生动物资源保护与利用之间的关系,促进野生动物种群更替再生和可持续发展[①]。20世纪80年代以来,我国制定出台了一系列野生

---

① 武文星,刘睿,郭盛,等.珍稀动物性药材替代策略及其科技创新与产业化进展[J].南京中医药大学学报,2022,38(10):847-856.

动物保护政策,在其限制和引导下,我国野生动物驯化养殖业发展迅速,驯化养殖动物药材加工产业呈现良好发展势头。目前,林麝、梅花鹿、赛加羚羊、黑熊等珍稀濒危药用动物都已实现驯化养殖规模化、产业化。林麝方面,麝香是由林麝雄性个体麝香腺体的分泌物干燥而成的传统中药,居四大名贵动物药材之首,具有活血通络、开窍醒神、消肿止痛等功效,药用价值很高。根据《濒危野生动植物种国际贸易公约》,一些国家已禁止生产和销售含麝香的药物,我国也已禁止使用野生林麝资源制作麝香药物,人工养殖林麝是实现麝香可持续利用的有效途径。从20世纪50年代开始,我国先后在四川马尔康市、陕西镇坪、安徽佛子岭开展林麝人工养殖,60年代中期林麝活体取香技术获得成功,80年代初形成了林麝驯养、繁殖、疾病防治等体系,90年代至今又相继在陕西西安、铜川、渭南等地建立了林麝养殖场[1]。经过60多年的发展,我国科技人员在林麝的饲养模式、生育繁殖、活体取香等方面取得了大量研究成果[2]。当前,需要进一步加强繁育新技术等研究,在增加林麝种群数量的同时不断提高麝香质量[3]。赛加羚羊方面,雄性赛加羚羊的羚羊角具有平肝舒筋、散血下气、定风安魂、辟恶解毒等功效,临床应用广泛,是一种稀缺中药资源。威胁赛加羚羊生存繁衍的主要因素是偷猎,特别是为获得雄性羚羊角的选择性捕猎,造成其性别结构严重失调,雌雄比最高达106∶1,严重阻碍了赛加羚羊种群的正常增长,2002年被世界自然保护联盟红色名录列为极危[4]。20世纪80年代,我国启动赛加羚羊人工繁育项目,组建人工驯养种群,并开展饲养管理、疾病防治、生态行为等方面的研究。多年的研究表明,赛加羚羊已度过了种群发展的瓶颈期,尤其近10年来保持了良好增长态势[5]。黑熊方面,熊胆粉是黑熊或棕熊胆汁的干燥品,具有明目、清热、平肝等功效,在治疗眼科、肝胆、中枢神经系统等疾病方面疗效显

---

[1] 许珂,卜书海,梁宗锁,等.林麝研究进展[J].黑龙江畜牧兽医,2014(7):147-150.

[2] 王玉玲,哈成勇.林麝的人工繁殖新技术及麝香研究进展[J].中国中药杂志,2018,43(19):3806-3810.

[3] 刘丛盛.人工养殖林麝主要疾病防治技术:助推我国林麝产业高质量发展[J].动物医学进展,2022,43(10):121-125.

[4] 孟智斌.赛加羚羊资源保护管理的国际公约与国家政策[J].中国现代中药,2011,13(7):3-5.

[5] 王红军,赵之旭.我国赛加羚羊可持续发展的现状与展望[J].当代畜牧,2015(33):76-79.

著。传统的"猎熊取胆"方法造成野生黑熊资源日渐减少,1989年被列为国家二级保护动物。20世纪80年代,我国开始建立黑熊养殖场,开展养殖技术研究,规范养殖福利条件,推动黑熊养殖业向规模化、规范化发展,目前有68家黑熊养殖企业,存栏量约30 000头;同时,借鉴运用先进的取胆技术,以无管引流技术替代有管引流技术,减少取胆过程对黑熊的伤害,提高胆汁产量和质量的稳定性。黑熊养殖的产业化,不仅解决了熊胆粉资源短缺问题,保障了人民群众用药需求,同时也大大减少对野生黑熊的猎杀,保护了珍稀动物种群。

第十一章

我国动物保护现状的剖析反思和改进建议

我国是世界上生物多样性最丰富的国家之一，动物种类繁多，野生动物种群丰富，同时也是一个畜牧业、渔业生产大国和产品出口大国。加强我国动物保护工作、改善自然生态环境，不仅有利于推进我国生态文明建设、促进人与自然和谐共生，而且有利于保护全球生物多样性、维护地球生态系统平衡。因此，我们要深入分析我国的动物保护现状，比较借鉴西方国家动物保护实践的经验和做法，采取切实有效措施加以改进。

第一节 我国的动物保护现状

一、野生动物保护状况堪忧

根据相关统计,目前我国野生动物的种类达到2 100多种,约占世界的10%。其中,爬行类动物320多种,鸟类动物1 180多种,哺乳类动物450多种,两栖类动物210多种,分别约占世界相应野生动物的6%、13%、14%和7%[①]。近年来,由于我国工业化进程加快、人口规模不断增长以及粗放型经济发展方式尚未得到根本转变,由此带来的环境污染、生态环境破坏和生物资源过度开发等问题日益严重,导致我国野生动物的生存和发展受到了不同程度的威胁,部分物种处于濒临灭绝的边缘。《濒危野生动植物种国际贸易公约》列出的640个濒危野生动植物种中,原产于我国的濒危动物就达到120多种;在我国自己确定的濒危野生动物物种中,兽类128种,鸟类183种,爬行类96种,两栖类96种,分别占我国相应类别动物的25.6%、14.6%、24.6%和10.4%[②]。例如,华南虎是我国的特产物种,属于国家一级保护野生动物,主要分布在我国南方的森林山地区域,目前在野外生活的华南虎几乎灭绝;藏羚羊是我国一级保护野生动物,主要分布在我国西藏、青海、新疆、四川等地海拔3 700米以上的高山荒漠草原,在20世纪90年代中

---

① 李晨韵,吕晨阳,刘晓东,等.我国濒危野生动物保护现状与前景展望[J].世界林业研究,2014(2):51-56.
② 陈文汇,刘俊昌,谢屹,等.国内外野生动植物保护管理与统计研究[M].北京:中国林业出版社,2010.

期,由于盗猎活动的日益猖獗,藏羚羊种群数量一度曾急剧下降,随着近年来保护工作的加强,种群数量才逐步有所回升;被称为"活化石"的扬子鳄属于国家一级保护野生动物,主要分布在长江中下游及太湖等地区,由于近年来捕杀严重,现存的扬子鳄种群数量已非常稀少,处于濒临灭绝的边缘。此外,在人们的日常生产生活中,滥捕、滥杀、滥吃野生动物的现象大量存在。根据中国野生动物保护协会在全国21个大中城市的调查报告显示:有50%以上的餐厅存在经营野生动物菜肴现象,有46.2%的城市居民曾吃过野生动物,其中有2.7%的居民经常吃野生动物;仅深圳市平均每天吃掉的野生动物就多达20吨,涉及30个种类;广州市每天买卖交易的各类蛇就多达10吨。[①]

二、虐待动物现象比较普遍

在我国当下,一个不争的事实就是动物尚无福利可言,残忍和野蛮屠宰动物的现象十分普遍,养殖场、动物园的禽类和兽类动物大多是拥挤在狭小的空间里生活、生长和繁殖,特别是在一些肉品加工厂、屠宰场,动物们排着队一个个走进宰杀场,相互之间能听到同伴的惨叫声,看着它们是怎样被宰杀、分割,有的甚至在宰杀过程中给动物注水,使得它们在极度痛苦的状态下被宰杀。肆意杀戮和虐待动物的现象时有发生,近些年来报道出来的一系列虐待、残害动物事件,引起了公众的广泛关注:2002年,清华大学学生刘海洋因自己心情不好就用硫酸去泼动物园里的黑熊,导致黑熊严重受伤;2003年,"非典"爆发后,在没有确凿科学依据的情况下,大量的果子狸被捕杀;2005年,湖北仙桃的太子湖野生动物园因管理不善导致8头非洲狮和一些其他濒危动物死亡;2005年复旦大学的一研究生在半年的时间内对近30只小猫实施虐待,将其眼睛挖去后丢弃,极其残忍;2006年,北京香山的孔雀园同样因经营管理不善,导致160只孔雀在长达一周的时间内无人看管、喂食,甚至还宰杀了4只孔雀叫卖,后被媒体曝光后这些孔雀被人认养;2006年,某女子高跟鞋虐猫事件在网络上引起广泛传播,虽然很快就查到了肇事者,但是在幕后指使的主犯却难以受到相关的法律制裁;2012年发生的归真

---

① 郭锡铎.野味的消费行为及其对人体的危害[J].肉类研究,2003(3):5-8,4.

堂活熊取胆事件引起了轩然大波;2015年,广西玉林狗肉节,上万只狗在夏至那天被残忍杀害。这些虐待动物的行为不仅对动物造成了严重伤害,也冲击着社会公众的道德情感和伦理认知,影响了人与动物、人与自然之间乃至社会的和谐,值得我们深思和警惕。

三、公众动物保护意识不强

一般来说,一个国家或地区的公民对待动物的态度,一定程度上可以反映其社会文明程度。从我国来看,目前,大多数公众对动物道德地位、动物福利、动物权利等名词没有听说或不甚了解,公众的动物保护意识普遍不高。有些人认为,我国目前还处于社会主义初级阶段,发展经济是第一位的,人们的福利水平相对于发达国家来说还比较低,目前还没有太大的必要考虑动物伦理问题,"人的福利还有待改善,哪能顾得上动物"①。南京农业大学、南京市社会科学院社会发展所数位专家、学者在考虑全国各地不同区域的人群、文化学历水平、性别等因素的基础上,设计了内容详尽的问卷,对"中国公众对'动物福利'的社会态度"做了大规模的调查研究,调研显示:只有36.6%的人听说过"动物福利"这一概念,而当问到"你是否赞同为维护动物福利而立法"时,仅有20.8%的人表示"完全赞同"②。相当多的公众,包括不少官员、学者、专家等认为动物福利在我国是超前的,不符合国情,反对通过立法来保障动物福利的问题,反对的理由诸如:"动物福利立法增加了社会成本,实质上是多数人对少数人的暴政"、"把动物作为权利主体在理性上、逻辑上都缺乏依据"③,等等。这些都说明,在我国加强动物保护、保障动物福利的道路还相当漫长。

四、动物福利壁垒问题日益突出

近年来,随着全球化的深入发展和贸易自由化程度的不断提高,国际贸

---

① 赵英杰.公众动物福利理念调研分析[J].东北林业大学学报,2012(12):156-158.
② 严火其,李义波,尤晓霖,等.中国公众对"动物福利"社会态度的调查研究[J].南京农业大学学报(社会科学版),2013(3):99-105.
③ 张式军,胡维潇.中国动物福利立法困境探析[J].山东科技大学学报(社会科学版),2016(3):55-61.

易中一些传统的非关税壁垒已逐步被取消和规范,一些西方发达国家通过提高动物福利标准,对发展中国家实行贸易壁垒政策。动物福利壁垒是指一个国家或地区在国际贸易活动中,以维护动物福利为理由而制定的一系列措施,以达到限制外国货物进口、保护本国产品和市场的目的。我国是世界上最大的发展中国家,也是重要的动物产品出口国,因而成为发达国家实施动物福利壁垒的重要对象国。近年来,针对我国动物产品出口的贸易壁垒案例明显增多,给出口企业造成了重大经济损失,也对我国的对外贸易发展带来了不良影响。比如,2002年,国际动物保护组织要求我国的相关企业在生产鲳鱼产品时,需对"食人鲳"实施安乐死,不然将会呼吁世界各国抵制我国的水产品;2005年,在哈尔滨经济贸易洽谈会期间,有一家欧盟畜产品贸易商,原打算采购黑龙江正大公司上亿元的活体肉鸡,但他们在参观完这家公司之后取消了这笔交易,其主要原因竟然是这家公司用于养鸡的鸡舍不够宽敞[①]。这些案例一方面反映了西方国家严格的动物福利标准;另一方面也反映了我国相关企业在动物福利方面的意识还很淡薄。尽管我国目前处于社会主义初级阶段,经济发展水平相对滞后,短时间内还难以达到发达国家的动物福利标准,但是关注动物福利已成为一种国际趋势,动物福利壁垒也将是我国政府、相关企业不得不面对的一个突出问题。

第二节 我国动物保护现状滞后的原因剖析

一、动物保护立法不完善

相对于西方较为成熟完善的动物保护立法,我国目前的动物保护立法存在几个方面明显的缺陷:一是立法数量少,保护范围有限。目前,我国尚没有一部综合性的动物保护法律,2009—2010年由多名专家学者共同研究起草的"中华人民共和国动物保护法"和"中华人民共和国反虐待动物

---

① 常芳媛.论我国动物保护立法构建[J].法制与社会,2016(2):9-11.

法"两个专家建议稿的出台曾在社会上引起很大的反响,但此后并没有取得突破性进展。在专门性法律方面,除了《野生动物保护法》保护的珍贵和濒危陆生、水生野生动物和有重要生态、科学、社会价值的陆生野生动物外,其他野生动物以及与人类生产生活密切相关、数量庞大的非野生动物都没有制定专门的保护性法律。这也导致了近年来屡屡曝光的"硫酸泼熊"等虐待动物案件,因没有适用的相关法律而不能依法给予适当的处理。二是忽视动物自身的价值和利益,立法的功利性较强。我国现行的动物保护法律法规,更多的是把动物作为一种可利用的资源来保护,从行业发展、公共安全、生态平衡等方面来考虑立法。例如,1988年制定、1989年实施、后续二次修正的《野生动物保护法》的立法目的之一是"保护、发展和合理利用野生动物资源",直到2016年7月第一次修订时才把此表述从立法目的中去掉。三是监管机制不完善,违法处罚操作性不强。缺乏专门、统一的动物保护监管机构,造成职能交叉、多头管理等问题;同时对违反动物保护法律的处罚措施缺乏可操作性,导致执行的效果大打折扣,难以起到强烈的威慑作用和有效的引导作用。例如,近年来出现的鸡肉、猪肉、牛肉注水等事件,实际上已成为行业内的"潜规则",之所以一直没有得到禁止,就是因为违法成本低,违法行为隐蔽而难以被查处。

二、动物保护组织不能发挥应有作用

从20世纪80年代以来,我国陆续建立了一批野生动物保护非官方组织,如1983年成立的中国野生动物保护协会、1992年成立的中国小动物保护协会、1994年成立的"自然之友"、1996年成立的"大学生绿色营"等。除了这些具有一定规模和社会影响力的民间组织外,还有大量的散布于全国各地的小动物保护组织。这些组织通过积极向公众宣传普及环保和动物保护知识、参与野生和濒危动物保护、救助流浪动物等活动,不仅有力地推动了我国动物保护事业的开展,而且还培养了一大批这方面的专业技术人才。但与西方发达国家相比,我国的动物保护组织无论是在数量上,还是在活动能力和社会影响力等方面,都存在较大差距:一是规模较小,管理分散,难以发展壮大。我国的动物保护组织特别是民间组织一般规模都较小，各自之间相对独立，管理比较分散，相互之间的沟通交流和联系协作也不够密切，走出国门开展动物保护活动更是微乎其微，难以形成一批规模大、影响力强的动物保护组织。二是资金来源渠道单一，队伍稳定性不高。我国的动物保护组织一般都是公益性的组织，往往没有稳定的资金来源渠道，自身募集资金又有较大难度，在组织活动、招募人员等方面缺乏经费保障，捉襟见肘，人员的流动性较大，一般持续的时间不长，难以形成可持续发展的良好态势。

三、动物伦理教育和文化传播跟不上实践发展的需要

与西方的动物伦理教育实践相比，目前我国高校的动物伦理教育还处于起步阶段，除了一些医学、农业、林业高等院校以及综合型大学中的农学院、动物学院等近年来尝试开展动物伦理教育外，大多数高校都没有开设专门的动物伦理教育课程，导致大学生的动物伦理知识缺乏，生命伦理意识淡薄。近年来大学生群体中发生的一系列自杀、他杀和虐待、残害动物等现象与此不无关系，引起了全社会的广泛关注和反思。而中小学动物伦理教育更是几乎空白。研究表明，我国有超过90%的中小学生不知道什么是动物福利。在动物保护文化传播方面，与西方相比我国也有较大差距，关于动物保护的文学、电影等作品寥寥无几，或是因为没有资金支持和政策引导，或是因为缺少观看人群而"叫好不叫座"，形成恶性循环，一定程度上也反映了我国公众动物保护意识的薄弱，在西方形成广泛共识并在实践中得到全面贯彻的"动物福利"理念在我国至今尚未深入人心。

第三节 当前人与野生动物关系紧张的伦理反思

近些年来爆发的传染性非典型肺炎（SARS）、埃博拉出血热、中东呼吸综合征等野生动物外源性传染病，使得人与野生动物的关系日趋紧张，特别是这次全球大流行的新型冠状病毒感染疫情，对世界上大多数国家和地区

构成了严峻挑战,将人与野生动物的关系又一次推到风口浪尖上,对人类对待动物的方式和文明发展再次敲响了警钟。分析当前人与野生动物关系紧张的原因:一方面是,人与野生动物冲突的问题凸显,已成为国际上保护生物学研究的焦点,也受到各国政府和动物保护组织的日益重视①;另一方面,更为突出的是,一些人兽共患病特别是野生动物外源性传染病的暴发,严重威胁着人类的公共卫生安全和生命健康,让人们谈"野"色变,甚至产生对其自然宿主(如蝙蝠等)进行"生态灭杀"的声音。对此,我们应该客观、冷静地看待,毕竟野生动物作为自然界的原始成员,它们中的大多数出现在地球上要比人类早得多,按照自然本性在自己的领地里自由地生长生活,是人类的侵扰和肆意妄为干扰了它们的生活规律、破坏了它们的生存环境。因此,把威胁人类安全和生命健康、造成当前人与野生动物关系紧张的原因怪罪到野生动物头上,对它们来说着实有点"无辜"。从伦理的角度来分析,人类作为动物伦理的责任主体,至今仍未能摆脱工业文明背景下形成的人类主义中心自然观和伦理观,以及现代工业文明对人性的异化导致的对野生动物不合理的消费和利用,是当前人与野生动物关系紧张背后的深层次原因。具体表现在以下几个方面。

一、对野生动物生态价值功能的忽视

野生动物是自然生态系统中的重要组成部分,是生态系统能量流动和物质循环的重要环节,对人类来说,野生动物不仅具有果腹、御寒等直接价值,还具有文化、生态等间接价值。野生动物的生态价值主要体现在提高生态系统的物质循环效率,丰富生物多样性,增强生态系统的稳定性,维护生态系统平衡等。在人类文明发展的不同阶段,野生动物的实用价值与生态价值的相对重要性不同,对史前社会的人类来说,野生动物的实用价值要比其生态价值更为重要。到了农耕社会,野生动物的实用价值开始并呈不断下降态势。进入工业社会后,野生动物的生态价值进一步凸现。② 然而,在现实中,人们常常置人类的整体利益和长远利益于不顾,有意无意地

---

① 王一晴,戚新悦,高煜芳.人与野生动物冲突:人与自然共生的挑战[J].科学,2019(5):1-4.
② 蒋志刚.论野生动物资源的价值、利用与法制管理[J].中国科学院院刊,2003(6):416-419.

忽视野生动物的生态价值,究其原因,一是征服自然、统治自然的理念。在这种理念的驱使下,人类把自然当作可以任意摆布的机器、无限索取的资源库,凭借强大的科技力量对自然进行掠夺性的开发和破坏性的使用,毫不顾及野生动物的生态价值;二是对经济利益的追逐。一般来说,野生动物特别是珍稀野生动物及其产品消费需求大,捕杀贩卖野生动物,或者制作野生动物产品可以获取很高的利润甚至暴利,导致捕杀者漠视野生动物的生态价值;三是生态伦理意识的缺乏。在传统的人类中心主义伦理观下,包括野生动物在内的自然界并没有被纳入人类道德关怀的范围,因而人们不会去关注野生动物的生态价值,即使是动物解放论、动物权利论等非人类中心主义伦理观,因缺乏整体主义的道德关怀和价值考虑,人们关注更多的是动物个体的利益和权利,很少关注野生动物物种具有的生态价值。

大量的事实表明,人类对野生动物生态价值的忽视,不仅给野生动物造成了诸多苦难甚至是灭顶之灾,同时也给人类自身带来生态环境等一系列问题和意想不到的危险(如传染病等)。比如,旅鸽曾是北美大陆上数量最多的鸟类(据估计当时有20亿~50亿只之多),但当欧洲人到达北美洲之后,由于肆意猎杀和破坏生境,导致旅鸽在1914年灭绝了。当时的人们对这样一个曾经如此常见的物种突然消失似乎没有料到,更让人们没有料到的是,由于旅鸽的灭绝造成当地的生态系统结构发生变化。也正是由于旅鸽的灭绝,最终可能导致了莱姆病的暴发。[①] 此外,随着人类活动范围的不断扩张和对森林等资源的破坏,造成野生动物的自然栖息地退化或者丧失、天然食物的来源不足,使得野生动物与人类的空间距离缩小、接触机会增加,导致携带病毒或已经患病的野生动物将病毒直接传染给人,或是通过家养动物和其他野生动物间接传染给人,加大了人兽共患病或野生动物外源性传染病传播的风险[②]。20世纪70年代末首发于马来西亚的尼帕病毒性脑炎,其发生的主要原因是由于乱砍滥伐导致热带雨林面积缩小,生活在雨

[①] Blockstein D E. Lyme disease and the passenger pigeon? [J]. Science, 1998, 279(5358): 1831,1833.

[②] 秦思源,孙贺廷,耿海东,等. 野生动物与外来人兽共患病[J]. 野生动物学报, 2019(1): 204-208.

林区携带该病毒的蝙蝠因为缺少食物,被迫到附近的果园和猪场寻找食物,病毒随着蝙蝠的唾液、尿等排出,导致猪感染发病后再传染给了人类①。因此,人类文明发展到今天,我们必须从生态整体观的角度考量人与野生动物之间相互制约、动态平衡的关系,重视和发挥野生动物的生态价值,促进生态系统的整体利益和人类的长远利益。正如罗尔斯顿所指出的那样,"不要超越自然去给动物带来过度的痛苦",更为重要的是,要将道德关怀扩展到物种甚至是生态系统②。

二、不合理的野生动物消费欲望

野生动物消费是指人们通过购买和使用野生动物产品来满足衣、食、医疗等需求的消费行为。一般来说,物质消费有"需要的消费"和"欲望的消费"两种基本类型,"需要的消费"是为了满足正常生活必需的消费,是正当的消费;"欲望的消费"是为了满足不必要的、无限的欲望的消费,是不合理的消费③。人类自诞生以来,在采集狩猎文明时代主要靠猎捕野生动物来充饥、蔽体和御寒,在农业文明时代主要靠种植农作物解决食的问题,同时靠猎捕野生动物作为满足衣和食需要的补充,这两种都是为了满足基本生存需要,是合理的"需要的消费"。到了工业文明时代,科技进步日新月异,社会生产力日益发达,农畜牧业提供的谷物粮食、家养动物提供的肉蛋奶和毛皮,可以充分满足人们的生存和发展需要,在此情况下,人类对野生动物的消费理应大量减少,但事实上确是不断增加,而且种类不断增多、花样不断翻新,对野生动物的伤害程度有的达到了让人瞠目结舌的程度。目前,世界肉类产量已涨至1980年的3倍,人类为了获取食物,每年要宰杀560亿只动物(这还不包括水生动物)④。产生这种不合理的野生动物消费欲望的原因值得反省和深思:一是现代工业文明导致的人性异化。以古希腊人和中国

---

① 潘润存.人兽共患病增多的原因及防治对策研究[J].中国社会医学杂志,2011(1):70-72.
② 罗尔斯顿.环境伦理学:大自然的价值以及人对大自然的义务[M].杨通进,译.北京:中国社会科学出版社,2000:188,208.
③ 赵玲.消费合宜性的伦理意蕴[M].北京:社会科学文献出版社,2007:70.
④ 唐纳森,金里卡.动物社群:政治性的动物权利论[M].王珀,译.桂林:广西师范大学出版社,2022:2.

古人为代表的人与自然和谐的人性观念,蕴含着对自然界的善和对自然界的关爱,但进入工业社会以后,人在自然界面前逐渐迷失了自己的本性,丧失了人之为人的本质,陷入了人性危机,其原因是现代性将人的"欲望"合理化为人的本质,使人沦落为欲望的奴隶。这种欲望主宰了人之后所产生的消费必然是满足欲望的消费,追求的终极目的是奢侈和享乐,从而造成人对自然资源的残酷盘剥和对自然环境的严重破坏,因此可以说生态危机的实质是人性危机,人的异化是生态危机的深层次原因。多少藏羚羊暴尸荒原,就是为了满足贵妇人的披肩之美,大量的珍禽野兽命丧黄泉,就是为了满足人们吃野味的口欲[①]。二是畸形的野生动物消费文化。通常,野生动物产品消费被当作一种高档消费,大部分价格不菲,其中有不少还是"奢侈品",一些人为了满足自己的猎奇、尝鲜、攀比、炫富等心理,热衷于吃野味、穿皮草,乐此不疲。三是缺乏科学的野生动物知识宣传普及。在我国,中医一直有动物入药治病的传统,在给人们健康带来福音的同时,也使部分珍稀野生动物面临着严重的威胁。尽管像犀牛角、虎骨、熊胆等珍贵的中医药材,具有各自的功效,但未必都是那么"神奇",更多的是被销售商和生产商的促销广告有意夸大了,更何况有些也并非不可替代的。此外,一些人盲目地通过食用野生动物来补充营养、保健身体,殊不知,不但可能会有害于身体健康,有时甚至还会危及生命。

人类这种不合理的"欲望的消费"不仅对野生动物造成了巨大的伤害,也给人类自身带来了严重后果。研究发现,野生动物是许多人类传染病的源头,在已确认的 335 种急性传染病中源于野生动物的比例达到 43%[②]。SARS、埃博拉出血热、旋毛虫等人兽共患传染病都与猎捕、食用野生动物有直接关系[③]。2003 年我国确诊的第一个 SARS 患者就是一名厨师;2019 年我国确诊的多名鼠疫患者,就曾经处理、食用过旱獭或野兔。此外,对野生动物的"欲望的消费"也是导致野生动物数量大量减少甚至走向濒危的罪魁

---

① 曹孟勤.人性与自然:生态伦理哲学基础反思[M].南京:南京师范大学出版社,2004:13-17,177.

② Jones K E, Patel N G, Levy M A, et al. Global trends in emerging infectious diseases [J]. Nature,2008(451):990-993.

③ 金宁一.野生动物与新发人兽共患病[J].兽医导刊,2007(10):21-24.

祸首。正如那句家喻户晓的广告语"没有购买就没有杀害",巨大的野生动物消费需求,加上受经济利益的驱使,使得野生动物遭到了人类大规模的捕杀滥食,破坏了生物多样性,危及自然生态系统平衡和生态安全。人类的物质欲望和对自然的改造要以生态系统能够承受、回收、降解和恢复为条件,这样既符合生态系统的整体利益,也符合人类的长远利益和根本利益①。因此,对野生动物来说,"消费问题是生态环境问题的核心"②。

三、以开发利用为导向的野生动物保护制度

工业文明在极大地丰富人类物质生活的同时,也带来了空前严重的生态危机,促使人类反思人在自然中的位置、动物在自然生态系统中的角色和作用、人与野生动物的关系等问题。近现代以来,人类出于同情心,或是出于自身利益考虑,或是出于因生态危机威胁到人类生存对人与自然关系的反思,提出了一系列动物保护思想理论并部分地付诸立法实践,使得人与野生动物的对立关系得到了一定程度的缓和,但总体上并未发生实质性改变,根本原因就在于对野生动物保护的出发点是为了开发利用。目前,世界上有 100 多个国家和地区制定了动物保护法律法规,涉及的内容既包括对非野生动物的生存和福利状况改善,也包括对野生动物栖息地的保护。西方国家动物保护立法的主题由 19 世纪的反虐待转变到 20 世纪的动物福利,一定程度上反映了人类社会文明的进步③。但从立法的宗旨来看,除了美国的《濒危物种法》和澳大利亚的《环境保护和多样性保护法》等少数法律外,大多数还是从人类中心主义的角度出发,以开发利用动物资源为导向,对在利用过程中怎样减少动物不必要的痛苦、满足动物基本福利需要等作出详细的规定;而从生命共同体角度出发、注重保护动物尤其是野生动物物种及其生境的较少,使得丰富生物多样性、维护生态系统平衡缺少有力的法律支撑。

---

① 陈丽屏.约翰·斯坦贝克动物观的生态意义[J].南京林业大学学报(人文社会科学版),2019(2):22-30.
② 拉夫尔.我们的家园:地球:为生存而结为伙伴关系[M].夏堃堡,等译.北京:中国环境科学出版社,1993:13.
③ 刘宁.动物与国家:现代动物保护立法研究[M].上海:上海三联书店,2013:152-153.

在我国,目前与野生动物保护直接相关的法律法规有《野生动物保护法》《陆生野生动物保护实施条例》《渔业法》《动物防疫法》《进出境动植物检疫法》等。其中起统领作用的《野生动物保护法》在这次新型冠状病毒疫情中再次成为专家学者和大众关注的热点,广受诟病,在立法目的上,该法自1989年施行以来历经二次修订、三次修正,"保护"还是"利用"一直是争论的焦点,2022年最新修订版将立法目的表述为"保护野生动物,拯救珍贵、濒危野生动物,维护生物多样性和生态平衡,推进生态文明建设,促进人与自然和谐共生",并明确了"保护优先、规范利用、严格监管"的原则,但由于配套法规政策不完善、监管执法不严格等原因,并没有将立法理念和原则真正落实到位;在保护范围上,该法规定的保护对象是珍贵、濒危的陆生、水生野生动物和有重要生态、科学、社会价值("三有")的陆生野生动物,根据该法制定的《国家重点保护野生动物名录》和《国家保护的"三有"野生动物名录》,列入保护的野生动物包括近2 000种陆生脊椎野生动物和120属的部分种昆虫,而我国自然分布的脊椎野生动物达7 300多种,已定名的昆虫达11万~13万种,包括绝大多数蝙蝠、鼠类、鸦类等传播疫病高风险物种在内的大量野生动物未列入保护管理范围,对其猎捕、交易、食用等行为不能依法进行管控,成为传播、扩散疫情的潜在隐患,威胁人类公共卫生安全和人民群众生命健康。

第四节 改善我国动物保护现状的措施建议

一、加快动物保护立法进程

西方发达国家的发展实践证明,科学立法、严格执法是加强动物保护最有力、最有效的手段。当前,要结合我国国情,借鉴西方经验,以生命共同体视域下动物伦理理论为指导,统筹规划我国的动物保护法律框架,加快立法进程,完善相关的配套行政法规和规章,健全动物保护法律体系。

在立法理念和宗旨上,应牢固树立和践行习近平生态文明思想,摈弃人类中心主义的自然观和伦理观,改变动物是资源、是工具的传统观念,把动物作为人与自然生命共同体中的重要成员来看待,注重动物自身的价值和利益,减少功利性目的,尤其是对野生动物,要更多地从维护物种安全、保护生物多样性、维护生态系统平衡出发,立足于全面严格保护,把立法保护对象扩展到所有野生动物,依据种群现状、生态功能等实行分级、分类保护和管理,制定严格的野生动物利用特许制度,建立联合执法机制,对野生动物猎捕、运输、交易、使用等行为实行全链条、全过程监管,严禁乱捕滥杀和非法交易,从源头上防范和控制重大公共卫生安全风险。

在立法顺序上,首先,应完善野生动物保护法律体系,因为一般来说野生动物的生态价值要比非野生动物显著,按照生态友好型动物保护模式的要求,应更加注重野生动物尤其是濒危野生动物的保护,这对保护生物多样性、维护生态系统平衡的影响最为直接,当前可考虑进一步修订完善《野生动物保护法》,制定专门的濒危物种保护法,加强动物自然保护区立法。其次,应抓紧制定反虐待动物法。我国是世界上最大的发展中国家,当前还处于社会主义初级阶段,经济发展水平和人民生活水平与西方发达国家相比还有较大的差距,目前强调动物福利还不能为社会广泛接受。反虐待是保障动物福利最基础的要求,也是目前大多数人能够接受的要求,毕竟怜悯之心人皆有之。因此,制定反虐待动物法是加强动物保护立法一项可行而迫切的任务。再次,应适时制定动物保护基本法。这是目前世界上大多数国家动物保护立法的共同趋势。我国应坚持适度超前的原则,在经济社会发展到一定阶段、公众动物伦理意识普遍增强的情况下,着手制定一部综合性的动物保护法,重点是加强对非野生动物的保护,提高它们的福利水平。值得注意的是,各个国家或地区动物保护立法的动物福利标准不尽相同,与其经济发展水平、社会风俗、文化传统、公众观念等密切相关,因此,在制定我国的动物保护基本法时,要结合国情,合理确定兼顾人类与动物利益、切实可行的动物福利标准。在此基础上,应分门别类地制定专门性法律,结合各类动物的不同需求,对农业、实验、伴侣等动物分类制定保护性法律法规,这当中反虐待和保障基本福利应是基本原则。

二、加大动物自然保护区建设力度

影响自然界中动物生存发展的因素,既有自然方面的因素,比如洪水、地震、星球撞击等,也有人为方面的因素,在科技进步日新月异,工业化、城市化快速发展的当今,人为方面因素成为罪魁祸首,随着人类征服自然、改造自然能力的日益增强,人类的开发活动对动物的生存环境造成了极大的破坏,严重威胁着动物的繁衍生息,造成动物灭绝的速度大大加快。实践证明,建立自然保护区是目前国际上普遍采用的保护动物的有效手段,尤其是对濒危野生动物的保护,这也是最符合生态友好型动物保护模式要求的保护动物措施。我们要借鉴美国等西方发达国家的经验,结合我国地大物博、生物多样性丰富的国情,科学规划布局,加大动物自然保护区的建设力度,加强监管和执法力度,保护动物的栖息地,禁止捕猎、砍伐和不合理开发,尽量减少对动物生存环境的破坏,保护动物尤其是濒危动物的物种安全,改善生态环境,促进生态文明建设。

三、切实提高公众的动物伦理和保护意识

这主要从两个方面加以努力:一方面,要加强动物伦理教育。从娃娃抓起,从学校抓起,加强大中小学动物伦理教育的顶层设计和衔接,培养专业化的教师队伍,根据学生的年龄、知识基础、心理特点和接受能力的不同,分层次地开展动物伦理教育,一般来说,中小学动物伦理教育应主要是融入式的教育,通过在课堂教学和社会实践中融入动物保护的相关知识和行为规范,从小培养学生的动物保护意识和观念;大学阶段是学生动物伦理观形成的关键阶段,应强化系统的动物伦理知识学习,引导他们从伦理的高度思考和处理人与动物的关系,约束自己的行为规范。同时,要认识到动物伦理教育的实践性,坚持理论与实际相结合,引导学生积极参加动物保护实践活动,培养他们尊重生命、保护动物的意识和感情。倡导"动物友好型"的参观旅游方式,不干扰、不破坏野生动物的自然栖息地,尽量远离野生动物,不给野生动物喂食,不与野生动物合影,保持安全距离,避免"亲密接触",防范野生动物外源性疫病传播风险。

另一方面,要加强动物伦理文化传播。繁荣发展动物文学和电影,在动物文学作品的出版、发行等方面出台支持政策,对投资、拍摄、放映动物题材方面的电影给予政府性补助,在国家级文学、电影评奖中探索设立反映动物伦理、推动动物保护的专题奖项,鼓励和引导有关动物保护题材的动物文学、电影创作,广泛传播动物保护文化。充分利用各类媒体加大对动物保护知识、相关法律法规和典型案例的宣传力度,在世界野生动植物日、国际生物多样性日、世界环境日等重要节点开展动物保护宣传,提高公众的动物保护意识。加大动物知识科普力度,引导公众正确认识和对待野生动物的食用和药用功效,摒弃猎奇、炫富等心理,杜绝不合理的"欲望的消费";培养健康文明的生活方式,自觉抵制"野味",不穿、不戴、不用野生动物制品,从源头上遏制野生动物乱捕滥食和非法交易行为。

四、大力支持动物保护组织发展

借鉴西方发达国家的经验,通过放宽准入门槛、简化审批程序、加强立法保护、出台支持政策等措施,鼓励设立更多的民间动物保护组织,加强对动物保护组织的监督管理,搭建相关的载体平台,引导它们加强交流合作,帮助招引和培养更多的有爱心、有责任心、有经验的专业人才队伍,形成一批规模较大、结构合理、影响力强的动物保护组织。对部分专业性较强的民间组织,适度地授予它们动物保护监督和管理权力,充分发挥它们的优势和力量,推动动物保护法律法规的实施,节约政府的人力物力成本,全面提升我国动物保护工作水平。建立动物保护专项基金,引导民间动物保护组织积极开展宣传教育、科技交流、动物救助等形式多样的活动,带动更多的人积极参与到动物保护的实践行动中。

五、积极开展国际交流与合作

目前,国际上已经出台了诸多与动物保护相关的法律法规和公约,这些法律法规和公约在全球范围内为人们开展动物保护提供了努力方向和规范引导,也使得国家与国家之间在保护动物和生态环境等方面达成了更多的共识。我国应积极参与动物保护的国际立法或国际和地区的动物保护公约,加强与其他国家和地区在动物保护政策、资金、科学研究等方面的交流和合作,与相关的动物保护国际组织或国家组织保持着良好的合作关系。根据实际情况,组织人员学习国外先进的动物保护管理经验等,邀请国外的相关专家、学者来我国访问讲学、开展合作。

  加强与相关国家之间的沟通协调,积极应对国际贸易中的动物福利壁垒,构建与WTO规则相适应的动物福利保护机制,指导、督促我国的动物生产和加工企业,增强动物福利意识,重视动物福利保护,在动物的饲养、屠宰、运输乃至加工过程中遵守国际动物福利标准,提高产品的国际市场竞争力,促进我国动物产品对外贸易的持续健康发展。全面落实《濒危野生动植物种国际贸易公约》,加强国际执法交流合作,加大跨境野生动物贸易监管和打击力度,切实防止野生动物外源性疫病传入我国。

参考文献

[1] 奥德姆,巴雷特(Odum E P, Barret G W).生态学基础[M].5版.陆健健,等译.北京:高等教育出版社,2009.

[2] 包庆德,张秀芬.《生态学基础》:对生态学从传统向现代的推进:纪念 E. P.奥德姆诞辰100周年[J].生态学报,2013(24):7623-7629.

[3] 北京大学哲学系外国哲学史教研室.西方哲学原著选读[M].北京:商务印书馆,1981.

[4] 比尔梅林.动物有意识吗?[M].马怀琪,陈琦,译.北京:北京理工大学出版社,2004.

[5] 边沁.道德与立法原理导论[M].时殷弘,译.北京:商务印书馆,2000.

[6] 边沁.政府片论[M].沈叔平,译.北京:商务印书馆,1995.

[7] 博登海默.法理学:法律哲学与法律方法[M].邓正来,译.北京:中国政法大学出版社,2004.

[8] 布洛诺夫斯基.人之上升[M].任远,等译.成都:四川人民出版社,1988.

[9] 蔡守秋.环境权初探[J].中国社会科学,1982(3):1-9.

[10] 曹凑贵,展茗.生态学概论[M].3版.北京:高等教育出版社,2015.

[11] 曹菡艾.动物非物:动物法在西方[M].北京:法律出版社,2007.

[12] 曹孟勤.人性与自然:生态伦理哲学基础反思[M].南京:南京师范大学出版社,2004.

[13] 曹文斌.西方动物伦理的思想根基:人类中心论与机械哲学观[J].遵义师范学院学报,2010,12(3):1-3,7.

[14] 曹永福.动物伦理的几个理论焦点与道德难题[J].医学与哲学,2016(8):28-32.

[15] 察斯.声色光影中的动物:动物题材电影探析[D].呼和浩特:内蒙古师范大学,2011.

[16] 常芳媛.论我国动物保护立法构建[J].法制与社会,2016(2):9-11.

［17］常纪文.WTO与中国实验动物福利保护制度的建设［J］.荆门职业技术学院学报，2002(5)：16-25.

［18］常纪文.动物福利法：中国与欧盟之比较［M］.北京：中国环境科学出版社，2006.

［19］陈化鹏，高中信.野生动物生态学［M］.哈尔滨：东北林业大学出版社，1992.

［20］陈焕生.欧美国家动物福利法剖析［J］.中国牧业通讯，2005(2)：52-54.

［21］陈立胜.宋明儒学动物伦理四项基本原则之研究［J］.开放时代，2005(5)：55-67.

［22］陈丽屏.约翰·斯坦贝克动物观的生态意义［J］.南京林业大学学报(人文社会科学版)，2019(2)：22-30.

［23］陈文汇，刘俊昌，谢屹，等.国内外野生动植物保护管理与统计研究［M］.北京：中国林业出版社，2010.

［24］陈宇顺.长江流域的主要人类活动干扰、水生态系统健康与水生态保护［J］.三峡生态环境监测，2018(3)：66-73.

［25］程宝良，高丽.论生态价值的实质［J］.生态经济，2006(4)：32-34,43.

［26］程凌香，李爱年.加强动物保护立法的思考：兼评动物的主体地位［J］.吉首大学学报(社会科学版)，2009,30(4)：141-145.

［27］迟学芳.走向生态文明：人类命运共同体和生命共同体的历史和逻辑建构［J］.自然辩证法研究，2020(9)：107-112.

［28］崔拴林.动物地位问题的法学与伦理学分析［M］.北京：法律出版社，2012.

［29］达尔文.人类的由来［M］.潘光旦，胡寿文，译.北京：商务印书馆，2009.

［30］达尔文.物种起源［M］.周建人，等译.北京：商务印书馆，2009.

［31］德格拉齐亚.动物权利［M］.杨通进，译.北京：外语教学与研究出版社，2015.

［32］邓永芳，胡文娟.孟子动物伦理思想探微：兼论庄子、孟子动物伦理思想的异同［J］.南京林业大学学报(人文社会科学版)，2012,12(4)：77-81.

［33］邓永芳，刘国和.庄子动物伦理思想探微［J］.学习月刊，2011(24)：40-41.

［34］笛卡尔.探求真理的指导原则［M］.管震湖，译.北京：商务印书馆，1991.

［35］董芳，方冬冬，张辉，等.长江十年禁渔后保护与发展［J］.水产学报，2023(2)：243-257.

［36］杜茹，纪明.马克思主义自然观视域下的生命共同体［J］.东北师大学报(哲学社会科学版)，2021(1)：100-106.

［37］杜向民，樊小贤，曹爱琴.当代中国马克思主义生态观［M］.北京：中国社会科学出版社，2012.

［38］冯江，高玮，盛连喜.动物生态学［M］.北京：科学出版社，2005.

[39] 冯象.创世记:传说与译注[M].南京:江苏人民出版社,2004.

[40] 弗兰西恩.动物权利导论:孩子与狗之间[M].张守东,刘耳,译.北京:中国政法大学出版社,2005.

[41] 福克斯.深层素食主义[M].王瑞香,译.北京:新星出版社,2005.

[42] 傅强.动物有"福利"吗?:西方动物福利的政治经济学[J].国外社会科学,2015(9):44-51.

[43] 盖光.生态境域中人的生存问题[M].北京:人民出版社,2013.

[44] 郜志云,姚瑞华,续衍雪,等.长江经济带生态环境保护修复的总体思考与谋划[J].环境保护,2018(9):13-17.

[45] 戈尔.濒临失衡的地球:生态与人文精神[M].陈嘉映,等译.北京:中央编译出版社,2012.

[46] 耿步健.论习近平生命共同体理念的整体性逻辑[J].探索,2021(3):1-12.

[47] 顾慈怡,戚诚伟.对美国动物保护立法实践的评析[J].中国商界,2011(10):309-310.

[48] 顾为望,于娟.国内外动物福利的比较与伦理学思考[J].实验动物与比较医学,2008(4):199-203.

[49] 关春玲.近代美国荒野文学的动物伦理取向[J].国外社会科学,2001(4):10-16.

[50] 关春玲.美国印第安文化的动物伦理意蕴[J].国外社会科学,2006(5):62-69.

[51] 郭锡铎.野味的消费行为及其对人体的危害[J].肉类研究,2003(3):5-8,4.

[52] 何怀宏.生态伦理:精神资源与哲学基础[M].保定:河北大学出版社,2002.

[53] 何龙,程鲲,邹红菲.高校动物伦理教育模式探讨[J].中国林业教育,2006,24(6):8-10.

[54] 洪修平.佛教思想与生态文明[J].中国宗教,2013(8):25-29.

[55] 胡安水.生态价值的含义及其分类[J].东岳论丛,2006(2):171-174.

[56] 怀特.我们生态危机的历史根源[J].刘清江,译.比较政治学研究,2016(10):115-126.

[57] 黄承梁,燕芳敏,刘蕊,等.论习近平生态文明思想的马克思主义哲学基础[J].中国人口·资源与环境,2021(6):1-9.

[58] 季羡林.禅和文化与文学[M].北京:商务印书馆国际有限公司,1998.

[59] 贾丁斯.环境伦理学:环境哲学导论[M].林官明,杨爱民,译.北京:北京大学出版社,2002.

[60] 江丽.马克思恩格斯生态文明思想及其中国化演进研究[M].武汉:武汉大学出版

社,2021.

[61] 江山,胡爱国.西方文化史中的人与动物关系研究[J].南京林业大学学报(人文社会科学版),2016,16(2):22-31.

[62] 姜南.近现代西方与古代中国动物伦理比较及启示[J].天津师范大学学报(社会科学版),2016(3):6-12.

[63] 蒋志刚.从人类发展史谈野生动物科学保护观[J].野生动物,2013(1):43-45.

[64] 蒋志刚.论野生动物资源的价值、利用与法制管理[J].中国科学院院刊,2003(6):416-419.

[65] 蒋志刚.野生动物资源的保护与持续利用[J].自然资源学报,1995(4):332-338.

[66] 金玫蕾.我国实验动物科学带来的动物伦理及福利问题[J].生命科学,2012,24(11):1325-1329.

[67] 金宁一.野生动物与新发人兽共患病[J].兽医导刊,2007(10):21-24.

[68] 金天杰,尹立华.杰克·伦敦"北方小说"中动物伦理观的生态思想研究[J].时代文学(上半月),2010(6):182-183.

[69] 卡伦巴赫.生态乌托邦[M].杜澍,译.北京:北京大学出版社,2010.

[70] 康德.道德形而上学原理[M].苗力田,译.上海:上海人民出版社,1986.

[71] 康德.康德谈人性与道德[M].石磊编,译.北京:中国商业出版社,2011.

[72] 柯林武德.自然的观念[M].吴国盛,译.北京:北京大学出版社,2006.

[73] 科克伦.无需解放的动物权利:应用伦理学和人类义务[M].黄雯怡,肖飞,译.南京:江苏人民出版社,2022.

[74] 拉斐尔.道德哲学[M].邱仁宗,译.沈阳:辽宁教育出版社,1998.

[75] 拉夫尔.我们的家园:地球:为生存而结为伙伴关系[M].夏堃堡,等译.北京:中国环境科学出版社,1993.

[76] 赖特.非零和时代:人类命运的逻辑[M].于华,译.北京:中信出版社,2014.

[77] 劳若诗,贝安德.动物伦理、同情与感情:一个整体性框架[J].王珀,译.南京林业大学学报(人文社会科学版),2013,13(3):1-16.

[78] 雷根,科亨.动物权利论争[M].杨通进,江娅,译.北京:中国政法大学出版社,2005.

[79] 雷根.打开牢笼:面对动物权利的挑战[M].莽萍,马天杰,译.北京:中国政法大学出版社,2005.

[80] 雷根.动物权利研究[M].李曦,译.北京:北京大学出版社,2010.

[81] 雷根.关于动物权利的激进的平等主义观点[J].杨通进,译.哲学译丛,1999(4):23-31.

[82] 雷毅.生态伦理学[M].西安:陕西人民教育出版社,2000.

[83] 李晨韵,吕晨阳,刘晓东,等.我国濒危野生动物保护现状与前景展望[J].世界林业研究,2014(2):51-56.

[84] 李春艳.先秦儒家动物保护伦理思想刍议[J].北京科技大学学报(社会科学版),2011,27(4):86-88.

[85] 李春艳.周代动物保护伦理思想探微[J].船山学刊,2011(2):67-69.

[86] 李光禄,马婉婉.动物保护模式辨析及我国的选择[J].山东理工大学学报(社会科学版),2014,30(1):47-51.

[87] 李洪远.生态学基础[M].北京:化学工业出版社,2006.

[88] 李晶,张亚平.家养动物的起源与驯化研究进展[J].生物多样性,2009(4):319-329.

[89] 李克杰.世界动物卫生组织动物福利标准[J].中国牧业通讯,2005(17):70-71.

[90] 李培超.伦理拓展主义的颠覆:西方环境伦理思潮研究[M].长沙:湖南师范大学出版社,2004.

[91] 李琴,马涛,杨海乐.长江十年禁渔:大河流域系统性保护与治理的实践[J].科学,2021(5):7-10.

[92] 李山梅,刘淘宁.东西方动物伦理的共识与实践应用[J].南京林业大学学报(人文社会科学版),2012,12(4):73-76.

[93] 李卫华,于丽萍,黄保续,等.国际动物福利现状及分析[J].中国家禽,2004,26(17):46-48.

[94] 李想.论我国建立动物福利的生态伦理基础[D].南京:南京林业大学,2008.

[95] 李彦平,雷丽.西方动物权利思想的哲学渊源[J].和田师范专科学校学报,2009,28(4):215-216.

[96] 李珍.生命共同体:人与自然关系理论的新境界[J].岭南学刊,2020(4):110-115.

[97] 利奥波德.沙郡年记[M].王铁铭,译.桂林:广西师范大学出版社,2014.

[98] 郦珊,陈家宽,王小明.淡水鱼类入侵种的分布、入侵途径、机制与后果[J].生物多样性,2016(6):672-685.

[99] 廖新丽.论西顿动物小说中的生态伦理思想[J].安徽文学,2011(5):30-31.

[100] 林红梅.动物解放论与以往动物保护主义之比较[J].西南师范大学学报(人文社会科学版),2006,32(4):100-103.

[101] 林红梅.关于辛格动物解放主义的分析与批判[J].自然辩证法研究,2008,24(2):76-80.

[102] 林红梅.生态伦理学概论[M].北京:中央编译出版社,2008.

[103] 林红梅.生物多样性:动物保护伦理的终极目的[J].南京林业大学学报(人文社会科学版),2012,12(4):82-86.

[104] 林红梅.试论西方动物保护伦理的发展轨迹[J].学术交流,2005(2):21-24.

[105] 林森.野生动物保护若干理论问题研究[M].北京:中国政法大学出版社,2015.

[106] 林宣.森林锐减导致六大生态危机[EB/OL].[2023-08-20].https://www.chinanews.com/n/2003-02-25/26/276122.html

[107] 刘丛盛.人工养殖林麝主要疾病防治技术:助推我国林麝产业高质量发展[J].动物医学进展,2022,43(10):121-125.

[108] 刘飞,林鹏程,黎明政,等.长江流域鱼类资源现状与保护对策[J].水生生物学报,2019,43(S1):144-156.

[109] 刘国信.世界各国的动物福利立法[J].肉品卫生,2005(3):40-41.

[110] 刘捷.加拿大动物文学的流变[J].外国文学,2005(2):79-85.

[111] 刘宁.20世纪动物保护立法趋势及其借鉴[J].河北大学学报(哲学社会科学版),2010,35(2):70-74.

[112] 刘宁.动物权利的法定化困境及其破解[J].河北大学学报(哲学社会科学版),2012,37(1):78-84.

[113] 刘宁.动物与国家:现代动物保护立法研究[M].上海:上海三联书店,2013.

[114] 刘宁.现状与展望:中国动物保护立法的思考[J].中国地质大学学报(社会科学版),2010,10(2):32-37.

[115] 刘湘溶.人与自然的道德话语:环境伦理学的进展与反思[M].长沙:湖南师范大学出版社,2004.

[116] 刘宇,刘恩山.国内外高校动物福利教育发展历史与前景展望[J].生物学杂志,2013(5):101-104.

[117] 卢彪.生态学视域中的生态价值及其实践思考[J].社会科学家,2013(9):20-23.

[118] 卢燕.亚洲象回家[J].绿色中国,2021(17):24-39.

[119] 陆承平.动物保护概论[M].3版.北京:高等教育出版社,2009.

[120] 吕亚琼.《与狼共舞》中的动物伦理意蕴[J].考试周刊,2011(84):28-29.

[121] 罗尔斯顿.环境伦理学:大自然的价值以及人对大自然的义务[M].杨通进,译.北京:中国社会科学出版社,2000.

[122] 罗尔斯顿.哲学走向荒野[M].刘耳,叶平,译.长春:吉林人民出版社,2000.

[123] 罗顺元.对辛格动物解放论的理性反思[J].武汉理工大学学报(社会科学版),

2011,24(2):261-266.

[124] 洛克.教育漫话[M].杨汉麟,译.人民教育出版社,2006.

[125] 洛克.自然法论文集[M].李季璇,译.北京:商务印书馆,2014.

[126] 马建章,程鲲.管理野生动物资源:寻求保护与利用的平衡[J].自然杂志,2008(1):1-5.

[127] 马克思恩格斯文集:第1卷[M].北京:人民出版社,2009.

[128] 马克思恩格斯文集:第7卷[M].北京:人民出版社,2009.

[129] 马克思恩格斯文集:第8卷[M].北京:人民出版社,2009.

[130] 马克思恩格斯文集:第9卷[M].北京:人民出版社,2009.

[131] 马克思恩格斯选集:第1卷[M].北京:人民出版社,2012.

[132] 马克思恩格斯选集:第3卷[M].北京:人民出版社,2012.

[133] 马克思恩格斯选集:第4卷[M].北京:人民出版社,2012.

[134] 马克苏拉克.生物多样性:保护濒危物种[M].李岳,田琳,等译.北京:科学出版社,2011.

[135] 马世骏.中国生态学发展战略研究:第1集[M].北京:中国经济出版社,1991.

[136] 马世骏.现代生态学透视[M].北京:科学出版社,1990.

[137] 莽萍.动物福利法溯源[J].河南社会科学,2004,12(6):25-28,51.

[138] 莽萍.动物福利与动物伦理[J].肉品卫生,2005(11):34-38.

[139] 莽萍.泛爱万物天地一体:中国古代生态与动物伦理概观[J].社会科学研究,2009(3):153-158.

[140] 莽萍.绿色生活手记[M].青岛:青岛出版社,1999.

[141] 孟智斌.赛加羚羊资源保护管理的国际公约与国家政策[J].中国现代中药,2011,13(7):3-5.

[142] 密尔.功利主义[M].刘富胜,译.北京:光明日报出版社,2007.

[143] 莫林,等.地球祖国[M].马胜利,译.上海:上海三联书店,1997.

[144] 纳什.大自然的权利[M].杨通进,译.青岛:青岛出版社,2005.

[145] 牛文元.建设生态城市促进绿色发展[J].中国城市经济,2011(10):20.

[146] 农业农村部.关于印发《长江流域水生生物完整性指数评价办法(试行)》的通知[EB/OL].(2022-03-24)[2023-08-20].http://www.moa.gov.cn/nybgb/2022/202202/202203/t20220324_6393832.htm.

[147] 潘家华,等.生态文明建设的理论构建与实践探索[M].北京:中国社会科学出版社,2019.

［148］潘润存.人兽共患病增多的原因及防治对策研究［J］.中国社会医学杂志,2011(1):70-72.

［149］齐佩利乌斯.德国国家学［M］.赵宏,译.北京:法律出版社,2011.

［150］钱俊生,余谋昌.生态哲学［M］.北京:中共中央党校出版社,2004.

［151］秦谱德,崔晋生,蒲丽萍.生态社会学［M］.北京:社会科学文献出版社,2013.

［152］秦思源,孙贺廷,耿海东,等.野生动物与外来人兽共患病［J］.野生动物学报,2019(1):204-208.

［153］邱仁宗.国外自然科学哲学问题:1990［M］.北京:中国社会科学出版社,1991.

［154］任先耀,凌文州,石家胜,等.基于自然选择理论的动物利他行为研究［J］.安徽农业科学,2010(4):1864-1868.

［155］佘正荣.生命共同体:生态伦理学的基础范畴［J］.南京林业大学学报(人文社会科学版),2006(1):14-22.

［156］施韦泽.敬畏生命:五十年来的基本论述［M］.陈泽环,译.上海:上海人民出版社,2017.

［157］石静.西顿动物小说的生态思想［J］.安顺学院学报,2014,16(6):13-14.

［158］世界资源研究所.生态系统与人类福祉:生物多样性综合报告［M］.北京:中国环境科学出版社,2005.

［159］斯伯丁.动物福利［M］.崔卫国,译.北京:中国政法大学出版社,2005.

［160］宋伟.善待生灵:英国动物福利法律制度概要［M］.合肥:中国科学技术大学出版社,2001.

［161］孙江,何力,梁知博,等.和谐社会视野下的中国动物福利立法研究［J］.辽宁大学学报(哲学社会科学版),2009(5):136-141.

［162］孙江,何力,梁知博.让法律温暖动物［M］.北京:中国政法大学出版社,2009.

［163］孙江,王利军.动物保护思想的中西比较与启示［J］.辽宁大学学报(哲学社会科学版),2012,40(2):100-107.

［164］孙江.当代动物保护模式探析:兼论动物福利的现实可行性［J］.当代法学,2010,24(2):130-135.

［165］梭罗.瓦尔登湖［M］.徐迟,译.上海:上海译文出版社,1997.

［166］泰勒.尊重自然:一种环境伦理学理论［M］.雷毅,等译.北京:首都师范大学出版社,2010.

［167］汤建鸣."长江十年禁渔"背景下江苏渔业现代化发展路径探析［J］.江苏农村经济,2023(2):35-37.

[168] 唐纳森,金里卡.动物社群:政治性的动物权利论[M].王珀,译.桂林:广西师范大学出版社,2022.

[169] 童钰洛.当代动物保护模式探析:从活熊取胆论动物福利[J].传承,2012(8):94-96.

[170] 王超,徐子昂.《野性的呼唤》中的伦理越位[J].大众文艺,2011(16):159-160.

[171] 王春水.动物实验在伦理学上可以得到辩护吗?[J].中国医学伦理学,2007,20(3):45-46,59.

[172] 王冬.宗喀巴的佛教生态伦理思想及其现代价值[J].五台山研究,2013(2):53-57.

[173] 王国聘.生存的智慧:环境伦理的理论与实践[M].北京:中国林业出版社,1998.

[174] 王国聘.探索自然的复杂性:现代生态自然观从平衡、混沌再到复杂的理论嬗变[J].江苏社会科学,2001(5):95-99.

[175] 王国聘.以"活熊取胆事件"为背景的动物伦理笔谈[J].南京林业大学学报(人文社会科学版),2012,12(2):1-2.

[176] 王海明.新伦理学[M].修订版.北京:商务印书馆,2008.

[177] 王红军,赵之旭.我国赛加羚羊可持续发展的现状与展望[J].当代畜牧,2015(33):76-79.

[178] 王瑾,李传印.浅析动物权利论面临的困境[J].重庆文理学院学报(自然科学版),2012,31(3):75-79.

[179] 王泉根.动物文学的精神担当与多维建构[J].贵州社会科学,2011(12):4-7.

[180] 王善超.论亚里士多德关于人的本质的三个论断[J].北京大学学报(哲学社会科学版),2000(1):114.

[181] 王太庆.西方自然哲学原著选辑[M].北京:北京大学出版社,1993.

[182] 王延伟.动物伦理学研究[J].中国环境管理干部学院学报,2006,16(2):27-29.

[183] 王延伟.动物权利思想历史考察[J].中国环境管理干部学院学报,2005,15(1):81-84.

[184] 王延伟.中国环境管理干部学院动物伦理教育概述[J].中国环境管理干部学院学报,2011,21(5):30-32,35.

[185] 王一晴,戚新悦,高煜芳.人与野生动物冲突:人与自然共生的挑战[J].科学,2019(5):1-4.

[186] 王应富.关于动物保护的法律思考[J].江西师范大学学报(哲学社会科学版),2007,40(2):99-103.

[187] 王玉玲,哈成勇.林麝的人工繁殖新技术及麝香研究进展[J].中国中药杂志,2018,43(19):3806-3810.

[188] 王昱,李媛辉.美国野生动物保护法律制度探析[J].环境保护,2015(2):65-68.

[189] 王云岭.儒家视野中人与动物的关系与启示[J].中国医学伦理学,2011,24(4):458-461.

[190] 王兆森.我国动物福利的现状与对策[J].白城师范学院学报,2014(5):19-21.

[191] 沃斯特.自然的经济体系:生态思想史[M].侯文蕙,译.北京:商务印书馆,1999.

[192] 吴迪.中国动物保护伦理的思想溯源[J].西北民族大学学报(哲学社会科学版),2010(1):61-66.

[193] 吴国盛.从求真的科学到求力的科学[J].中国高校社会科学,2016(1):41-50.

[194] 吴晓淳,贾晓斌,马维坤,等.珍稀濒危动物药材人工替代研究与产业化[J].中国中药杂志,2022,47(23):6278-6286.

[195] 吴瑶瑶,李晓衡,吴端生.善待实验动物的伦理学原则浅析[J].现代交际,2011(4):20-21.

[196] 武培培,包庆德.彼得·辛格实践伦理学若干论题及其争议[J].南京林业大学学报(人文社会科学版),2012,12(4):44-53.

[197] 武培培,包庆德.当代西方动物权利研究评述[J].自然辩证法研究,2013,29(1):73-78.

[198] 武文星,刘睿,郭盛,等.珍稀动物性药材替代策略及其科技创新与产业化进展[J].南京中医药大学学报,2022,38(10):847-856.

[199] 习近平.干在实处走在前列:推进浙江新发展的思考与实践[M].北京:中共中央党校出版社,2006.

[200] 习近平.决胜全面建成小康社会,夺取新时代中国特色社会主义伟大胜利:在中国共产党第十九次全国代表大会上的报告[M].北京:人民出版社,2017.

[201] 习近平.论坚持人与自然和谐共生[M].北京:中央文献出版社,2022.

[202] 习近平.在深入推动长江经济带发展座谈会上的讲话[J].中华人民共和国国务院公报,2018(20):6-12.

[203] 习近平.在哲学社会科学工作座谈会上的讲话[N].人民日报,2016-05-19(2).

[204] 习近平.之江新语[M].杭州:浙江人民出版社,2007.

[205] 习近平谈治国理政[M].北京:外文出版社,2014.

[206] 习近平谈治国理政:第二卷[M].北京:外文出版社,2017.

[207] 习近平谈治国理政:第三卷[M].北京:外文出版社,2020.

[208] 谢平.长江的生物多样性危机:水利工程是祸首,酷渔乱捕是帮凶[J].湖泊科学,2017(6):1279-1299.

[209] 谢小军.社会文明需要动物伦理教育[N].科技日报,2014-06-27(8).

[210] 辛格,雷根.动物权利与人类义务[M].曾建平,代峰,译.北京:北京大学出版社,2010.

[211] 辛格.动物解放[M].祖述宪,译.青岛:青岛出版社,2004.

[212] 辛格.实践伦理学[M].刘莘,译.北京:东方出版社,2005.

[213] 邢华,张汤杰.试论动物实验与动物伦理[J].科教文汇,2012(19):88-90.

[214] 许珂,卜书海,梁宗锁,等.林麝研究进展[J].黑龙江畜牧兽医,2014(7):147-150.

[215] 亚里士多德.物理学[M].张竹明,译.北京:商务印书馆,2010.

[216] 闫广利,孙晖,邱丽萍,等.熊胆粉产业化关键技术研究[J].中医药学报,2020,48(1):1-6.

[217] 严火其,李义波,尤晓霖,等.中国公众对"动物福利"社会态度的调查研究[J].南京农业大学学报(社会科学版),2013(3):99-105.

[218] 严旬.中国濒危动物的现状和保护[J].野生动物,1992(1):3-5.

[219] 杨朝霞.论动物福利立法的限度及其定位:兼谈动物福利立法中动物的法律地位[J].西南政法大学学报,2009(3):3-11.

[220] 杨冠政.环境伦理学概论[M].北京:清华大学出版社,2013.

[221] 杨青.国内外医学实验动物福利现状与思考[J].天津药学,2011,23(4):74-76.

[222] 杨通进.动物权利论与生物中心论:西方环境伦理学的两大流派[J].自然辩证法,1993(8):54-59.

[223] 杨通进.动物拥有权利吗?[J].河南社会科学,2004,12(6):29-32.

[224] 杨通进.非典、动物保护与环境伦理[J].求是学刊,2003(9):34-36.

[225] 杨通进.环境伦理:全球话语 中国视野[M].重庆:重庆出版社,2007.

[226] 杨通进.人对动物难道没有道德义务吗?:以归真堂活熊取胆事件为中心的讨论[J].探索与争鸣,2012(5):34-39.

[227] 杨通进.争论中的环境伦理学:问题与焦点[J].哲学动态,2005(1):11-14.

[228] 杨通进.中西动物保护伦理比较论纲[J].道德与文明,2000(4):30-33.

[229] 叶峻,李梁美.社会生态学与生态文明论[M].上海:上海三联书店,2016.

[230] 叶秀山.苏格拉底及其哲学思想[M].北京:人民出版社,1986.

[231] 易小明.两种内在价值的通融:生态伦理的生成基础[J].哲学研究,2009(12):98-101.

[232] 尹鸿.当代电影艺术导论[M].北京:高等教育出版社,2007.

[233] 优士丁尼.法学阶梯[M].徐国栋,译.北京:中国政法大学出版社,2005.

[234] 余丽嫦.培根及其哲学[M].北京:人民出版社,1987.

[235] 余谋昌,王耀先.环境伦理学[M].北京:高等教育出版社,2004.

[236] 余谋昌.生态伦理学:从理论走向实践[M].北京:首都师范大学出版社,1999.

[237] 袁玲萍."活熊取胆"何去何从?[J].环境,2012(3):42-45.

[238] 曾建平.自然之思:西方生态伦理思想探究[M].北京:中国社会科学出版社,2004.

[239] 曾睿,柳建闽.生命共同体理念下我国生物多样性保护的立法完善[J].福建农林大学学报(哲学社会科学版),2016,19(4):101-107.

[240] 张岱年.中华思想大辞典[M].长春:吉林人民出版社,1991.

[241] 张桂英.从欧美国家的动物保护立法分析动物的权利[J].中国海洋大学学报(社会科学版),2014(2):72-76.

[242] 张宏羽.一路"象"北的忧与思[J].检察风云,2021(14):66-67.

[243] 张慧,李德才.中国传统生态伦理观视域下的人与动物关系评述[J].长春大学学报,2016,26(5):97-101.

[244] 张式军,胡维潇.中国动物福利立法困境探析[J].山东科技大学学报(社会科学版),2016(3):55-61.

[245] 张术霞,王冰.动物福利与动物权利的关系研究[J].中国动物检疫,2010,27(11):4-6.

[246] 张雪萍.生态学原理[M].北京:科学出版社,2011.

[247] 张燕.谁之权利?如何利用?:伦理视域下的动物医疗应用研究[D].南京:南京师范大学,2015.

[248] 张燕.哲学与科学视野下人与动物关系的源流略论[J].自然辩证法研究,2015,31(1):86-90.

[249] 张云飞."生命共同体":社会主义生态文明的本体论奠基[J].马克思主义与现实,2019(2):30-38.

[250] 赵玲.消费合宜性的伦理意蕴[M].北京:社会科学文献出版社,2007.

[251] 赵谦.加拿大动物文学中生态哲学思想的发展流变[J].重庆理工大学学报(社会科学),2012,26(6):110-114.

[252] 赵善伦.生态系统学说与可持续发展理论[J].中国人口·资源与环境,1996(3):16-20.

[253] 赵杏根.论清代动物保护思想与实践[J].哈尔滨工业大学学报(社会科学版),

2014,16(3):128-133.

[254] 赵杏根.清代关于人类"用物"正当性的讨论述评:清代动物伦理思想研究之一[J].武汉科技大学学报(社会科学版),2013,15(5):470-473.

[255] 赵英杰,贾竞波.中国动物福利保护缺失与对策研究[J].辽宁大学学报(哲学社会科学版),2009,37(2):151-155.

[256] 赵英杰.公众动物福利理念调研分析[J].东北林业大学学报,2012(12):156-158.

[257] 中共中央文献研究室.习近平关于社会主义生态文明建设论述摘编[M].北京:中央文献出版社,2017.

[258] 中国社会科学院语言研究所词典编辑室.现代汉语词典[M].5版.北京:商务印书馆,2005.

[259] 中国自然保护纲要编写委员会.中国自然保护纲要[M].北京:中国环境科学出版社,1987.

[260] 中华人民共和国审计署办公厅.长江经济带生态环境保护审计结果2018年第3号公告[EB/OL].(2018-06-19)[2023-08-20].http://www.audit.gov.cn/n9/n1580/n1583/c123511/content.html.

[261] 朱传亚.长江流域水生生物保护区现状研究[D].武汉:华中农业大学,2022.

[262] 邹红菲,董海艳.论动物伦理教育:一次爱护动物意识调查分析引发的思考[J].济南大学学报(社会科学版),2004,14(4):15-18,91.

[263] Anderson J L. Protection for the powerless: political economy history lessons for the animal welfare movement[J]. Stanford journal of animal law and policy,2011(4):57.

[264] Armstrong S J, Botzler R G. The animal ethics reader[M]. London;New York: Routledge,2003.

[265] Bekoff M, Meaney C A. Encyclopedia of animal rights and animal welfare[M]. Westport,CT: Greenwood Press,1998.

[266] Bekoff M. Minding animals: awareness, emotions, and heart[M]. New York: Oxford University Press,2002.

[267] Blockstein D E. Lyme disease and the passenger pigeon? [J]. Science,1998,279(5358):1831,1833.

[268] Broom D M. Animal welfare: the concept of the issues[M]// Attitudes to animals: view in animal welfare. London: Cambridge University Press,1999.

[269] Brooman S, Legge D. Law relating to animals [M]. London: Cavendish

Pub. ,1997.

[270] Calarco M, Atterton P. Animal philosophy: essential readings in continental thought[M]. London; New York: Continuum,2004.

[271] Cavalieri P. The animal question: why nonhuman animals deserve human rights[M]. Oxford; New York: Oxford University Press,2001.

[272] Cowan T. The animal welfare act: background and selected legislation[J]. Congress research service,2013(12):4.

[273] DeGrazia D. The moral status of animals and their use in research: a philosophical review[J]. Kennedy institute of ethics journal,1991,1(1):48-70.

[274] Des Jardins J R. Environmental ethics: an introduction to environmental philosophy[M]. Belmont California: Wadsworth Publishing Co. ,1993(c).

[275] Dombrowski D A. The philosophy of vegetarianism[M]. Amherst: University of Massachusetts Press,1984.

[276] Elliot R, Gare A. Environmental philosophy[M]. St. Lucia: The University of Queensland Press,1983.

[277] Eugene C H. The Animal rights, environmental ethics debate: the environmental perspective[M]. Albany: State University of New York Press,1992.

[278] Jones K E, Patel N G, Levy M A, et al. Global trends in emerging infectious diseases[J]. Nature,2008(451):990-993.

[279] Liu C L, He D K, Chen Y F, et al. Species invasions threaten the antiquity of China's freshwater fish fauna[J]. Diversity and distributions,2017,23(5):556-566.

[280] Midgley M. Beast and man: the roots of human nature[M]. Ithaca, N. Y. : Cornell University Press,1978.

[281] Mighetto L. Wild animals and American environmental ethics[M]. Tucson: University of Arizona Press,1991.

[282] Norton B G. Ethics on the ark: zoos, animal welfare, and wildlife conservation[M]. Washington: Smithsonian Institution Press,1995.

[283] Nussbaum M C. Beyond compassion and humanity: justice for nonhuman animals[M]// Animal Rights: current debates and new directions. Oxford: Oxford University Press,2005.

[284] Palmer C. Animal ethics in context[M]. New York: Columbia University

Press, 2010.

[285] Pojman L P. Environmental ethics: readings in theory and application[M]. Belmont California: Wadsworth Publishing Co. , 2000.

[286] Preece R, Chamberlain L. Animal welfare & human values[M]. Waterloo: Wilfrid Laurier University Press, 1999.

[287] Radford M. Animal welfare law in Britain: regulation and responsibility[M]. Oxford;New York: Oxford University Press, 2001.

[288] Regan T. The case for animal rights[M]. London: Routlege, 1988.

[289] Rowlands M. Animal rights: a philosophical defence[M]. Basingstoke: Macmillan Press, 1998.

[290] Scully M. Dominion: the power of man, the suffering of animals, and the call to mercy[M]. New York: St. Martin's Press, 2002.

[291] Singer P. All animal is equal[M]// Pojman L P, Bartlett J. Environmental ethics: readings in theory and application. Publisher, Inc, 1994.

[292] Singer P. Not for human only[M]// Goodpaster K E, Sayre K M. Ethics and Problems of the 21st Century, 1979.

[293] Su G H, Logez M, Xu J, et al. Human impacts on global freshwater fish biodiversity[J]. Science, 2021, 371(6531): 835-838.

[294] Sunstein C R, Nussbaum M C. Animal rights: current debates and new directions [M]. Oxford;New York: Oxford University Press, 2004.

[295] Tuxill J, Peterson J A. Losing strands in the web of life: vertebrate declines and the conservation of biological diversity[M]. Washington, D. C. : Worldwatch Institute, 1998.

[296] Warren M A. Moral status: obligations to persons and other living things[M]. New York: Oxford University Press, 1997.

[297] Warren M A. The rights of nonhuman world[J]// Elliot R, et al. Environmental philosophy: a collection of readings. St. Lucia, 1983: 109-131.

[298] Wilkins D B, Houseman C, Allan R, et al. Animal welfare: the role of non-governmental organisations[J]. Revue scientifique et technique (International office of epizootics), 2005, 24(2): 625-638.

[299] Wise S M. Drawing the line: science and the case for animal rights[M]. Cambridge: MA, Perseus, 2002(a).

后　记

这本书是在本人博士论文的基础上，结合国家社会科学基金项目研究成果修改完善而成的，也是我近十年来对动物伦理方面研究的阶段性总结。

动物伦理是一个既古老又历久弥新的话题。在东西方伦理思想史上，关于人与动物伦理关系的观点为数众多。客观地说，西方动物伦理思想无论是从时间跨度上还是从内容丰度上都更为领先。尤其是近现代以来，西方动物伦理理论得到了系统化、实证化的发展，形成了若干代表性的思想流派，也从实践上有力推动了西方动物保护事业的发展。但总体上看，西方动物伦理思想存在的重动物个体轻动物物种、重动物本身轻生存环境、重人与动物对立轻人与动物统一等问题，使得其在环境伦理学深入发展和生态文明建设大力推进的背景下，面临着一系列理论和实践困境。而生命共同体理念的提出，为拓展动物伦理研究视角、破解西方动物伦理思想面临困境、构建中国特色的动物伦理理论和动物保护模式提供了全新的方法论和广阔的研究空间。

在博士生导师王国聘教授的指引和影响下，我有幸进入动物伦理研究领域，这对从小就喜欢动物的我来说，是个颇感兴趣的课题，但从学术上来讲对我又是一个富于挑战的领域。衷心感谢我的导师王国聘教授，在我博士论文写作过程中，王老师倾注了大量的智慧和精力。在写作的关键节点，王老师总是能给予高屋建瓴的意见；在写作的困难时刻，王老师总是能给予及时有效的点拨，让我体会到了学术研究的苦与乐。在课题研究过程中，王老师也给予了探索的勇气和宝贵的指导，让我自始至终对研究课题有了正确的把握，引领我一步步实现研究目标。王老师深厚渊博的学术造诣、严谨求实的治学态度、细致入微的言传身教，让我受益终生。此外，南京林业大学、南京师范大学的曹孟勤教授、薛建辉教授、张金池教授、王全权教授、曹顺仙教授、阮宏华教授、关庆伟教授、周统建研究员以及朱凯、王锋等老师和同事，在我论文写作和课题研究过程中提出了许多富有建设性、指导性的意见，给予了许多有益的帮助，在此一并表示感谢！

  正如我的导师王国聘教授在序言中所说，将道德关怀从人类拓展到非人类存在物任重而道远。"路漫漫其修远兮，吾将上下而求索。"希望本书的出版能起到抛砖引玉的作用，欢迎各位同仁和广大动物保护爱好者多提宝贵意见，这必将激励我在研究道路上继续探索前行，为我国的生态文明建设和动物保护事业发展贡献绵薄力量。

黄雯怡

2023 年 12 月